ナノビジョンサイエンス
―― 画像技術の新展開 ――

工学博士 三村　秀典
工学博士 原　　和彦
工学博士 川人　祥二 共著
博士(工学) 青木　　徹
理学博士 廣本　宣久

コロナ社

まえがき

　静岡大学浜松キャンパスは，故 高柳健次郎教授が1926年ニポー円板で撮像した「イ」の字を陰極線管（cathode-ray tube：CRT）に表示し，その後1936年CRTとアイコノスコープ（撮像管）により全電子式テレビジョンを完成させたテレビジョン発祥の地である。

　全電子式テレビジョンの完成以来，約70年が過ぎ，ディスプレイはフラットパネル化し，またイメージセンサは固体撮像素子が主流となった。しかし，テレビジョンの原理・性能は高柳が考え，作り出したものと大きくは変わっていない。その理由は，ある場面や風景を切り出して表示することは可能となったが，サッカー場で見るゲームの臨場感や美術館で絵画や彫刻を見たときの感動をテレビジョンを通して味わうことはできないからである。

　高柳のテレビジョンの伝統を受け継ぐ静岡大学の画像関連研究者たちは，未来のイメージング技術を現在のイメージング技術の延長からではなく，自由な視点から考察した。その結果，ナノテクノロジーをイメージング技術に導入し，画素をナノメートルサイズにすれば，場を作るディスプレイや電子増倍を用いないフォトンカウンティングイメージセンサなど，新概念のイメージング技術を創成できるという結論に達した。われわれは，この「新イメージング技術」をこの学問の体系化を含めて「ナノビジョンサイエンス（ナノテクノロジーのビジョンサイエンス）」と名付けた。

　「ナノビジョンサイエンス」は，文部科学省が推進している21世紀COE（center of excellence：卓越した研究教育拠点）の2004年度の革新的な研究領域に選定された。COEの推進に当たって，今後のイメージング技術には，安全，福祉など人間の生活と切り離すことができないため，ディスプレイとイメージセンサだけでなく，安全安心や福祉のための画像や画像情報処理を含め

まえがき

た光のヒューマンテクテクノロジー班を設け，光の放射班（ディスプレイ），光の検出班（イメージセンサ）と合わせて3班体制として事業を推進した。

今日，COEを約4年間推進し，講義，セミナー，研究会，国際会議などを通して，多くの学生，技術者，研究者にナノビジョンサイエンスの概念を伝えることができた。また，ナノビジョンサイエンスの創成につながる数多くの成果をあげることができた。

そこで，ナノビジョンサイエンスの中間成果を含みながら，イメージング技術をこれから学び，さらにナノビジョンサイエンスの創成にかかわる学生（博士課程の学生を含む）を念頭においたイメージング技術の教科書として本書を出版することにした。本書に含まれる内容は，最新のイメージング技術の興味を含めて，フラットパネルディスプレイ，固体イメージセンサ，X線・γ線イメージング，テラヘルツイメージングとした。

最後に，この書物が世に出るようになったのは，ひとえにコロナ社のご理解によるもので，企画から出版まで終始お世話になり，ここに厚くお礼申し上げる。

2009年2月

静岡大学 浜松キャンパスにて　三 村 秀 典

執筆者一覧（執筆順）

三村　秀典	（1, 2章）
原　和彦	（2章）
川人　祥二	（3章）
青木　徹	（4章）
廣本　宣久	（5章）

目　　次

1. ナノビジョンサイエンス

1.1 イメージング技術の位置づけ ………………………………………… 1
1.2 ナノビジョンサイエンス ………………………………………………… 3

2. ディスプレイ
────ナノピクセルディスプレイに向けて────

2.1 ディスプレイの種類 ……………………………………………………… 8
　2.1.1 液晶ディスプレイ（LCD） ………………………………………… 9
　2.1.2 プラズマディスプレイ（PDP） …………………………………… 18
　2.1.3 有機発光ダイオードディスプレイ ………………………………… 23
　2.1.4 無機エレクトロルミネセンス（EL）ディスプレイ ……………… 26
　2.1.5 フィールドエミッションディスプレイ（FED） ………………… 29
2.2 発光の基礎と蛍光体 …………………………………………………… 36
　2.2.1 発光材料における励起と発光過程 ………………………………… 36
　2.2.2 結晶中の電子・正孔再結合による発光 …………………………… 42
　2.2.3 不純物原子の内殻電子遷移による発光 …………………………… 52
2.3 ナノピクセル用蛍光体 ………………………………………………… 58
　2.3.1 ナノ粒子蛍光体 ……………………………………………………… 58
　2.3.2 微小共振器構造を持つ蛍光体 ……………………………………… 61

3. 超高感度・広ダイナミックレンジ撮像
────ナノスケールデバイスによる撮像技術の進展────

3.1 イメージセンサの基礎 ………………………………………………… 66
　3.1.1 イメージセンサの基本構成 ………………………………………… 66
　3.1.2 光の吸収から電荷検出まで ………………………………………… 69

iv　目　次

　　3.1.3　画素デバイスと回路·· 85
3.2　撮像デバイスのノイズ ·· 93
　　3.2.1　光子ショットノイズ··· 93
　　3.2.2　暗電流ノイズ··· 94
　　3.2.3　熱ノイズ ·· 96
　　3.2.4　リセットノイズ（kTC ノイズ）·································· 98
　　3.2.5　固定パターンノイズ ·· 99
　　3.2.6　読出し回路ノイズ·· 100
3.3　感度とダイナミックレンジ ·· 112
　　3.3.1　照度に対する感度·· 112
　　3.3.2　SN 比とダイナミックレンジ（DR）···························· 115
　　3.3.3　蓄積時間分割（多数回サンプリング）によるダイナミックレンジ拡大··· 117
　　3.3.4　高速読出しとディジタル蓄積によるダイナミックレンジ拡大············ 121
3.4　ナノスケールデバイスを用いたフォトンカウンティング撮像 ········ 122
　　3.4.1　光電子増倍を用いた光子カウンティング ···················· 122
　　3.4.2　量子化を用いたノイズフリー（無雑音）信号検出············· 123
　　3.4.3　デバイス構造のナノスケール化によるノイズフリー光電子検出
　　　　　の可能性 ··· 127
　　3.4.4　単電子デバイスを用いた単光子検出 ··························· 130

4．高エネルギー線による透視撮像

4.1　高エネルギー線の性質と線源 ·· 135
　　4.1.1　X 線，γ 線·· 136
　　4.1.2　α 線，β 線，荷電粒子放射線 ······················ 138
　　4.1.3　中　性　子 ·· 138
　　4.1.4　宇　宙　線 ·· 139
　　4.1.5　X　線　源 ·· 139
　　4.1.6　高エネルギー線の利用 ·· 142
4.2　高エネルギー線撮像デバイスの基礎 ······································ 144
　　4.2.1　高エネルギー線検出の原理 ·· 144
　　4.2.2　高エネルギー線撮像デバイス概論······························ 148
　　4.2.3　X 線のエネルギー検出 ·· 155

 4.2.4 X線撮像システムの基礎 …………………………………… 158
4.3 高エネルギー線での高次情報抽出撮像 ………………………… 161
4.4 撮像システムの実際と応用 ……………………………………… 166
4.5 高エネルギー線撮像とナノビジョンサイエンス ……………… 172

5. テラヘルツイメージング

5.1 テラヘルツテクノロジーの基礎 ………………………………… 174
 5.1.1 テラヘルツ波，テラヘルツ光 …………………………… 176
 5.1.2 テラヘルツ光源 …………………………………………… 179
 5.1.3 テラヘルツ検出器 ………………………………………… 182
 5.1.4 テラヘルツ分光法 ………………………………………… 186
 5.1.5 テラヘルツイメージング ………………………………… 190
5.2 テラヘルツパッシブイメージング ……………………………… 193
5.3 フェムト秒レーザ励起超短テラヘルツパルスによるイメージング … 195
 5.3.1 テラヘルツ時間領域分光イメージング ………………… 196
 5.3.2 テラヘルツ電気光学検出 - CCDカメライメージング … 204
5.4 パルス/連続テラヘルツ光源イメージング …………………… 206
 5.4.1 周波数可変固体テラヘルツパルス光源分光イメージング … 206
 5.4.2 テラヘルツ量子カスケードレーザと赤外ボロメータアレーカメラ
    によるイメージング …………………………………… 208
5.5 三次元テラヘルツイメージング ………………………………… 210
5.6 テラヘルツ近接場イメージング ………………………………… 213
5.7 テラヘルツイメージングの応用 ………………………………… 218
 5.7.1 安全・安心のためのテラヘルツイメージング ………… 218
 5.7.2 医療・薬品分野のテラヘルツイメージング …………… 220
 5.7.3 テラヘルツイメージングの産業における利用 ………… 222
 5.7.4 科学・芸術のためのテラヘルツイメージング ………… 224

引用・参考文献 ……………………………………………………………… 228
索   引 ………………………………………………………………… 242

1 ナノビジョンサイエンス

ナノビジョンサイエンスは，ナノテクノロジーとイメージング技術の融合による，新学術領域である．本章では，本書の全体像として，イメージング技術の位置づけとナノビジョンサイエンスの意義について述べる．

1.1 イメージング技術の位置づけ

　人間は，情報入力の手段として五感を使っているが，情報の80％以上は目を通して，画像として入力しているといわれている．事実，19世紀末から20世紀初頭にかけて発明された陰極線管（cathod-ray tube：CRT）とイメージセンサ（撮像管）を用い，20世紀に実用化されたテレビ放送は，世界中の出来事をリアルタイムで地球上のすべての地域に送り込み民主主義の発展拡大を促進し，また最も有力で強力な広告媒体として大量生産消費経済を促進した．すなわちそれまでの音声，文字情報に比べ，けた違いに大きなインパクトを与え，現代工業文明の創出に貢献した．

　現在，イメージング技術は，放送技術の枠を超え，20世紀半ばに発明され飛躍的に発達したコンピュータ技術と融合し，情報通信，娯楽，科学，芸術，医療，安全，福祉など，人間とかかわるすべての分野において，不可欠な技術となり，イメージング技術が先端産業を征する時代が間近に迫っている．

　このように，イメージング技術が放送技術の枠を越えた背景には，ディジタル処理への適応能力，小形化，軽量，低電圧，高信頼性，取扱いの容易さなどの特長を持つ液晶ディスプレイ（liquid crystal display：LCD）と固体イメージ

センサの開発に負うところが大きい。液晶ディスプレイと固体イメージセンサの開発で、今日だれもがいつでもどこでも容易に個人で画像情報を取得し、かつ表示できるようになった。

従来の CRT に取って代わったフラットパネルディプレイは、小形では LCD、大形ではプラズマディスプレイ（plasma display panel：PDP）と棲み分けが進むものと考えられた。しかし、LCD の大形化は留まることがなく、大形ディスプレイ分野でも LCD の進出が目覚ましい。

一方、撮像管に取って代わった固体イメージセンサは、現在シリコン半導体を用いた電荷結合デバイス（charge coupled device：CCD）が全盛であるが、超大規模集積回路（very large scale integrated circuit：VLSI）の標準プロセスである CMOS（complimentary metal-oxide-semiconductor）プロセスを用いて、各画素内に増幅回路を内蔵させ、周辺の処理回路をもオンチップ化した CMOS イメージセンサが急速に広がっている。

イメージング技術を牽引するテレビジョン放送は、日本では 2011 年より地上デジタルテレビジョン放送（水平解像度 1 920 本、垂直解像度 1 080 本）に移行することが決定されている[1]†。また、NHK 放送技術研究所では、2020 年以降にスーパハイビジョンシステム（水平解像度 7 680 本、垂直解像度 4 320 本）の本放送を目指して開発を進めている[2]。

このようななか、ディスプレイの開発動向は、高精細、高輝度、高コントラスト、高視野角、高色再現、ハイフレームレート（現状は 60 フレーム／秒）、低消費電力などである。一方、イメージセンサの開発動向は、高精細、高感度、高ダイナミックレンジ、高色再現、ハイフレームレートなどである。

イメージング技術は日本の最も得意とする分野である。ディスプレイ、イメージセンサ市場において、これまで日本は世界市場を席巻してきた。しかし、韓国、台湾、中国の予想を超える急速な追い上げにさらされ、現状の技術動向を追求するだけでは、今後もイメージング技術のリーダとしてあり続けることは困難であろう。

---

† 肩付き数字は、巻末の引用・参考文献の番号を示す。

1.2 ナノビジョンサイエンス

「ナノ」とは「10^{-9}」を表す接頭語で，1ナノメートル〔nm〕は10億分の1メートル，千分の1マイクロメートル〔μm〕である。ナノテクノロジーというのは，ナノのスケールの微小な世界を対象とし，マクロな世界の価値とは異なる新しい価値を生み出そうとする技術で，ほぼ究極のハイテクノロジーである。

われわれ静岡大学のグループは，ナノテクノロジーをイメージング技術に応用するとパラダイムシフトを起こすことができることに気がついた。すなわち，従来のイメージング技術では当然のことと考えられていた常識（パラダイム）を取り払う（シフト）ことができ，新たなイメージング技術を創成できる可能性を見いだした。われわれは，この「新イメージング技術」をこの学問の体系化を含めて「ナノビジョンサイエンス」と名づけた。

イメージング技術にナノテクノロジーを応用するには，イメージング技術でイメージ（像）を構成している画素（pixel）のサイズを現在のミクロンサイズからナノサイズに減少させることである。しかし，スーパハイビジョンシステムで要求されるサブ画素サイズ（赤，緑，青の3サブ画素で1画素），約60 μm×20 μm以下にサブ画素サイズを減少しても，人間の目の解像限界より，見える画質に向上はなく利点はないと考えられてきた。

また，イメージセンサでは画素サイズの減少に伴い，取り扱う光子数が少なくなるため，SN比（signal-to-noise ratio）は下がり，またダイナミックレンジ（dynamic range）も下がる。このように，従来イメージセンサでも，過度の高精細化は意味のないものと考えられてきた。

それでは，ナノサイズナノビジョンサイエンスが目指す未来のディスプレイは，どのようなディスプレイなのであろうか。画素をナノサイズにすることになにか良い点があるのであろうか。究極のディスプレイは，二次元の枠の中に画像を見るものではなく，コンサートを見るのであれば，コンサートホールで

コンサートを見ているように感じるディスプレイである。すなわち，見る人がその場にいるような，臨場感のある画像の場を作り出すディスプレイである。われわれは，ディスプレイの画素をナノサイズにすることにより，従来のディスプレイのように，ディスプレイの中に表示される画像を見るものではなく，画像を作る，画像の場を作るディスプレイを実現できることに気がついた。

図 1.1 はナノビジョンサイエンスで期待される，画像の場を作るディスプレイのイメージである。図（a）は動画ホログラフィックディスプレイ（holographic display），図（b）は 1 画面多重映像ディスプレイ，図（c）は腕時計に組み込まれた投射形ディプレイである。

（a）動画ホログラフィックディスプレイ　　（b）1 画面多重映像ディスプレイ

（c）腕時計に組み込まれた投射形ディスプレイ

図 1.1　ナノビジョンサイエンスで期待される，画像の場を作るディスプレイのイメージ

実在とまったく変わらない場を表示する究極の三次元ディスプレイは動画ホログラフィー技術により実現できる[3]。ホログラム（hologram）は，物体光と参照光の干渉により製作するもので，物体の明るさに関する情報（振幅）とともに，どの方向から光がやってきたかという情報（位相）も含まれている。そ

のため，ホログラムの作製に用いたのと同じ参照光をホログラムに当てると物体光とまったく同じ光を再現できる。

物体がそこに見えるということは，物体から反射された光が目に入るからである。そのため，それとまったく同じ光がホログラムから生じると，その光がやってくる方向を見れば，実際にはそこに物体がなくても，元の位置に物体の完全な三次元像が見える。目の位置を動かしても，その方向から見た三次元像が見える。

ホログラムはこのように光の干渉を利用したものなので，リアルに表示するには光の波長レベル（数百 nm）の画素サイズが必要である。すなわち，ナノサイズの画素を持つナノビジョンディスプレイでなければ，ホログラフィックディスプレイは実現できない。また，ホログラフィックディスプレイでは，ディスプレイは像を表示しているのではなく干渉縞を表示しているだけである。まさしく，画像の場を作るディスプレイである。

図1.1（b）は，画面は一つであるが，見る方向により異なる画面が見える1画面多重映像ディスプレイである。画素をナノサイズにして，現状のディスプレイよりはるかに多くの画素を含むディスプレイを製作し，そのディスプレイの中で，ある画素ごとに放射される光に方向性（指向性）をもたせておけば，1画面多重映像が実現できる。例えば，現状のLCDでも，ある画素列は左側方向にのみ光が出るようにし，それと隣りにある画素列は右側方向のみに光がでるようにすると，画像は粗くなるが，1画面2映像ディスプレイが実現できる。なお，1画面2映像LCDは，運転席ではカーナビが助手席ではテレビ放送やDVDが見たいというニーズから，最近実用化されている[4]。

このような1画面多重映像ディスプレイも，ディスプレイに表示されている画像をそのまま見るわけではないので（ディスプレイに表示されている画像は複数の画像が混ざり合ったものである），一種の画像の場を作るディスプレイであるということができる。

図1.1（c）は腕時計に組み込まれた投射形ディスプレイである。画素をナノサイズにすると，ハイビジョンディスプレイが対角数mm以下となる。こ

のような微小ディスプレイではディスプレイの画面を見ても意味がない。しかし，このディスプレイがプロジェクタのような投射形であれば，例えば腕時計に組み込めばほぼ究極のモバイルディスプレイとなる。このディスプレイも画像の場を作るディスプレイであるということができる。なお，携帯電話に組み込めるサイズの投射形ディスプレイは実用化寸前となっている[5]。

　また，フェムト秒の超短パルスレーザを光源とし，ディジタルミラーデバイスでこの光源を走査し，超短パルスレーザの超高密度フォトン（photon：光子）数により，空中にプラズマを発生させ画像表示をする実験が行われている[6]。この技術で投射形ディスプレイを実現すれば，スクリーンのないところでも，空間に投射画像を映し出すことが可能になる。

　その他，画素をナノサイズとすれば，3サブ画素で1画素を形成するのではなく4以上の多サブ画素で1画素を形成することも可能になる。3サブ画素で1画素を形成する現状のディスプレイでは，人間の目で知覚できるすべての色を再現できておらず，再現できない色は，再現できる異なった色に変換されている。これはインターネット売買や遠隔医療などで問題となっている。しかし，1画素を4以上の多サブ画素化すれば，より人間の目に忠実な色再現が可能になる。

　このように，ディスプレイで画像をナノサイズに縮小することは，ディスプレイの機能を高め新概念のディスプレイ実現につながるきわめて夢のあるものである。

　つぎに，ナノビジョンサイエンスが目指すイメージセンサはどのようなものであろうか。イメージセンサで高解像度化するには高感度化することが必要である。究極の高感度化は，つぎの3条件を満足することである。

　① 入ってきた光子をすべて光電変換部に導き得ること（開口率100％）
　② 光電変換部で光子をすべて電子に変換し得ること（光電変換率100％）
　③ 電子に変換された信号を付加雑音なしに増幅し得ること

　また，いかに低照度下において高感度化しても，高照度下において画像を取得できなければ，すなわちダイナミックレンジが低ければイメージセンサとし

て満足できるものとはならない。

　われわれは，超高感度の電荷検出器として働き，また1個単位の電子転送を可能にする単電子トランジスタ（single-electron transistor）[7]を用いて，1光子検出，1光子・1電子変換，1電子転送の実現を図っている。

　また，CMOSイメージセンサの低ノイズ化と電荷・電圧変換アンプの高ゲイン化（低容量化）に取り組み，等価電子ノイズ数（ノイズ電圧を1電子の変換電圧で割ったもの）0.1電子以下を実現すると，A-D変換器による量子化検出により，フォトンカウンティングを繰り返しても，ノイズが累積されることなく，無雑音検出が実現されることを見いだした[8]。これにより，従来の電子増倍作用を用いる超高感度イメージセンサと異なる，電子の増倍作用を用いないフォトンカウンティング（1光子検出）形イメージセンサを実現できるめどを得た。

　電子増倍作用を用いないので，電源電圧が低く，また無雑音検出と合わせて広ダイナミックレンジ化の実現も可能である。そのため，このデバイスが実現できれば，将来は携帯電話に組み込まれたディジタルカメラでフォトンカウンティング（1光子検出）が可能になると期待できる。

　このように，イメージセンサで画像をナノサイズに縮小することは，個々の電子・光子の取り扱いを持ち込むことにより，新概念のイメージセンサの実現につながるきわめて夢のあるものである。

2 ディスプレイ
——ナノピクセルディスプレイに向けて——

ナノビジョンサイエンスの概念に基づくディスプレイを実現するうえで，画素のナノサイズ化は本質的な要素である．発光型ディスプレイにおいて，このようなナノピクセルによる表示を行うためには，それに適した動作原理とナノサイズの蛍光体が必要になる．本章では，まず2.1節でディスプレイ技術の現状を概観する．これらのうちフィールドエミッションディスプレイ（FED）は，その動作原理からナノビジョンディスプレイの有力な候補の一つである．もう一方の蛍光体については，2.2節で発光過程の基礎を解説したのち，2.3節で粒子のナノサイズ化とナノビジョンディスプレイ応用に向けた蛍光体開発の新しい方向性について述べる．

2.1 ディスプレイの種類

ディスプレイは，人と各種機器とのインタフェース（man-machine interface）の役割を担うデバイスである．初めて実用化されたディスプレイは，陰極線管（CRT）であり，1930年代のテレビ放送開始に合わせて開発された．以来，技術革新を重ねて完成度が高まり，テレビ受像器やコンピュータ端末のほか，多くの分野で普及した．その一方で，CRTでは実現が難しい薄形化，軽量化，大画面化，高精細化などに対応できる新しいディスプレイデバイスの開発も進められてきた．比較的最近（1990年代）になってこれらの技術が大きく進展し，現在では液晶ディスプレイやプラズマディスプレイをはじめとする，表示方式，画面サイズ，表示容量（画素数），形状などが異なる多様なディスプレイが市販されるようになっている．

ディスプレイは表示方式により,直視形,投写形,および空間像形に分類することができる。直視形のディスプレイは,さらにそれ自身が発光する発光形と,バックライトや周囲光などを利用して表示を行う非発光形に分類される。本節では,代表的な直視形ディスプレイの動作原理と関連技術の現状について解説する。

2.1.1 液晶ディスプレイ（LCD）

〔1〕 **液晶とLCDの概要**　液体のような流動性をもちながら,分子が規則的な配列を示す物質のことを液晶という。液晶物質のほとんどは,分子量の大きな棒状や板状の有機分子化合物である。液晶は,等方性液体と結晶固体の中間状態であり,固相から温度を上昇させることにより,液晶相,液相の順で可逆的に変化する。液晶相には,分子配列が異なる多数の相が存在し,一種類の液晶相のみ示す化合物もあれば,温度により複数の液晶相を示す化合物もある。棒状の液晶分子については,スメクティック（smectic）相,ネマティック（nematic）相,コレステリック（cholesteric）相の三つの液晶相に大別できる（図2.1）。スメクティック相は,さらに細かく分類されている。現在のLCDで一般に使用されている液晶は,分子の配向方向にのみに秩序があり,流動性が高いネマティック相である。

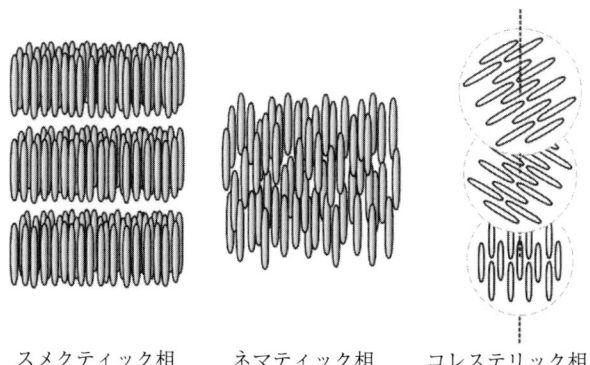

スメクティック相　　ネマティック相　　コレステリック相

図2.1　棒状液晶分子の配列の例

LCDは，流動性がありながら，分子の規則的な配向に起因して材料の諸特性に異方性が現れるという液晶の性質を巧みに利用して動作するディスプレイである。一般に，LCDは2枚の電極基板間に数〜10 μmの厚さで液晶をはさんだセル構造をもつ。この液晶セルに電界を印加すると液晶分子の再配列が起こり，それに伴って光学的特性が変化する。このような効果と偏光板などの光学部品を組み合わせることで，液晶セルの光透過率，反射率などを変調して表示を行う。LCDは非発光ディスプレイであり，表示には周囲光，バックライトなどの光源を必要とする。素子構造としては，背面から光を入射し，透過光により表示を行う透過形と，前面から光を入射し，反射光により表示を行う反射形に大別できる。フルカラー表示は，画素ごとに赤（R）・緑（G）・青（B）の各色フィルタを付加するなどの方法により実現されている。

LCDの長所としては，① 液晶セルの駆動だけであれば，消費電力は数〜数10 μW/cm^{2}であり，他の表示素子と比較してきわめて低い，② 動作電圧が一般に数〜10 Vと低く，ICで直接駆動することができる，③ フルカラー表示技術が確立している，などがあげられる。一方，短所としては，❶ 視野角が狭い，❷ 動画表示に十分な速さの画面応答が得られない，❸ 動作温度範囲が狭い，などがあげられるが，これらの課題についても，新しい表示モードの採用，液晶材料の改良などにより改善が進んでいる。

〔2〕 液晶の屈折率と誘電率異方性

（1） **屈折率異方性と光の伝搬特性**　　液晶の屈折率には，一軸性結晶と同様な異方性がある。ネマティック液晶とスメクティック液晶では，分子長軸の配向方向が一軸性結晶の光軸と一致する。一般に，電場の振動方向が光軸と垂直な光に対する屈折率$n_\perp$と，平行な光に対する屈折率$n_\parallel$は異なり，その差$\Delta n = n_\parallel - n_\perp$を屈折率異方性という。

ここで，**図2.2**のように，一様に配向した液晶に入射する直線偏光について述べる。ただし，入射方向は液晶分子の配向方向と垂直とする。偏光方向が光軸と平行（$\theta = 0°$）または垂直（$\theta = 90°$）な場合，光はそれぞれ$n_\parallel$，$n_\perp$に従う速度$c/n_\parallel$，$c/n_\perp$（c：真空中での光速）で伝搬し，偏光状態は変化し

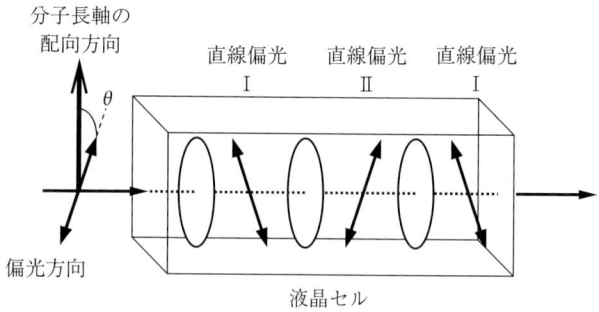

図 2.2 一様に配向した液晶中を伝搬する光の偏光状態の変化

ない。これに対し $\theta \neq 0°$，$90°$ の場合は，屈折率異方性のため，光軸と平行な偏光成分と垂直な偏光成分の伝搬速度が異なり，伝搬距離に従い両成分の位相差が徐々に変化する。これに応じて偏光状態は，直線偏光 I → 楕円 → 直線偏光 II → 楕円 → 直線偏光 I の順に変化する。ここで，直線偏光 I と II では偏光方向が異なる。この効果を複屈折性と呼ぶ。一般に，屈折率には波長依存性があるため，位相差が変化する速さは，伝搬する光の波長にも依存する。

図 2.3 は，分子配向がねじれた液晶に入射する直線偏光について示す。ただし，ねじれのピッチ p は光の波長 λ に比べて十分に大きい（$\Delta np \gg \lambda$）とする。この場合，入射光の偏光方向を入射側の液晶の配向方向に一致させて入射させると，伝搬に従い偏光方向は液晶のねじれに沿って回転し，出射側の分子配向方向に偏光した直線偏光が出射する。この効果を旋光性と呼ぶ。

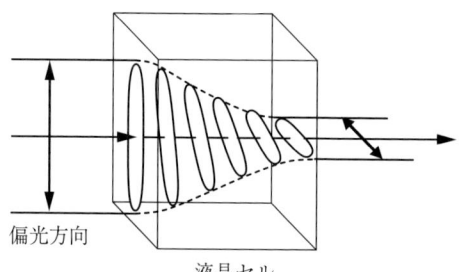

図 2.3 分子配向がねじれた液晶中を伝搬する光の偏光状態の変化

（2） 誘電率異方性と電界印加による分子配向の変化　　屈折率と同様に，誘電率にも分子の配列に起因した異方性が生じる。棒状分子の場合，一般に分

子長軸の配向方向の誘電率は,これと垂直方向の誘電率とは異なる。それぞれ $\varepsilon_{//}$, $\varepsilon_{\perp}$ とすると,誘電率異方性は $\Delta\varepsilon = \varepsilon_{//} - \varepsilon_{\perp}$ である。ここで,液晶に電界 E を印加した場合の分子配向について考える。液晶は,その流動性のため,電気的自由エネルギー密度 $F_e = -(D \cdot E)/2$ を最小にする方向に分子配向を変えようとする(D:電束密度)。具体的には,正の誘電異方性($\Delta\varepsilon > 0$)を示す液晶では,液晶分子の長軸が電場と平行になるように配向状態が変化し,負の誘電異方性($\Delta\varepsilon < 0$)を示す液晶では,長軸が電界と垂直になるように配向状態が変化する。したがって,液晶の初期配向状態を,$\Delta\varepsilon$ が正の液晶では平行配向,負の液晶では垂直配向とすれば,基板間に電圧を印加することにより分子配向が変化する(図 2.4)(実際にはしきい電圧があり,この値を超えて初めて再配列が始まる)。このような効果は,交流電界を印加しても同様に起こり,配向は電界の実効値に応じて変化する。実際の LCD では,寿命の観点から交流駆動が一般に採用されている。

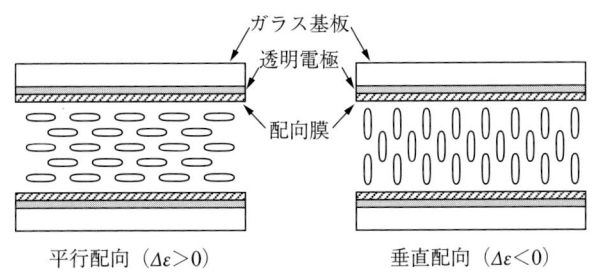

図 2.4 液晶分子の初期配向の例

〔3〕 **動作モード** LCD で用いられる表示方式について以下に述べる。

(1) **ねじれネマティック(twisted nematic:TN)モード** TN モードにおける分子の初期配列は,図 2.5 に示すような両基板間で 90°のねじれのある平行配列である。ねじれのピッチは可視光の波長に対して十分大きくする。初期状態での分子の配向方向は,基板表面にポリイミドなどの高分子膜を堆積したのち,布などで一方向にこするラビング処理により制御される。

電圧無印加の状態では,入射側の偏光板により直線偏光となった光が,液晶

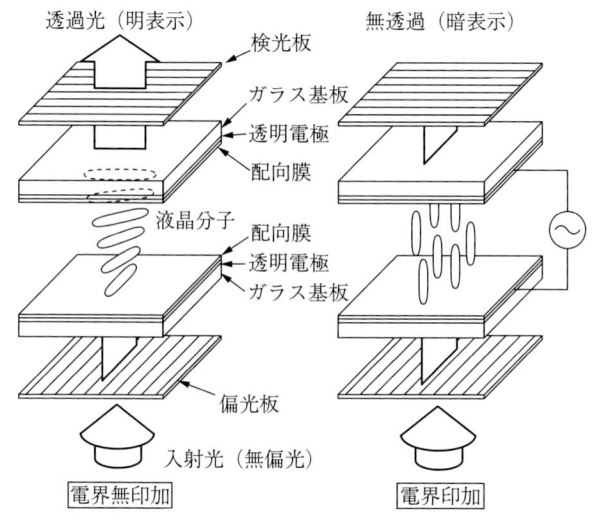

図2.5 ねじれネマティックモードの表示原理

の旋光性により偏光方向を90°変えて出射する。このとき，出射側の検光板が偏光板と直交関係にあれば光は透過し，平行関係にあれば遮断される。

このセルにしきい値以上の電圧を印加すると，分子は徐々に配向を変え，飽和状態では基板に対してほぼ垂直な向きに再配列する。このとき，液晶は入射光に対して光学的に等方な媒質になり，入射光は偏光方向を変えずに伝搬する。したがって，電圧無印加時とは逆に，検光板が偏光板と直交関係にあれば光は遮断され，平行関係にあれば透過する。透過光量は，分子配向が変化している間は，印加電圧により連続的に変化する。

TNモードでは，見る角度や方向によって液晶分子の配向の度合いが異なるため，それによる明るさや色調の変化（視野角依存性）が大きい。実際のディスプレイでは，液晶分子の配向の非対称性を補償するための視野角補償フィルムが，液晶セルと組み合わされて使用されている。しかし，大形テレビのような大画面ディスプレイ用ではその効果は十分ではなく，後述する新しく開発された視野角特性の優れたモード（IPS, VA, OCBモード）が利用されている。

（2） 超ねじれネマティック（super-twisted nematic：STN）モード

STN モードでは,カイラル剤の添加により TN モードよりもねじれ角を大きく(180〜270°程度)したネマティック液晶を用いる.このセルでは,旋光性を示す条件は満たしていない.偏光板は,入射側と出射側に偏光方向が直交するように配置される.

電圧無印加の状態では,直線偏光の入射光は液晶の複屈折性によりだ円偏光に変化し,特定の波長の光が偏光板を透過して着色してみえる.

電圧印加時には,分子は基板とほぼ垂直に配向して複屈折性が消失するため,光は検光板で遮断される.これに波長による位相差の違いを補償するための高分子フィルムなどを積層することで,白黒表示が可能になる[1].

STN モードは,印加電圧に対する分子配向の変化が TN モードに比べて急峻であり,単純マトリックス駆動によるグラフィック表示に適している.

(3) IPS(in-plane switching)モード[2]　IPS モードでは,配向制御のための一対の電極が,共に一方のガラス基板上に配置されている.初期状態において基板と水平な方向に配向させた液晶分子が,横方向に印加される電界によって基板に平行な面で回転し,入射した直線偏光光に対する複屈折性が変化する(図 2.6 (a)).TN モードのように,液晶分子が基板面に対して立ち上がるような配向の変化を示すモードと比較して,見る角度,方向に対する配向の非対称性がわずかで,視野角が広いことが特徴である.

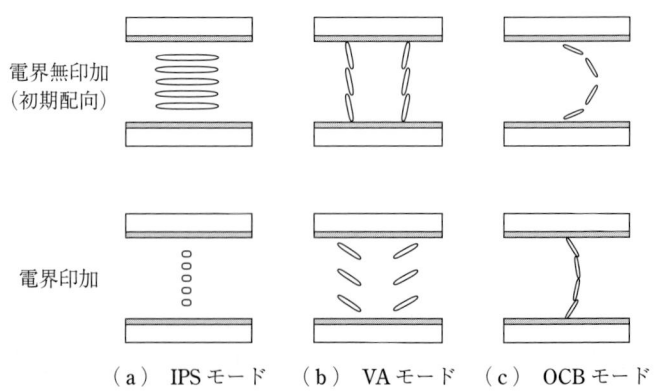

(a) IPS モード　(b) VA モード　(c) OCB モード

図 2.6　IPS,VA および OCB モードの初期配向と電界印加による配向の変化

(4) **VA（vertically aligned）モード**[3]　VA モードでは，負の誘電率異方性をもつ液晶分子を用い，初期状態において基板に垂直に配向させる．電界を印加することにより，液晶分子は水平方向に傾斜する（図（b））．このとき，伝搬する光に対する複屈折性の大きさがゼロから変化する．この効果と入射および出射側の偏光板，光学補償フィルムを組み合わせて表示を行う．一つの画素中に，液晶分子の傾斜方向が異なる複数（例えば 4 分割）のドメインを形成することにより，視野角依存性が改善される．

(5) **OCB（optically compensated bend）モード**[4]　OCB モードでは，初期状態において，液晶分子が弓なりに配向（bend 配向）しており，電圧を加えると基板に対して垂直になるような配向の変化が起きる（図（c））．複屈折性の制御により表示を行うが，セルの中央に対して上下方向の分子配向が対称であるため，斜め方向に伝搬する光に対してもセルの上下で複屈折性の変化が補償されて，視野角が広がる．また，応答速度も速い．

〔4〕**駆動方法，表示方法**　各画素の液晶セルを制御して，ディスプレイに画像を表示する方法を説明する．スタティック駆動，単純マトリックス駆動，アクティブマトリックス駆動について述べるが，これらの概念は LCD だけでなく画素単位で表示を行うディスプレイでは共通である．

(1) **スタティック駆動**　LCD の各画素を個別の駆動回路で同時に駆動する方法で，数字のセグメント表示など，画素が少ない場合に用いられる．

(2) **単純マトリックス駆動**　グラフィックディスプレイのように画素数が多い場合は，マトリックス法が採用される．単純マトリックス駆動では，たがいに直交するストライプ状の走査電極と信号電極の間に液晶をはさみこんだ構造のセルが用いられる．**図 2.7** に，一般に利用されている電圧平均化法の基本駆動電圧波形を示す．この方法では，線順次走査法により電圧パルスを走査電極に順次印加し，これにタイミングを合わせて信号電極に印加する電圧の極性を変化させることによって画素のオン/オフを制御する．画素に印加される電圧は走査電圧と信号電圧の差分であり，液晶はその実効値に応じて動作する．ここで，オンの信号電圧が印加される時間は，走査線数を N とすると，

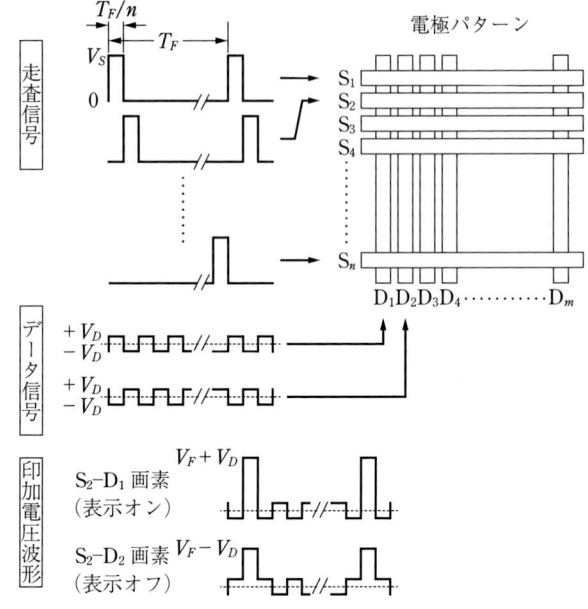

図 2.7 電圧平均化法の基本駆動電圧波形（T_F：フレーム時間）

(1 フレーム時間) / N である．画素にはオフ時においても電圧が印加されているため，オン時/オフ時の電圧（実効値）比は N の増加に伴い 1 に近づく．したがって，走査線数が大きな大容量 LCD においても十分なコントラストを得るには，わずかな電圧変化で大きな光学応答を示す液晶セルが必要になる．このような理由から，単純マトリックス駆動は STN 液晶との組み合わせで LCD に採用されることが多いが，動画の表示特性はよくない．

（3）アクティブマトリックス駆動　走査線数の増大とともにコントラストが低下するという単純マトリックス駆動の課題を解決するために考案された駆動法で，走査電極と信号電極の交点に付加したスイッチング素子により，各画素をスタティック駆動とほぼ同等に制御できる．スイッチング素子としては，主として TFT（thin film transistor）形の電界効果トランジスタが用いられている．素子構造が複雑なため単純マトリックス素子に比べて製造コストは高くなるが，パネルを大容量化しても液晶本来の性能で高画質表示ができる．

図 **2.8** に，TFT 形 LCD の素子構造と等価回路を示す．ガラス基板の一方には TFT，走査および信号電極，画素ごとの透明電極が集積され，もう一方には共通透明電極とカラーフィルタが形成される．各画素は，TFT，キャパシタの役割をする液晶セル，および必要に応じて付加される補助キャパシタから構成される．走査電極が結線された TFT のゲートには，線順次方式で電圧が印加され，選択時のみ TFT はオン状態になる．これにタイミングを合わせて，

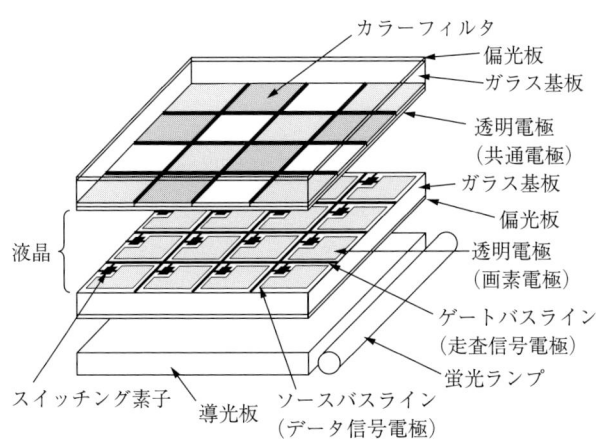

（a）素子構造

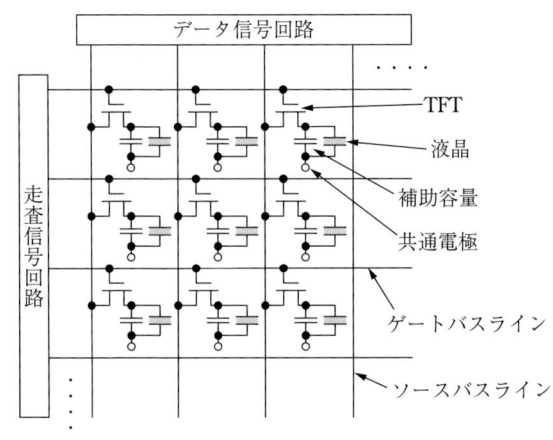

（b）等価回路

図 **2.8** TFT 形 LCD の素子構造と等価回路

信号電極から画素の動作に必要な電圧が印加される．これと同時に，キャパシタには駆動電圧に応じて電荷が供給されるが，この電荷はつぎの走査時まで保たれ，画素には一定の電圧が印加され続ける．

TFTとしては，プラズマCVDにより大面積基板への低温堆積が容易なアモルファスシリコン（a-Si）薄膜を使用する素子が，小形から大形のパネルまで一般的に用いられている．また，主としてより高精細なLCD用に，多結晶シリコン（p-Si）TFTも用いられている．p-Si膜を作製するには一般に約1 000 ℃の高温が必要であるが，a-Si薄膜をレーザアニールにより結晶化させる方法により，軟化点の低いガラス基板にも製造されている．p-Siは，a-Siに比較して成膜工程は複雑であるが，キャリヤ移動度などの特性は格段によい．そのため，a-Si TFT LCDでは，パネルの周囲に外付けしている駆動用ICを，p-Siを用いることにより同じガラス基板上の縁部に集積できる．これにより，画素ピッチが狭い場合にも配線の問題がなくなり，高精細表示への対応が容易になる．また同時に，狭額縁化，薄型化，軽量化も実現できる．

2.1.2 プラズマディスプレイ（PDP）

〔1〕 **PDPの概要**　PDPは，放電プラズマに伴う発光現象を表示に利用する発光形ディスプレイである．ネオン（Ne）の放電により発生する赤橙色発光を直接表示に利用する単色PDPと，キセノン（Xe）の放電による紫外光をRGB蛍光体で可視光に変換するカラーPDPが実用化されている．動作原理的には，画素ごとに表示セルと呼ばれる1 mm程度以下のきわめて小さな放電管（単色PDPの場合），または蛍光ランプ（カラーPDPの場合）を並べたものと考えることもできる．印加する電圧によりDC形とAC形に大別され，これらの表示セルの構造は異なる（**図2.9**）．

初めに実用化されたのは単色PDPで，自動券売機，行き先案内板などに使用されている．グラフィック用途でも，ラップトップ形パーソナルコンピュータのディスプレイに一時期使用された．近年はカラー化技術が進展し，対角100インチクラスのフルカラーPDPが商品化されるに至っている．

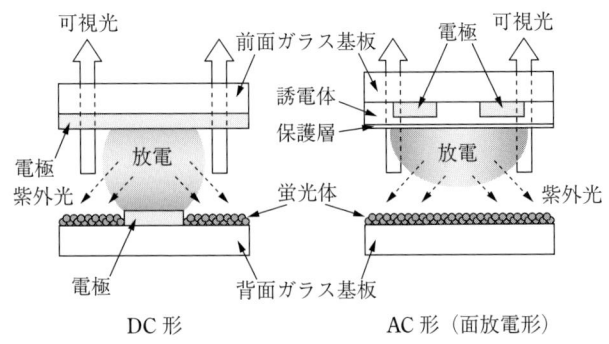

図 2.9 PDP の表示セルの基本構造

PDP の特徴はつぎのようにまとめられる。まず長所としては，① 素子構造が簡単で大画面化が容易，② フラットパネル形である，③ 特有のメモリ効果を駆動に利用でき，大容量化しても画面輝度が下がらない，④ 高画質のカラー表示が可能，⑤ 視野角が広い，などがあげられる。一方，短所は，❶ 消費電力が大きい，❷ 駆動電圧が高い，❸ 高精細化が難しい，などがあげられる。

〔2〕 **ガス放電の特性**　　あるしきい値（放電開始電圧）以上の電圧をガスに印加すると，原子や分子がイオンと電子に解離してプラズマ状態になる。ガス放電の状態は，電流・電圧などの発生条件によりいくつかの領域に分類できる[5]が，PDP では放電が安定に持続するグロー放電が利用されている。

プラズマ中では，電界により加速された電子が原子やイオンと衝突し，これらをエネルギーの高い準位に励起する。このような励起状態の粒子が基底状態に戻るとき光を放出する。放電ガスに Ne を用いる場合は，570～720 nm の波長域に数本の可視発光線が放出され，これらにより赤橙の発光色が得られる。現在のところ，ネオン以外で効率の良い可視発光を示す放電ガスは見つかっていない。一方，Xe の放電からは，主として波長 147 nm の紫外光が放出される。PDP では，放電開始電圧を低下させるため，Ne やヘリウム（He）との混合ガス（Xe の割合は数％）が用いられる。一般に，封入ガス圧は数 10 kPa で，放電開始電圧は 200 V 前後である。

ガス放電の発光効率は放電空間を小さくするほど低下する。そのため，PDP

では表示の高精細化が難しい。PDPでの紫外線発生効率は，蛍光ランプに比べて一けた以上低く[6]，消費電力が高い原因の一つになっている。

〔3〕 **蛍光体材料**　　カラーPDPでは，蛍光体がXeプラズマから発生する紫外光を吸収し，可視光に変換する。PDP用蛍光体としては，波長200 nm以下の紫外線励起に対して発光効率が高いこと，表示用の三原色として十分な色純度をもつことが求められる。また，紫外線の利用効率を上げるために表示セルの内壁に蛍光体が塗布されることから，放電によるイオン衝撃や温度上昇に対して，特性の劣化や変化が起きないことも重要である。現在主として，$(Y, Gd)BO_3:Eu$（赤），$Zn_2SiO_4:Mn$（緑），$BaMgAl_{14}O_{23}:Eu$（青）などの蛍光体材料が用いられている。

〔4〕 **素子構造と動作特性**　　本項では，現在商品化されているAC形PDPについて述べる。DC型PDPについては，文献6) などを参照されたい。

AC形PDPの表示セルの特徴は，電極が誘電体層に覆われており，この誘電体によりメモリ効果が発現する。電極配置としては，対向するガラス基板にそれぞれ電極を配置する対向形と，一方の基板上に二つの電極を配置する面放電形とがある。面放電形では，もう一方の基板上に形成される蛍光体層をプラズマから空間的に分離でき，蛍光体の劣化抑制に効果的である。現在量産されているカラーPDPでは，面放電形を発展させた3電極面放電形が採用されている。パネル構造の一例を**図2.10**に示す。前面板と背面板との間隔は

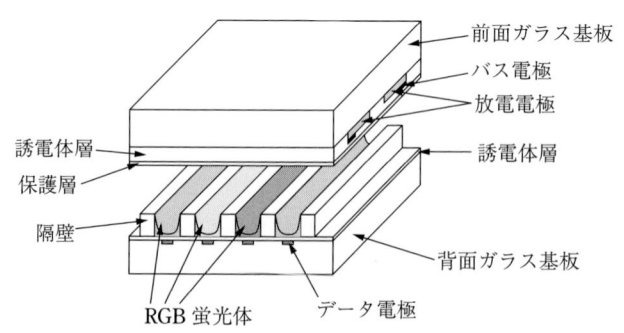

図2.10　AC形フルカラーPDPのパネル構造の一例

100 μm 程度である。前面板上には，走査線に相当するストライプ状の透明電極対（維持電極），誘電体層および保護層が形成される。背面板上には，維持電極対と直交する方向に，アドレス電極，隔壁，蛍光体層が形成される。

　AC 形 PDP は，一般にパルス状の交流電圧により駆動される（**図 2.11**）。電極が誘電体で覆われているため，放電で発生した正・負の荷電粒子は，それぞれ陰極・陽極方向に移動して誘電体（保護層）表面を帯電させる。この帯電電荷のことを壁電荷と呼び，AC 形のメモリ効果の起源となっている。放電は，維持電極間にしきい値以上の電圧パルス（書込パルス）を印加することにより開始する。放電に伴い壁電荷が蓄積されるが，この電荷は，電場の極性が逆転した直後には，印加された電圧をさらに強めるように作用する。そのため，一度放電が始まると，以降は放電開始電圧以下のパルス（維持パルス）で放電が維持される。放電を停止させるには，壁電荷がちょうど消失するだけの短い時間のパルス（消去パルス）を印加する。壁電荷が存在しない状態では，維持パルスで放電は起こらない。以上のように AC 形では，壁電荷の有無と維持パル

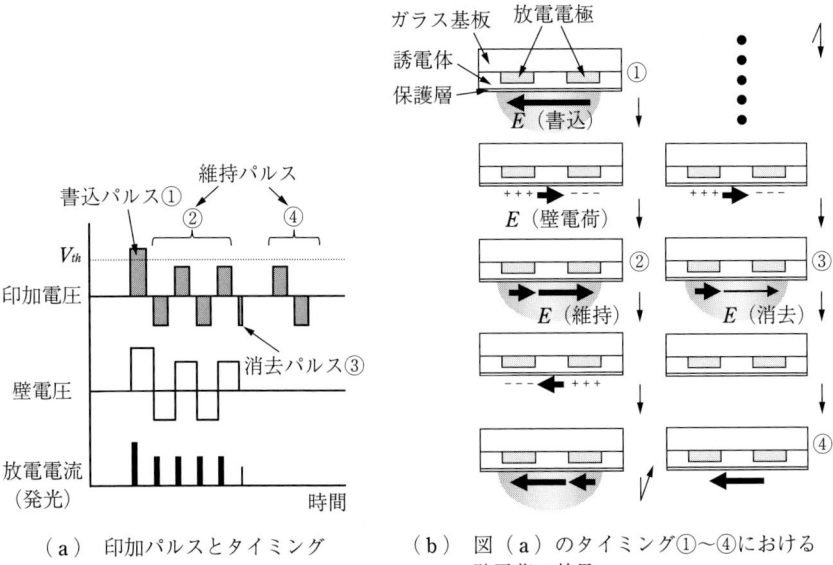

（a）印加パルスとタイミング　　（b）図（a）のタイミング①〜④における壁電荷の効果

図 2.11　メモリ効果を利用した AC 形 PDP の動作原理

スにより，放電のオン/オフを制御できる。このようなメモリ効果を利用することにより，単純マトリックスと同じ簡単な電極構造でありながら，アクティブマトリックス法と同様の駆動を行うことができる。

〔5〕 **表示方法**　メモリ効果を利用した表示では，発光はオン/オフの2状態しか取り得ないため，発光強度を変えて中間調を表示することはできない。代わりに，1フィールド（1画面の表示時間）の中で各画素の点灯時間を変化させて階調表示を行うサブフィールド法が採用されている[7]。図 2.12 に，サブフィールド法の駆動波形例を示す。この例（256 階調表示）では，1フィールドを，点灯時間の比が 1, 2, 4, 8, …, 128 となる八つのサブフィールド（SF1〜SF8）により構成し，点灯させるサブフィールドの組合せで人が知覚する明るさを 256 階調表示で制御する。例えば，すべてのサブフィールドで点灯させると画素の輝度レベルは 256 となる。また，輝度レベル 13 で表示する場合は，SF1，SF2，および SF4 で点灯させればよい。このような階調表示法は，PDPのメモリ効果ときわめて速い放電応答（〜 1 μs）により実現されている。

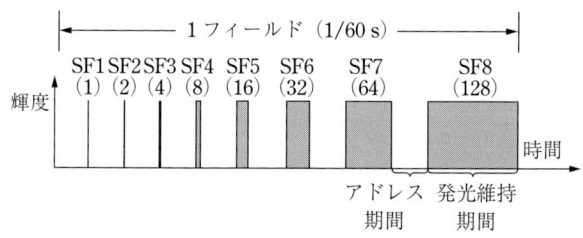

図 2.12　サブフィールド法の駆動波形例

各サブフィールドの点灯/非点灯の制御は，発光維持期間の直前のアドレス期間に行う。点灯する画素には，線順次方式によってアドレス電極・放電電極間で極短時間の予備放電を起こし，壁電荷を蓄積する。その後の発光維持期間において，全画素に同時に維持パルスを印加するが，ここでは壁電荷が蓄積された画素でのみ発光が起こる。最後に消去パルスにより放電を停止させ，つぎのサブフィールドのアドレスに移る。このプロセスをすべてのサブフィールドで行うことにより，1フレームの画素の表示が完了する。

2.1.3 有機発光ダイオードディスプレイ

〔1〕 **有機発光ダイオードの概要**　有機発光ダイオード（light emitting diode：LED）は，厚さ 100 nm 程度の有機化合物薄膜から構成されるデバイスで，10 V 程度かそれ以下の直流電圧で動作する．高発光効率，高輝度，高精細表示，低電圧駆動，広い視野角，早い応答速度などの特徴をもち，1980 年代末ごろから実用化研究が盛んになった．現在では，問題とされていた寿命も改善が進み，携帯，車載機器には小形ディスプレイが搭載されている．

一方，大画面化の開発も進められており，11 V 形のディスプレイも商品化されている．有機 LED は，電界印加で発光すること，面発光タイプの素子であることから，無機 EL と同じく"有機 EL"と呼ばれることもあるが，動作原理は電流注入形電界発光であり，発光ダイオードの原理に近い（後述の無機 EL の発光機構は，真性電界発光とも呼ばれる）．

〔2〕 **素子構造と発光機構**　有機 LED は，用いられる材料系により低分子形と高分子形に分類されるが，基本的な動作原理に違いはない．低分子形の一般的な素子構造は，**図 2.13** に示すような，正孔伝導性の高い正孔輸送層と電子伝導性の高い電子輸送層からなる 2 層構造，もしくは正孔輸送と層電子輸送層の間に発光層を挿入した 3 層構造である．2 層構造の素子では，正孔輸送層または電子輸送層が発光層を兼ね，接合界面のごく近傍で発光が生じる．一方，高分子型では単層構造が基本である．これらの有機薄膜は，ITO 透明電極（陽極）付ガラス基板上に形成される．背面電極（陰極）としては，仕事関

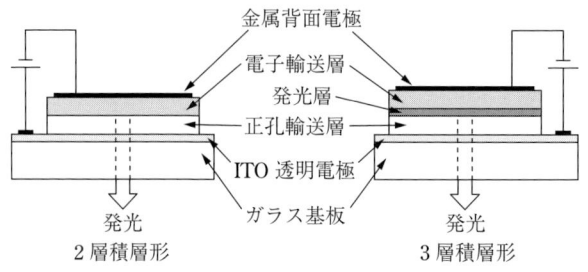

図 2.13　低分子形有機 LED の一般的な素子構造

数の小さな金属（Mg/Ag，Li/Al 合金など）が蒸着される．

図 2.14 に，3 層構造素子のエネルギー準位図を示す．このような素子に直流電圧を印加すると，陰極から電子が電子輸送層の LUMO 準位へ，また陽極から正孔が正孔輸送層の HOMO 準位へそれぞれ注入される．これらのキャリヤは発光層まで輸送され，励起子を形成したのち，再結合して発光が起こる．

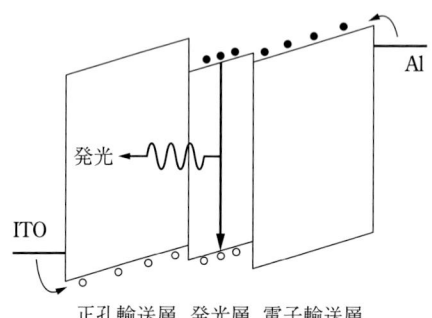

図 2.14 3 層構造素子のエネルギー準位図

フルカラー表示は，RGB 発光層の塗分け，青色発光層と色変換層の組合せ，白色発光層とカラーフィルタの組合せなどが採用される（図 2.15）．

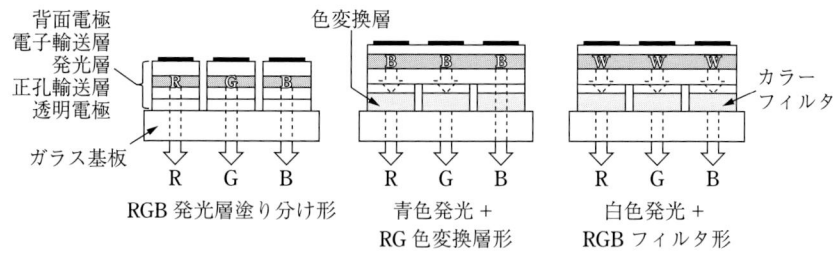

図 2.15 フルカラー有機 LED ディスプレイにおける画素構成

〔3〕 **発光層およびキャリヤ輸送層材料**　図 2.16 に発光層材料の例を示す．発光層材料としては，所望の波長の発光が得られること，発光効率が高いこと，電子，正孔ともに輸送できることなどが求められる．低分子系では膜形成に真空蒸着法が用いられることから，表面が平坦で膜厚の均一な薄膜を堆積できることも重要である．低分子系では，単独で発光層を形成できる材料と，キャリヤ輸送層に発光中心となる色素分子をドーピングした材料がある．

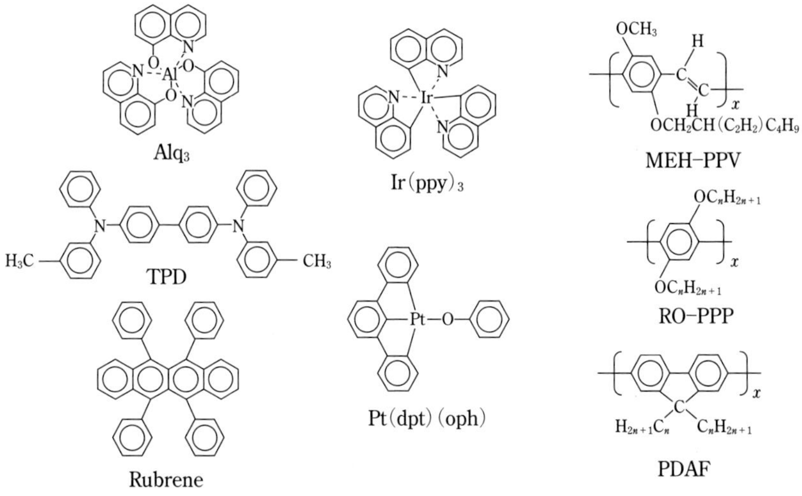

図 2.16　有機 LED の代表的な発光層材料の例

（低分子系蛍光材料：Alq₃、TPD、Rubrene／低分子系りん光材料：Ir(ppy)₃、Pt(dpt)(oph)／高分子系発光材料：MEH-PPV、RO-PPP、PDAF）

また，高効率の発光を示すりん光材料の研究も進められている。輸送された電子と正孔からは，スピン状態の異なる一重項励起子と三重項励起子が 1:3 の比率で生成される。りん光材料では，一般的な蛍光材料では発光に寄与しない，三重項励起子の発光効率も高いことが特徴である。一方，高分子系の多くは，スピンコートなどの溶液プロセスにより塗布が可能な導電性高分子である。インクジェットなどの印刷技術も利用することもでき，これによるディスプレイ製造プロセスの簡素化が期待されている。

キャリヤ輸送層材料としては，それぞれのキャリヤに対する移動度が大きいこと，ガラス転移温度が高いことなどが求められる。主として低分子系に使用されることから，真空蒸着により平坦で緻密な薄膜を堆積できることも重要である。また，電極からのキャリヤ注入を容易にするために，イオン化ポテンシャルが電子輸送層では大きく，正孔輸送層では小さいことが求められる。

〔4〕**駆動方式**　駆動方式としては，主として単純マトリックス方式およびアクティブマトリックス方式が採用されている。単純マトリックス形素子では，図 2.7 に示したような構造の上下電極が用いられ，線順次操作で走査

電極と交差したデータ電極部分のみで発光が起こる．単純な素子構造で低コストでの生産が可能である．しかし，平均的な画面輝度を保ちつつ走査線数を増すためにはその分各画素の発光輝度を上げる必要があり，特に素子の寿命の観点から，大形ディスプレイには適さない．

アクティブマトリックス形素子では，各画素に組み込まれた駆動用の回路により，データ信号で定められた輝度で連続発光する．画像は，線順次のデータ書き換えにより表示される．LCD の駆動回路と異なる点は，液晶が電圧で制御されるのに対し，有機 LED の輝度が主として電流で制御されることである．図 2.17 に，最も簡単な駆動回路を示す．この例では，スイッチ用と駆動用の二つの TFT から構成されるが，実際には TFT の特性のばらつきを補償するための回路が必要となり，1 画素当り 3 個以上の TFT が組み込まれる．

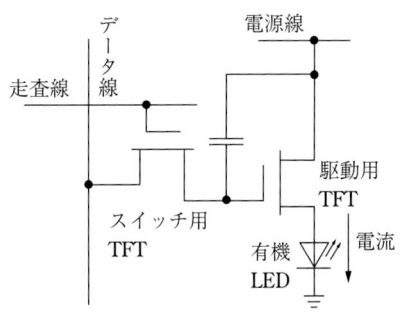

図 2.17 アクティブマトリックス有機 LED 用の駆動回路の例

2.1.4 無機エレクトロルミネセンス（EL）ディスプレイ

〔1〕 **無機 EL ディスプレイの概要**　蛍光体に電場を印加したときに生じる発光（エレクトロルミネセンス）を表示に応用したフラットパネルディスプレイである．素子の基本構造は，発光層を透明電極と金属電極ではさんだ積層構造であり，両電極間に交流または直流の電界を印加することにより動作する．長所としては，高精細表示，広い視野角，速い応答速度，長寿命，すべて固体から構成され振動・衝撃に対する信頼性が高いことなどがあげられる．短所としては，動作電圧が高いことなどがあげられる．発光層の構造により薄膜形と分散形に分類されるが，ここでは主として薄膜形の素子について述べる．

〔2〕 **素子構造と発光機構**　薄膜ELの素子構造例を**図2.18**（a）に示す。薄膜ELでは，一般に，膜厚が0.5〜1.0μm程度の発光層を2層の誘電体薄膜ではさんだ二重絶縁構造が採用されている。各層は，真空蒸着やスパッタなどの薄膜堆積法により作製される。また，スクリーン印刷により塗布された高誘電率の厚膜を下部絶縁層に用いることにより，輝度と信頼性が向上した素子も作製されている[8]。駆動は50Hz〜5kHz程度の交流電圧を印加することにより行われ，約200Vから発光が得られる。動作原理については不明な点が多いが，基本的にはつぎにあげる高電界下での各過程により発光が生ずると考えられている[9]（図（b））。

① 発光層への電子の注入：界面準位，不純物準位などに捕獲されていた電子が，高電界により伝導帯に放出される。

② 電子の加速：自由になった電子は高電界下で加速され，高エネルギー電

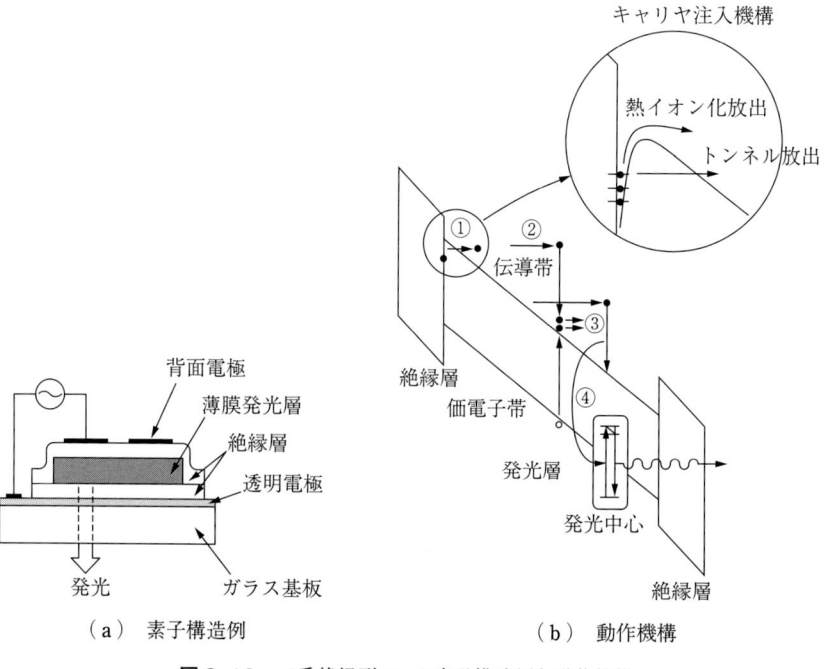

図2.18　二重絶縁形ELの素子構造例と動作機構

（a）　素子構造例　　　　　　（b）　動作機構

子（ホットエレクトロン）になる。

③ なだれ現象によるキャリヤの増倍：バンドギャップ以上のエネルギーまで加速されたホットエレクトロンが，格子に散乱され，新たな電子－正孔対を発生させる。

④ 発光中心の励起と発光：ホットエレクトロンとの衝突などの過程により発光中心が励起され，基底状態に戻るときに発光が生じる。

印加する電圧の極性が反転すると，逆方向に①〜④の過程が進行して発光が起こる。このように，発光はパルス状に1周期で2回起こることから，発光輝度はおよそ周波数に比例して増加する。フルカラー表示は，RGB発光層のパターニング，RGB素子の積層，青色発光層と色変換層との組合せ，白色発光層とカラーフィルタとの組合せなどが採用されている。

〔3〕 **発光層材料**　発光層材料としては，ZnSやSrSなどの比較的バンドギャップが大きい半導体を母体とし，これらに適当な不純物（発光中心）を添加して可視発光が得られるようにした蛍光体が用いられる。また，10^6 V/cm程度の高電界を印加する必要があることから，キャリヤが少なく，電気抵抗が高いことも要求される。最も効率の良い発光を示す素子は，発光層にZnS:Mnを用いた黄橙色素子である。ZnS:Mn ELは，約585 nmにピークをもつスペクトル幅の広い発光を示し，これを用いた単色のグラフィックディスプレイが商品化されている。フルカラー表示のための発光材料としては，赤色用としてZnS:Mn＋赤色フィルタ，緑色用としてZnS:Tb，ZnS:Mn＋緑色フィルタ，青色用としてSrS:Ce＋青色フィルタ，$CaGa_2S_4$:Ceなどの材料を中心に研究が進められてきた[9]。特に高輝度の青色発光を示す発光層の開発が課題であったが，特性の優れた$BaAl_2S_4$:Euにより解決された[10]。

〔4〕 **駆動方式**　無機ELディスプレイの駆動方式には，単純マトリックス方式とアクティブマトリックス方式[11]があるが，駆動に高い電圧を必要とすることから，一般には前者が用いられている。図2.7に示すような構造の上下電極が形成され，走査電極にパルス電圧を順次加えながら，これに同期してデータ電極に信号電圧を印加することにより，指定された画素を発光させて

画像を形成する。この場合，実効電圧により階調を制御する。

2.1.5 フィールドエミッションディスプレイ（FED）

図2.19にCRTとFED（field emission display）の画像表示原理を示す。FEDはCRTと同じ原理で発光し，画像を表示するフラットパネルディスプレイである。CRTでは，通常3個（一つひとつが，赤，緑，青のサブ画素を発光させるための電子源に対応）の熱陰極電子源（thermal cathode）から放出された電子を高電圧で加速して蛍光体に衝突させて発光させる。そのため，蛍光体に衝突する電子の量を調整することにより非常に明るい画像から暗い画像まで自在に表示できる。また，電子が蛍光体に当たった瞬間しか光っていないため動きの速い画像を表示できるという優れた特性を持つ。しかし，電子源が3個しかないため，電子源から出た電子を偏向コイルで発生した磁界で左右上下に振り，蛍光体面上で順次動かし，画像を表示しなければならない。そのため，奥行きが大きくフラットパネルディスプレイとすることができない。

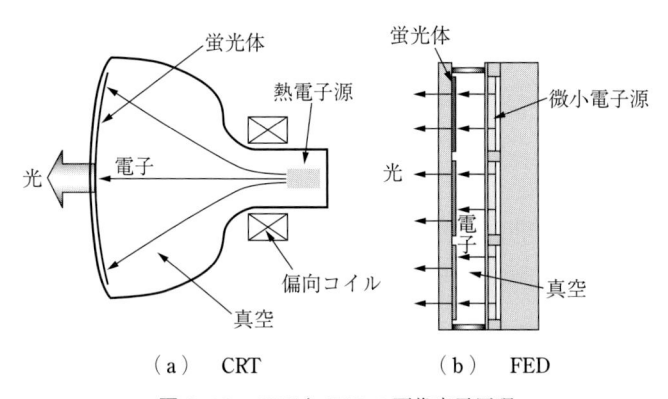

図2.19 CRTとFEDの画像表示原理

FEDでは各サブ画素の蛍光体に対向して微小な電子源（エミッタ）を並べる。熱陰極電子源はサイズが大きいので，各サブ画素に対向して熱電子源を並べることはできないが，FEDではナノテクノロジーを用いて製作した微小な電界放出電子源（field emitter）を用いるため，各サブ画素に対向して電子源

を並べることができる。

図 **2.20** に熱陰極電子源のエネルギー構造を示す。金属などの固体内では，真空準位（vacuum level）と呼ばれる障壁があり，この障壁のため電子は金属の内部に閉じ込められている。金属では，真空準位は伝導帯（conduction band）の底から測ってフェルミレベル（Fermi level）E_f と仕事関数（work function）ϕ の和のエネルギー位置にある。金属表面に対して垂直方向を z 方向とすると，z 方向のエネルギー E_z が $E_f+\phi$ を超える，すなわち加熱などにより熱エネルギーを電子が受け，真空準位を超えるエネルギーを持つ電子が放出される。

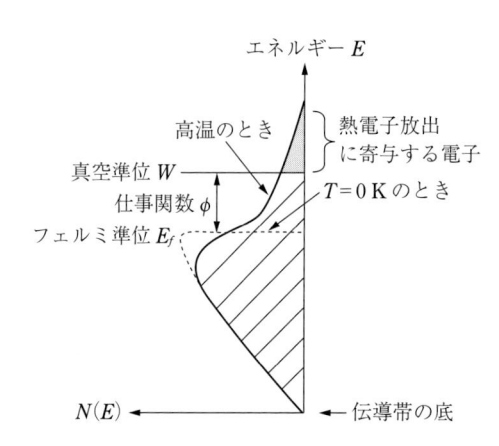

図 **2.20** 熱陰極電子源のエネルギー構造

熱電子放出（thermionic emission）の飽和電流密度 J は，つぎのリチャードソン・ダッシュマンの式（Richardson-Dushman equation）で表される[12]。

$$J = AT^2 \exp\left(-\frac{\phi}{kT}\right) \tag{2.1}$$

ここで，A：材料に依存しない定数（$4\pi emk^2/h^3$），e：電子の電荷，m：電子の質量，k：ボルツマン定数，h：プランク定数，T：絶対温度

温度 T を〔K〕，仕事関数 ϕ を〔eV〕で表すと，式（2.1）は

$$J = 1.20 \times 10^2 \times T^2 \exp\left(-\frac{11\,600\phi}{T}\right) \ \text{〔A/cm}^2\text{〕} \tag{2.2}$$

となる。式（2.1）の特徴は，金属の種類による飽和電流密度の違いが仕事関

数 ϕ だけに表れていることである。熱電子源は，熱エネルギーを必要とするため，サイズが大きく，また消費電力が多い，仕事関数より高エネルギーの電子がすべて放出するため，放出電子のエネルギー広がりが大きい，電流密度が小さいという欠点がある。

図2.21に電界放出電子源のエネルギー構造を示す。電界放出電子源では，電子は量子力学的トンネル効果（tunneling effect）により固体内から放出する。金属の表面に非常に強い電界（約 $F = 5 \times 10^9$ V/m 以上）を印加すると，図に示すように，ショットキー線 $-eFz$ の傾斜が大きくなり，障壁の幅は狭くなる。固体内の電子はその波動性のため，障壁の幅が数 nm となると，トンネル効果のため障壁を透過し，電子は熱エネルギーをもらわなくても，固体外に出ることができる。

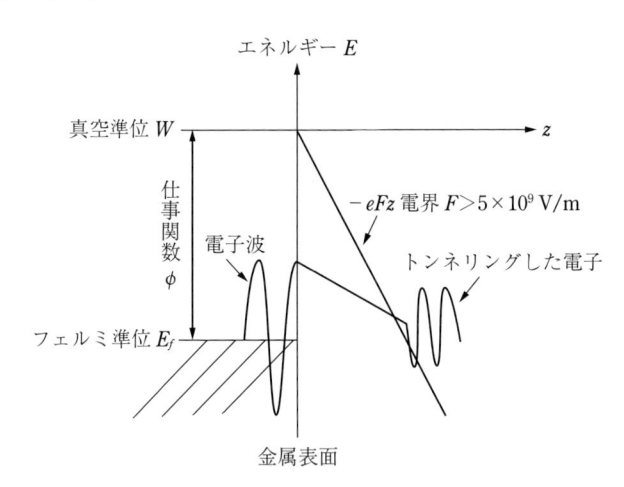

図2.21 電界放出電子源のエネルギー構造

金属に強電界を印加した場合の電界電子放出の電流密度 J は

$$J = \frac{e^3 F^2}{8\pi h \phi} \exp\left(-\frac{8\pi\sqrt{2m}}{3heF}\phi^{3/2}\right) \tag{2.3}$$

となる[12]。電界 F を〔V/cm〕，仕事関数 ϕ を〔eV〕で表すと，式 (2.3) は

$$J = 1.54 \times 10^{-6} \times \frac{F^2}{\phi} \exp\left(-6.83 \times 10^7 \times \frac{\phi^{3/2}}{F}\right) \text{〔A/cm}^2\text{〕} \tag{2.4}$$

となり，電流密度は電界強度と仕事関数とに依存することがわかる。

電界放出電子源は，熱エネルギーを必要としないため，消費電力が低い，微細加工技術を用いて製作するためサイズが小さい，トンネル効果で電子が放出し，トンネル確率は障壁の厚さに指数関数的に依存して小さくなるため，フェルミレベル付近の電子のみが放出する。そのため，放出電子のエネルギー広がりがきわめて小さい，また電流密度が大きいという長所がある。

金属表面に強電界を印加するには，一般的には円錐（コーン）構造の金属に電圧を印加する。コーンの先端には電気力線が集中するため（電気力線の密度が電界強度である），平面構造に電圧を印加したときに発生する電界強度よりはるかに強い電界がコーンの先端に発生する。例えば，1 cm 離れた 2 枚の平行平板に 100 V の電圧を印加すると，その電界強度は 100 V/cm となるが，片方を曲率半径が 100 nm のコーンとすると，電界強度は約 10^7 V/cm となる。

そのため，FED の電子源として，図 2.22 に示すように，コーン構造のティップ（tip）と呼ばれる電子を放出する部分と，ティップから電子を引き出すゲート電極から構成される電子源が通常用いられる。この電子源は開発者にちなんでスピント形電子源（Spindt cathode）と呼ばれる。ゲート電極に電圧を掛ければ，ティップ先端に電界が集中し，室温でティップ内の電子がトンネル効果で真空中に放出される。

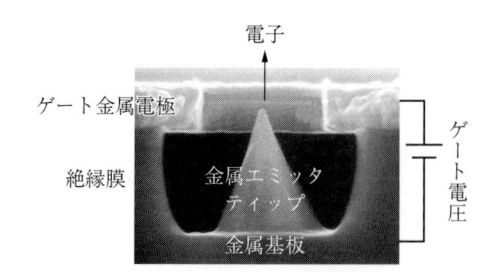

図 2.22 スピント形電界電子放出微小電子源

図 2.23 に FED の構造と駆動方式を示す。FED では，陰極（カソード）電極とゲート電極が直交して設けられている。一つの行のカソード電極にマイナス方向のパルス（走査信号）を印加するとその行が選択され，その状態でゲー

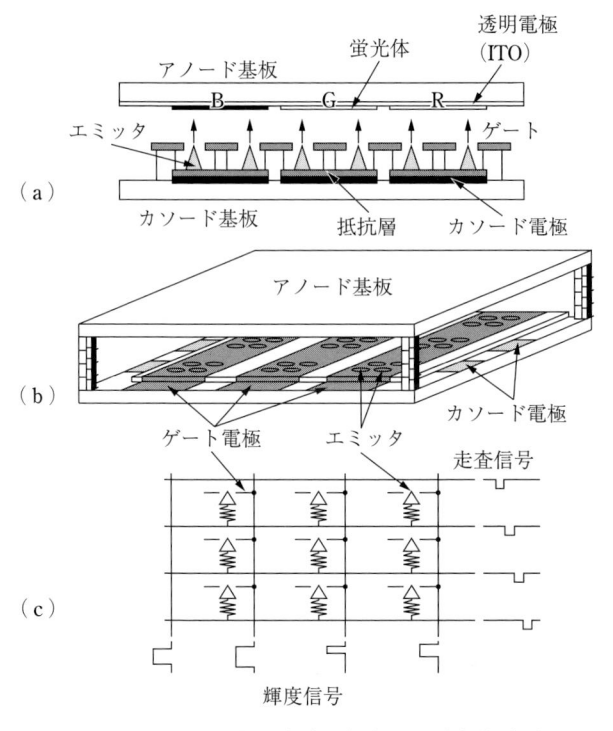

図 2.23 FED の構造 (a), (b) と駆動方式 (c)

ト電極にプラス電圧（輝度信号）を印加すれば，マイナス電圧とプラス電圧の和の大きさに応じた電子が微小電子源から放出し，アノード電圧で加速され蛍光体に衝突し，蛍光体を励起発光させる．発光の強さ（諧調）は蛍光体に衝突する電流量に比例する．電流量の調整は，パルスの高さで行う場合とパルス幅で行う場合がある．

　一つの行の発光が終われば，つぎの行のカソード電極にマイナス方向のパルスを印加し，またゲート電極にプラス電圧を印加すれば，その行の発光が起こる．このように，1フレーム（1/60秒）内ですべての行が選択されれば，テレビの画像を表示できる．FEDでは電子源から出た電子はまっすぐ飛ぶだけなので，CRTのように奥行きがいらず，CRTと同じ画像の質を保ちながらきわめて薄形のフラットパネルディスプレイが実現できる．また，FEDには，

CRTで消費電力を高くしている熱陰極，偏向コイルがないので，対角40インチのディスプレイで100W程度の低消費電力（LCD，PDPの1/2から1/3）となるという長所もある。

図2.24に，現在，開発されているFEDの試作品とその特性表を示す[13]。この試作品は，放送局用のマスタモニタをしのぐ完成度の高い画質を達成している。さらに長所として，動画視認性がよい，光漏れがないため，低輝度側の色純度低下がない，周辺フォーカスはCRTをしのぐ，平均的映像ではLCDの消費電力の1/2以下，温度環境に強い，γ特性がTV信号のγ特性とほぼ同等なためγ調整が容易，24フレーム/秒から240フレーム/秒までのフレーム周波数に対応できるなどがあげられる。

画面サイズ	19.2形　391.68（水平）×293.76（垂直）mm
解像度	1 280×960ドット（アスペクト比4：3 SXGA）0.306 mmピッチ
輝　度	400 cd/m²
コントラスト	20 000：1以上
階　調	10ビットパネル開発完了
カソード	ナノスピント超高密度エミッタアレー構造
外形寸法	500（幅）×350（高さ）×55（奥行）mm（突起部，スタンド含まず）

図2.24 FEDの試作品とその特性表[13]

FEDは，ナノビジョンサイエンスが目指す超高精細ディスプレイの有力な候補である。それは，電子顕微鏡でわかるように，電子ビームは適切なレンズ系をつくれば，ナノサイズに絞りこめることである。電子顕微鏡では一般的に磁界レンズを用いるが，磁界レンズは大掛かりになるため，ディスプレイに磁界レンズを用いることは好ましくない。そこで，筆者らは電界レンズを一体化させた微小電子源を開発している。

図2.25に筆者らが開発した電界レンズ一体形ダブルゲート微小電子源の構造とその電子ビーム集束特性を示す[14]。この電子源の構造は，コーン構造のティップを取り囲む電子の引き出しゲート電極とそれを取り囲む集束電極から

2.1 ディスプレイの種類   35

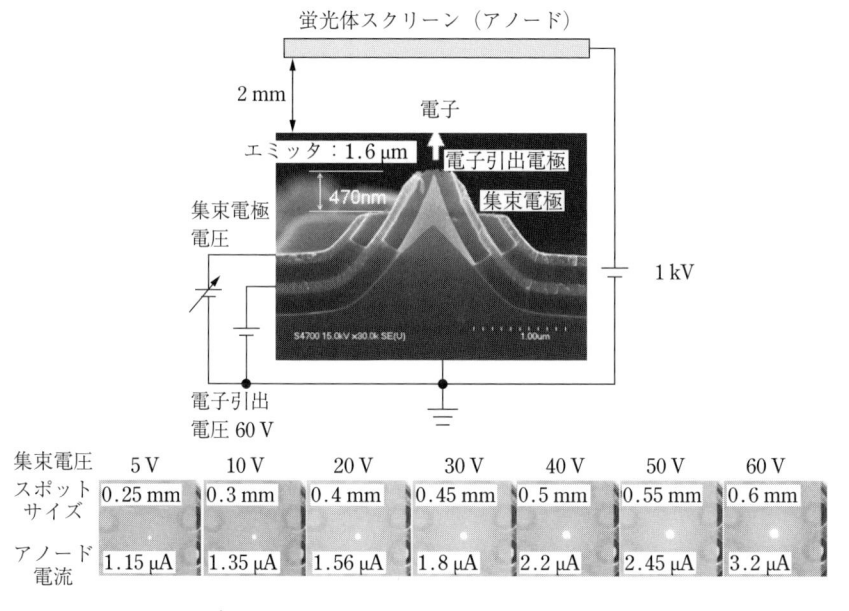

集束電圧	5 V	10 V	20 V	30 V	40 V	50 V	60 V
スポットサイズ	0.25 mm	0.3 mm	0.4 mm	0.45 mm	0.5 mm	0.55 mm	0.6 mm
アノード電流	1.15 μA	1.35 μA	1.56 μA	1.8 μA	2.2 μA	2.45 μA	3.2 μA

図 2.25 電界レンズ一体形ダブルゲート微小電子源の構造とその電子ビーム集束特性

構成される。集束電極はゲート電極より低い電圧を印加すると静電レンズとして働き，ティップから放出された電子ビームは集束される。

電子ビーム集束特性の図は，ゲート電極電圧 60 V で集束電極の電圧を 60 V から 5 V に徐々に下げた場合の蛍光体アノード電極上に表示された電子ビームスポットサイズと，そのときのアノード電流量である。アノード電極は透明電極付きのガラス基板上に蛍光体を塗布したもので，電子源から 2 mm 離れた位置に設置した。また，アノード電極の電圧は 1 kV である。

図から明らかなように，集束電極の電圧を下げていくに従い，電子ビームが集束されビームのスポットサイズが小さくなっている。蛍光体発光はにじむため，図のビームスポットサイズは実際のサイズより大きく，また 1 kV のアノード電圧は FED に用いるアノード電圧に比べて低いため，集束下でもビームサイズは大きいが，良好な電子ビーム集束特性が得られていることがわかる。

また，この電子源では，集束電極のゲート電極に対する相対的な高さを自在に設定することができる。集束電極の高さがゲート電極の高さより高い場合

は，集束電極にゲート電極より低電圧を印加し集束動作を行うと，集束動作の低電位のためティップ先端の電界強度が下がり，放出される電子量が減り，アノードに到達する電流量は数十 nA まで激減する。

しかし，図 2.25 のように，ゲート電極に対して集束電極を低く設定すると，アノードに到達する電流量の減少は少なくなる。これは，ゲート電極が低電位の集束電極に対するシールドとして働くためである。ディスプレイでは，電流量は多いほど好ましいので，開発した電界レンズ一体形ダブルゲート微小電子源はナノビジョンサイエンス用 FED の電子源として有望である。

なお，ナノビジョンサイエンスに用いる超高精細 FED には，粒径が $10\,\mu m$ 程度ある既存の CRT 用の蛍光体（phosphor）を用いることはできない。そのため，ナノ構造の蛍光体を開発する必要がある。

2.2 発光の基礎と蛍光体

2.2.1 発光材料における励起と発光過程

〔1〕 種々の励起，発光の過程と蛍光体応用　　発光は，高温の物質からの放出（熱放射），円運動する高速電子から放出（シンクロトロン放射）など，多くの現象で得られるが，ここでは，光，電子線などの手段によってエネルギーを与えられた物質が元の状態に戻る過程で光が放出される現象と，その物質（蛍光体）を中心に説明する。このような発光現象は，物質中の電子系の励起と緩和過程を伴うが，それぞれに多くの種類がある。表 2.1 に，励起方法

表 2.1　種々の励起方法による発光の分類

励起方法	発光の名称
光	フォトルミネセンス（photoluminescence）
電子線	カソードルミネセンス（cathodoluminescence）
電界	エレクトロルミネセンス（electroluminescence）
放射線	放射線ルミネセンス（radioluminescence）
化学反応	化学ルミネセンス（chemiluminescence）

ほかに，熱刺激による発光（thermoluminescence），応力刺激による発光（triboluminescence）もある。

による発光の分類を示す。これらの発光は，ディスプレイを含む種々の発光デバイスや計測に応用されている。発光の応用とそれに使用される代表的な蛍光体を表2.2に示す。蛍光体は，同じ発光現象であってもデバイスごとに励起条件が異なり，その条件に適合するように探索・開発されている。

表2.2 発光の応用とそれに使用される代表的な蛍光体

	励起源	応用	代表的な蛍光体*
電子線	20〜35 kV	CRT	$Y_2O_2S:Eu^{3+}$, $ZnS:Cu, Al$, $ZnS:Ag$
	20〜100 V	蛍光表示管	$ZnO:Zn$, $(Zn, Cd)S:Ag, Cl + In_2O_3$
	0.4〜8 kV	FED	$ZnGa_2O_4:Mn^{2+}$, CRT蛍光体
光	147 nm	PDP	$(Y, Gd)BO_3:Eu^{3+}$, $Zn_2SiO_4:Mn^{2+}$, $BaMgAl_{14}O_{23}:Eu^{2+}$
	254 nm	蛍光灯	$Y_2O_3:Eu^{3+}$, $LaPO_4:Ce^{3+}, Tb^{3+}$, $BaMg_2Al_{16}O_{27}:Eu^{2+}$
	380〜460 nm	白色LED	$Y_3Al_5O_{12}:Ce^{3+}$
電界	$>10^6$ V/cm	無機EL	$ZnS:Cu, Cl$, $ZnS:Mn^{2+}$, $ZnS:Tb^{3+}$, $BaAl_2S_4:Eu^{2+}$
	2〜4 V	LED	$(Ga, In)N$, $(Al, Ga, In)P$, $(Al, Ga)As$
	〜10 V	有機LED	Alq_3, $Ir(ppy)_3$, アントラセン
放射線	X線	X線蛍光板	$(Zn, Cd)S:Ag$, $Gd_2O_2S:Tb^{3+}$
	α線，β線，γ線，X線	シンチレータ	$NaI:Tl$, $CaF:Eu^{2+}$, $Bi_4Ge_3O_{12}$

*ここでは，蛍光体材料の化学式を，［母体物質］：［発光中心不純物］と表記する。

図2.26に，発光に関与する代表的な電子遷移を，特に結晶の場合についてまとめて示す。

（a）は，伝導帯の電子と価電子帯の正孔の再結合によるバンド間遷移発光であり，ほぼバンドギャップエネルギーに相当する波長の光が放出される。電子と正孔間の束縛エネルギーが室温の熱エネルギー（$kT \fallingdotseq 26$ meV）よりも大きい場合は，単独の自由電子と正孔で存在するよりも励起子状態が安定なことから，自由励起子発光（b）が観測される。結晶中に不純物原子や格子欠陥が存在する場合，これらの濃度が増すと，励起子や電子，正孔が不純物原子や格子欠陥に捕獲される確率が高くなり，これらが形成するエネルギー準位を介した発光遷移が起こるようになる。（c）〜（e）はそのような遷移の例を表

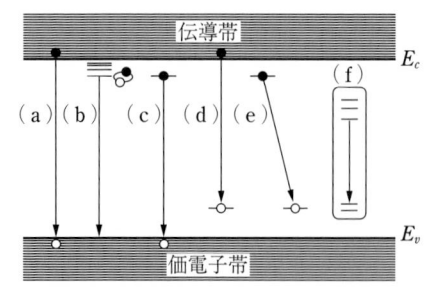

(a) バンド間遷移
(b) 自由励起子の再結合
(c) ドナー電子－正孔遷移
(d) 自由電子－アクセプタ正孔遷移
(e) ドナー－アクセプタ対遷移
(f) 内殻電子系（d電子，f電子など）の遷移

図2.26 結晶における種々の発光過程（電子遷移）。●，○は電子および正孔，E_c，E_vは伝導帯の下端および価電子帯の上端のエネルギーを示す（本図は，1電子系に対するエネルギー準位を示したものである。したがって，過程（b）および2電子以上の系の（f）を同図で説明するのは正しくないが，便宜的に示す）。

す。また（f）のように，不純物原子の内殻電子系の遷移によっても発光が生じる。このように特定の発光を生じさせる不純物や欠陥を発光中心と呼ぶ。蛍光体の開発においては，このような不純物を意図的にドーピングすることにより，発光の制御が行われている。

光の波長 λ と光子エネルギー E の関係は，プランク定数を h として

$$E = h\nu = \frac{hc}{\lambda} \tag{2.5}$$

と表される。エネルギー E を〔eV〕，波長 λ を〔nm〕で表したときの関係式

$$E = \frac{1239.8}{\lambda} \, \text{〔eV〕} \tag{2.6}$$

は覚えておくと便利である。

〔2〕 **発光過程の基礎**　　発光過程の基礎として，光の吸収，誘導放出，自然放出の関係について述べる。**図2.27**に，2準位の電子系と光子との相互作用について示す。この系に準位間に等しいエネルギー（$h\nu = E_2 - E_1$）の光子が密度 $\rho(\nu)$ で存在する場合を考える。

過程①は，基底準位の電子が入射した光子を吸収して励起準位に遷移する過程で，誘導吸収（または，単に吸収）と呼ばれる。一つ電子が遷移する確率は $\rho(\nu)$ に比例し，その比例係数を B_{12} とおく。熱平衡状態における $\rho(\nu)$ は，プランクの放射法則から，温度 T の関数として次式で与えられる。

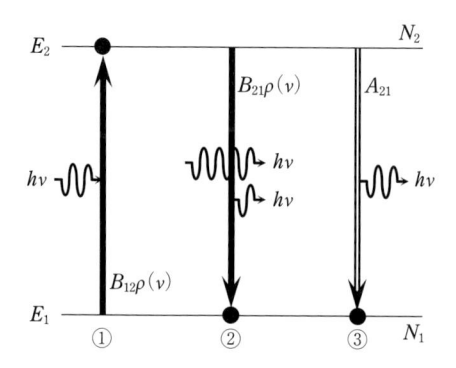

図 2.27 2 準位の電子系と光子の相互作用

$$\rho(\nu) = \frac{8\pi h}{c^3} \frac{\nu^3}{\exp(h\nu/k_B T) - 1} \tag{2.7}$$

過程②は,励起準位の電子が入射光子に刺激されて基底準位に遷移し,入射光子と同波数ベクトル・同位相・同偏向の光子を放出する過程で,誘導放出と呼ばれる。この過程で一つの電子が遷移する確率も,吸収と同様に光子の密度 $\rho(\nu)$ に比例する。その比例係数を B_{21} とおく。

過程③は,励起準位の電子がある有限の寿命で基底準位に緩和して光子を放出する過程で,自然放出と呼ばれる。この遷移の確率を A_{21} とする。

電子系と光子系が共に熱平衡状態にあれば,[光子が吸収される頻度] = [光子が放出される頻度] でなければならないので,N_1,N_2 を基底および励起準位にある電子数とすると

$$N_1 B_{12} \rho(\nu) = N_2 A_{21} + N_2 B_{21} \rho(\nu) \tag{2.8}$$

が成り立つ。また,ボルツマン分布より

$$\frac{N_2}{N_1} = \exp\left(-\frac{E_2 - E_1}{k_B T}\right) = \exp\left(-\frac{h\nu}{k_B T}\right) \tag{2.9}$$

が同時に成り立つので,これらの関係より

$$B_{12} = B_{21} \tag{2.10}$$

$$A_{21} = \frac{8\pi h \nu^3}{c^3} B_{21} \tag{2.11}$$

が導かれ,それぞれアインシュタインの A 係数,B 係数と呼ばれている。

これまでの議論から，2準位の電子系をもつ媒質中をエネルギー$h\nu$の光が伝搬する場合，熱平衡状態（$N_1>N_2$）であれば誘導放出より吸収の確率が高いため，その強度は徐々に減少する。これは，通常観測される光吸収である。このときの光の伝搬距離に対する強度Iの変化は，真空中の光速をc，媒質の屈折率をnとすると次式で表される。

$$dI(x) = -\frac{n}{c}(N_1 - N_2)B_{21}I(x)dx \tag{2.12}$$

ここで，なんらかの手段により$N_1<N_2$という状態を実現したとすると，光は伝搬するに従ってその強度を増す。このように誘導放出による光の増幅をレーザ (light amplification by stimulated emission of radiation：laser)，また$N_1<N_2$という状態を反転分布と呼ぶ。式（2.10）の関係から，2準位系では反転分布を実現できないため，実際のレーザ素子では励起と発光の過程が異なる3準位以上の系をもつ媒質が用いられる（**図2.28**）。光増幅は，式（2.12）で表される光の増分が媒質内の欠陥による吸収や散乱の損失を超えたときに生じる。また，光の強度が増加する速さは自身の強度に比例するので，共振器を形成して媒質内に光を閉じこめることは，自然放出に対する誘導放出の割合を増大させて光増幅を得やすくするうえで効果的である（2.3.2項参照）。

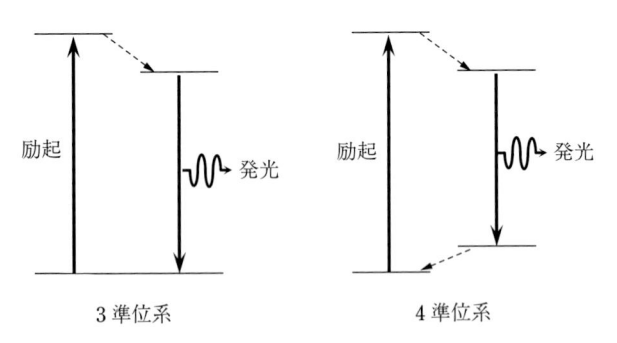

図2.28 3準位系および4準位系レーザのエネルギー準位

〔3〕 **非発光過程と発光効率** 実際の発光材料では，発光過程とともに競合する非発光過程が必ず存在する。非発光過程は，格子欠陥や特定の不純物原子などが原因で生じ，発光特性に種々の影響を与える。**図2.29**に，発光

2.2 発光の基礎と蛍光体

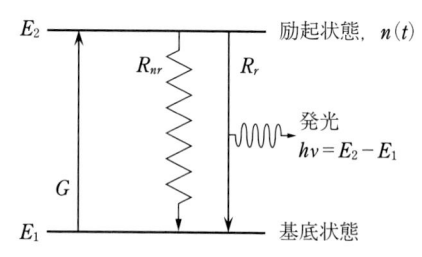

$n(t)$：時間 t における励起状態にあるキャリヤ，イオンなどの数〔cm^{-3}〕
G：励起強度〔cm$^{-3}\cdot$s^{-1}〕
R_r：発光遷移確率〔s^{-1}〕$=1/\tau_r$
　　（τ_r：発光遷移の時定数）
R_{nr}：非発光遷移確率〔s^{-1}〕$=1/\tau_{nr}$
　　（τ_{nr}：非発光遷移の時定数）

図 2.29 発光および非発光過程の両方が存在する場合のモデル

および非発光過程の両方が存在する場合のモデルを示す。

このモデルでは，基底状態と励起状態からなる2準位系に対し，1種類ずつの励起，発光および非発光過程が存在するものとする。また，誘導放出を無視できる（$N_1 \gg N_2$）弱い励起を仮定する。$n(t)$ に関する速度方程式は，図中に示す記号の物理量を用いて

$$\frac{dn(t)}{dt} = G - R_r n(t) - R_{nr} n(t) \tag{2.13}$$

と表される。定常状態（$dn(t)/dt=0$）では

$$n(t) = n_0 = \frac{G}{R_r + R_{nr}} \tag{2.14}$$

であり，そのときの発光強度 I_0 および発光効率 η は

$$I_0 = R_r n_0 = \frac{R_r G}{R_r + R_{nr}} = \frac{\tau_{nr} G}{\tau_r + \tau_{nr}} \tag{2.15}$$

$$\eta = \frac{I_0}{G} = \frac{\tau_{nr}}{\tau_r + \tau_{nr}} \tag{2.16}$$

と表される。ここで式（2.16）より，$\tau_r \gg \tau_{nr}$ の場合には，発光効率が非常に小さくなってしまうことがわかる。

ついで，発光の減衰特性について述べる。$t=0$ の瞬間に励起を止めた場合を考えると，$t \geq 0$ において式（2.13）は次式となる。

$$\frac{dn(t)}{dt} = - R_r n(t) - R_{nr} n(t) \tag{2.17}$$

$n(0) = n_0$ の初期条件で式（2.17）を解いて，発光強度 $I(t)$ の時間変化は

$$I(t) = R_r n(t) = R_r n_0 \exp[-(R_r + R_{nr})t]$$

$$= R_r n_0 \exp\left[-\left(\frac{1}{\tau_r}+\frac{1}{\tau_{nr}}\right)t\right] \qquad (2.18)$$

となる．式 (2.18) より，観察される減衰の時定数 τ は，τ_r および τ_{nr} と

$$\frac{1}{\tau}=\frac{1}{\tau_r}+\frac{1}{\tau_{nr}} \qquad (2.19)$$

の関係にあり，τ_r とは異なることに注意が必要である．

以降の2項では，主要な発光過程について述べる．なお，結晶のエネルギーバンド構造についての知識も必要とされるが，その詳細については他の教科書[15]を参照されたい．

2.2.2 結晶中の電子・正孔再結合による発光

〔1〕 バンド間遷移　　結晶は，周期的に配列した原子から構成された固体と定義することができる．配列の周期性は，通常の三次元の結晶では，格子の基本並進ベクトル a_1，a_2，a_3 により表される．すなわち，n_1，n_2，n_3 を任意の整数とすると，結晶に関する物理量（原子位置，電子濃度など）は

$$R = n_1 a_1 + n_2 a_2 + n_3 a_3 \qquad (2.20)$$

で表される並進操作に対して不変である．結晶中の電子の状態は，シュレーディンガー方程式

$$\left(-\frac{\hbar^2}{2m}\nabla^2 + V\right)\Psi(r) = E\Psi(r) \qquad (2.21)$$

により表されるが，電子間の相互作用を取り入れない場合（1電子近似）は，ポテンシャル $V(r)$ は結晶を構成する原子核にのみにより形成される．したがって，$V(r)$ は，式 (2.20) に示したベクトル R に対して

$$V(r+R) = V(r) \qquad (2.22)$$

という周期性をもつ．

ポテンシャルが周期的であることは，① 一連のエネルギー固有値がバンド状になる，② 波動関数がブロッホ関数で表される，という重要な二つの結果を導く．エネルギー固有値および波動関数は，バンド名 n および波数ベクト

ル k により指定され，波動関数については次式のように表される．

$$\Psi_{nk}(r) = u_{nk}(r)\exp(jk \cdot r) \tag{2.23}$$

ただし，$u_{nk}(r)$ は空間的にはポテンシャルと同じく，次式の周期性をもつ．

$$u_{nk}(r+R) = u_{nk}(r) \tag{2.24}$$

図2.30に，GeおよびGaAsについて，エネルギーバンド構造を表すE-k関係を，k空間における第1ブリルアンゾーンと共に示す．図中の1本のE-k曲線が一つの（nの異なる）バンドを表している．これらの図では，特定のk方向について，バンドギャップが形成されるエネルギー付近の八つのバンドを示してある．$E=0$以下の四つのバンドが価電子帯，高エネルギー側の四つが伝導帯であり，価電子帯の上端と伝導帯の下端との差が，バンドギャップエネルギー（E_g）である．バンド構造は，直接遷移形と間接遷移形とに分類される．直接遷移形は，GaAsのように，価電子帯の上端と伝導帯の下端がともに$k=0$に位置するタイプである．一方，間接遷移形は，Geのように，価電子帯の上端と伝導帯の下端が異なるkに位置するタイプである．

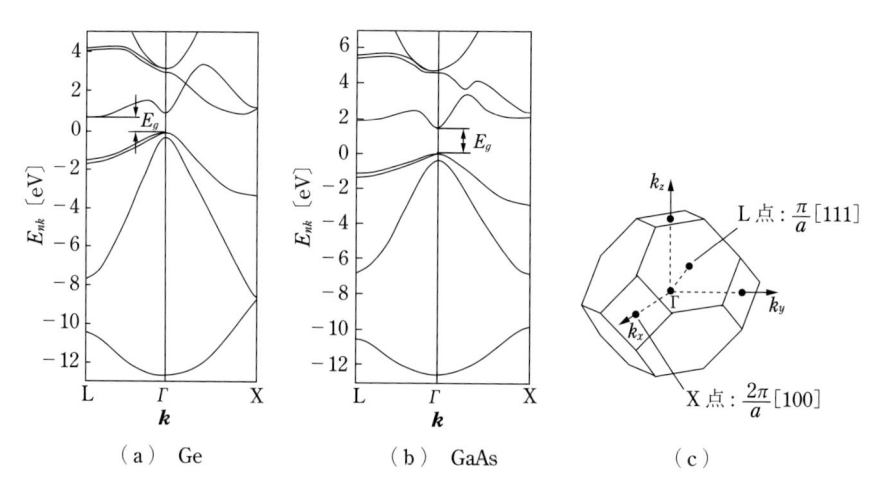

(a) Ge　　　　(b) GaAs　　　　(c)

図2.30 GeおよびGaAsのエネルギーバンド構造（第1ブリルアンゾーン図（c）の特定の方向の波数ベクトルkについて示す）

このような結晶に対してE_g以上のエネルギーで励起を行うと，価電子帯の電子が伝導帯に遷移し，価電子帯には正孔が生成される．これらの電子および

正孔は，格子と相互作用しながら，ピコ秒（ps）程度の短い時間で熱平衡状態に達し，その後再結合する（図 2.31）。このとき，電子が状態（$E_c(\bm{k}_2), \bm{k}_2$）から（$E_v(\bm{k}_1), \bm{k}_1$）へ遷移し，（$h\nu_p, \bm{k}_p$）の光子が放出（発光）されたとすると，エネルギーと運動量の保存則から次式が成り立たなければならない。

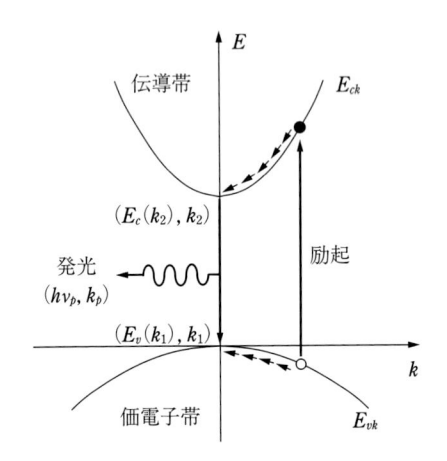

図 2.31 直接遷移形バンド構造における励起と発光の過程

$$E_c(\bm{k}_2) - E_v(\bm{k}_1) = h\nu_p \tag{2.25}$$

$$\hbar \bm{k}_2 - \hbar \bm{k}_1 = \hbar \bm{k}_p \tag{2.26}$$

ここで，電子と光の波数を比べてみる。電子の波数として，例えば図 2.30（c）の X 点の波数をとると，$2\pi/a$（a：格子定数）である。a は，II-VI 族や III-V 族化合物半導体では 0.6 nm 前後である。一方，光の波数は，波長を λ とすると $2\pi/\lambda$ である。ここで，可視域の光を考えると λ は 500 nm 前後であるので，$\bm{k}_p$ の大きさは，第 1 ブリルアンゾーンと比較するときわめて小さいといえる。したがって，式（2.26）の条件は

$$\bm{k}_2 - \bm{k}_1 \sim 0 \tag{2.27}$$

と近似されることから，図 2.31 において，発光再結合ではほぼ垂直に状態が遷移しなければならないことがわかる。直接遷移形のバンド構造では，このような条件を満たすため，発光遷移確率が高い。一方，間接遷移形のバンド構造では，再結合による大きな運動量変化を補うために，同時にフォノンの吸収または放出が起こらなければならず，発光遷移確率は自ずと低くなる。

誘導放出を得るためにも直接遷移形のバンド構造が必須である。pn接合によるキャリヤ注入，光励起，電子線励起により，レーザ発振が達成されているが，反転分布を実現するには，非常に高い励起密度を必要とする。

〔2〕**励起子再結合**　バンド間励起により生じた電子，正孔の運動は

$$m_e^* = \hbar^2 \left(\frac{d^2 E_c(\boldsymbol{k})}{d\boldsymbol{k}^2} \right)^{-1}, \quad m_h^* = \hbar^2 \left(-\frac{d^2 E_v(\boldsymbol{k})}{d\boldsymbol{k}^2} \right)^{-1} \tag{2.28}$$

で表される有効質量 m_e^*，m_h^* をもつ粒子として独立に記述されるが，$-e$ および $+e$ の電荷をもつことから，クーロン力によりたがいに束縛される可能性もある。このような電子-正孔対を励起子と呼ぶ。励起子には，束縛の弱いモット・ワニエ形と，強いフレンケル形に分類されている。両者の間に明確な境界があるわけではないが，一般につぎのように特徴づけられる。すなわち，モット・ワニエ励起子は，波動関数の広がりが格子間隔よりも大きい励起子で，一般的な半導体でみられる。一方，フレンケル励起子は，格子間隔かそれよりも小さい領域に局在しており，イオン結晶や分子結晶などでみられる。ここでは，直接遷移形のモット・ワニエ励起子について説明する。

モット・ワニエ励起子では，電子-正孔間に働く力はクーロン力であり，格子間隔と比較して空間的にゆっくりと変化するポテンシャルとみなすことができる。したがって，伝導帯の下端近傍で m_e^*，および価電子帯の上端近傍で m_h^* が一定（$E_c(\boldsymbol{k}_e) = \hbar^2 k_e^2 / 2m_e^* + E_g$，$E_v(\boldsymbol{k}_h) = -\hbar^2 k_h^2 / 2m_h^*$）とみなせる範囲において，励起子の波動関数 $\Psi(\boldsymbol{r})$ は有効質量近似により

$$\Psi(\boldsymbol{r}) \cong u_{c0}(\boldsymbol{r}_e) u_{v0}(\boldsymbol{r}_h) F_{ex}(\boldsymbol{r}_e, \boldsymbol{r}_h) \tag{2.29}$$

と表される。ここで，$u_{c0}(\boldsymbol{r}_e)$，$u_{v0}(\boldsymbol{r}_h)$ は，$\boldsymbol{k}=0$ における伝導帯の電子および価電子帯の正孔のブロッホ関数である。$F_{ex}(\boldsymbol{r}_e, \boldsymbol{r}_h)$ は励起子の包絡線関数であり，つぎの有効質量方程式を満たす。

$$\left[-\frac{\hbar^2}{2m_e^*} \nabla_e^2 - \frac{\hbar^2}{2m_h^*} \nabla_h^2 - \frac{e^2}{4\pi\varepsilon_r\varepsilon_0 |\boldsymbol{r}_e - \boldsymbol{r}_h|} \right] F_{ex}(\boldsymbol{r}_e, \boldsymbol{r}_h)$$
$$= (E - E_g) F_{ex}(\boldsymbol{r}_e, \boldsymbol{r}_h) \tag{2.30}$$

ここで，E は励起子のエネルギー固有値，ε_0，ε_r は真空の誘電率および結晶

の比誘電率である。

ついで，r_e, r_h に代えて，重心座標 R および相対座標 r を

$$R = \frac{m_e^* r_e + m_h^* r_h}{m_e^* + m_h^*} \quad (2.31)$$

$$r = r_e - r_h \quad (2.32)$$

として新しい座標系とすると，式 (2.30) は

$$\left[-\frac{\hbar^2}{2M} \nabla_R^2 - \frac{\hbar^2}{2\mu} \nabla_r^2 - \frac{e^2}{4\pi\varepsilon_r \varepsilon_0 |r|} \right] F_{ex}(R, r)$$
$$= (E - E_g) F_{ex}(R, r) \quad (2.33)$$

と書き換えられる。ここで，M は励起子の質量で $M = m_e^* + m_h^*$，μ は換算質量で $1/\mu = 1/m_e^* + 1/m_h^*$ である。

さらに，$F_{ex}(R, r) = \varphi(R)\phi(r)$ と置き換えると，式 (2.33) は変数ごとに分離でき，それぞれつぎのように表される。

$$\left[-\frac{\hbar^2}{2M} \nabla_R^2 \right] \varphi(R) = E_R \varphi(R) \quad (2.34)$$

$$\left[-\frac{\hbar^2}{2\mu} \nabla_r^2 - \frac{e^2}{4\pi\varepsilon_r \varepsilon_0 |r|} \right] \varphi(r) = (E_r - E_g) \varphi(r) \quad (2.35)$$

式 (2.34) は，電子－正孔対の重心運動を記述する方程式であり，$\varphi(R)$ および E_R は次のように求まる。

$$\varphi(R) = \exp(j\boldsymbol{k} \cdot \boldsymbol{R}) \quad (2.36)$$

$$E_R = \frac{\hbar^2 K^2}{2M} \quad (2.37)$$

ここで，K は重心の並進運動の波数ベクトルで，$K = k_e + k_h$ である。

式 (2.37) の E-K 関係は，励起子が質量 M をもつ粒子として結晶中を運動することを示している。

一方，式 (2.35) は，電子－正孔対の相対運動を記述する方程式である。水素原子のシュレーディンガー方程式と同形であることから，同じ方法で解くことができる。固有エネルギー E_r は

$$E_r = E_g - R_H \frac{1}{n^2} \cdot \frac{1}{\varepsilon_r^2} \cdot \frac{\mu}{m_0} \tag{2.38}$$

と求まり，電子 – 正孔間の束縛エネルギーを表す．ここで，n は主量子数，m_0 は真空中での電子の静止質量，R_H はリドベルグ定数（13.6 eV）である．

また，基底準位の包絡線関数 $F_{ex1}(r)$ は

$$F_{ex1}(r) = \frac{1}{\sqrt{\pi a_{ex}^{*3}}} \exp\left(-\frac{r}{a_{ex}^*}\right) \tag{2.39}$$

と求まる．ここで，a^*_{ex} は電子と正孔の平均距離を表し，励起子の有効ボーア半径と呼ばれる．

ボーア半径（$a_B = 0.053$ nm）との関係は次式で表される．

$$a_{ex}^* = a_B \varepsilon_r^2 \cdot \frac{m_0}{\mu} \tag{2.40}$$

励起子全体のエネルギー E_{ex} は，式（2.37），（2.38）より

$$E_{ex} = E_R + E_r = E_g + \frac{\hbar^2 K^2}{2M} - R_H \frac{1}{n^2} \cdot \frac{1}{\varepsilon_r^2} \cdot \frac{\mu}{m_0} \tag{2.41}$$

と求まる．**図 2.32** に，E_{ex} と K の関係を示す．

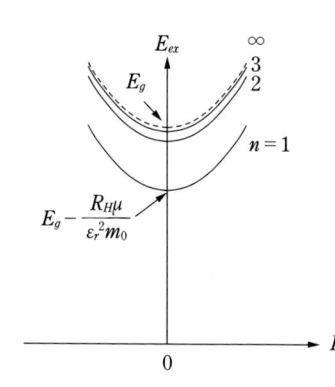

図 2.32 自由励起子のエネルギー E_{ex} と重心の波数 K の関係

励起により生じた励起子は，有限の寿命のうちに構成する電子と正孔が再結合して消滅する．この過程で生じる発光が，励起子発光である．発光の過程では，エネルギーおよび運動量が保存されなければならない．フォノンとの相互作用を考えない場合は，運動量変化 ΔP をほとんど伴わないため

$$\Delta P \approx \hbar K \approx 0 \qquad (2.42)$$

である必要がある．すなわち，ほぼ静止した励起子でのみ発光再結合が可能になる．このとき，観測される光子のエネルギー $h\nu_{ex}$ は，式 (2.41) (2.42) より

$$h\nu_{ex} \approx E_g - R_H \frac{1}{n^2} \cdot \frac{1}{\varepsilon_r^2} \cdot \frac{\mu}{m_0} \qquad (2.43)$$

である．この励起子の発光エネルギーは，励起子を発生させる吸収エネルギーと一致するため，結晶の内部で発生した光は，再吸収と発光を繰り返しながら，表面まで達した時点で光として外部に放出される．一般に，発光として観察されるのはおもに $n=1$ の励起子であるが，格子欠陥や不純物の濃度がきわめて低い品質の高い結晶では $n \geq 2$ の励起子発光も観測されることがある．

実際の結晶における励起子 ($n=1$) の束縛エネルギーおよび有効ボーア半径は，III-V族やII-VI族化合物では数〜数十 meV，数〜数十 nm の範囲にある．例えば，GaAs では約 4 meV と 14 nm，ZnO では約 60 meV と 1.4 nm である．GaAs の場合は，励起子束縛エネルギーは室温の熱エネルギー（〜26 meV）と比較して小さい．そのため，励起子を形成するよりも単独の電子，正孔で存在するほうが安定であり，室温では励起子の効果はほとんど観測されない．一方，ZnO の励起子束縛エネルギーは室温の熱エネルギーに比べて十分に大きいため，室温においても発光や光吸収の過程で励起子の効果が現れやすい．また，励起子により光学利得が得られることが報告されており，光励起による誘導放出も達成されている[16), 17)]．

これまでは，波数 K をもち結晶中を移動できる自由励起子について述べてきたが，実際の結晶中には不純物が存在し，これらに励起子が束縛されることがある．このような励起子を束縛励起子と呼ぶ．束縛励起子の再結合による発光は，自由励起子よりも束縛エネルギー分だけ低い位置に現れる．ドナーやアクセプタに束縛される場合，励起子の束縛エネルギーは，ドナーやアクセプタのイオン化エネルギーの 1/10 程度と小さいため，極低温でのみ観察される．また，高密度に励起子を生成すると，励起子どうしが結合して水素分子に類似

の励起子分子が形成されることもある[18]。

〔3〕 **ドナー アクセプタ ペア発光**　ドナーアクセプタ ペア (DAP) 発光は，ドナーに束縛された電子と，アクセプタに束縛された正孔との再結合により生じる発光で，蛍光体の発光中心として重要である。

まず初めに，ドナーに束縛された電子の状態について説明する。ここでは，直接遷移形の結晶について考える。ドナー原子を $+e$ の点電荷と仮定すると，有効質量近似が成り立つ条件においてドナーに束縛された電子の波動関数 $\Psi_e(r)$ は，伝導帯の電子の $k=0$ におけるブロッホ関数 $u_{c0}(r)$ を用いて

$$\Psi_e(r) \simeq u_{c0}(r) F_e(r) \tag{2.44}$$

と表される。ここで，包絡線関数 $F_e(r)$ が満たす有効質量方程式は，E_c を伝導帯下端のエネルギーとして

$$\left[-\frac{\hbar^2}{2m_e^*} \nabla^2 - \frac{e^2}{4\pi\varepsilon_r\varepsilon_0 r} \right] F_e(r) = (E - E_c) F_e(r) \tag{2.45}$$

と表されるが，前項の励起子の場合と同様に解くことができ，固有エネルギー E_{en} は

$$E_{en} = E_c - R_H \frac{1}{n^2} \cdot \frac{1}{\varepsilon_r^2} \cdot \frac{m_e^*}{m_0} \tag{2.46}$$

と求まる。ドナーのイオン化エネルギー E_D としては，通常最も深い準位の $E_c - E_{e1}$ をとる。一方，$n=1$ の場合の包絡線関数 $F_{e1}(r)$ は

$$F_{e1}(r) = \frac{1}{\sqrt{\pi a_D^{*3}}} \exp\left(-\frac{r}{a_D^*} \right) \tag{2.47}$$

と求まる。ここで a^*_D はドナーの有効ボーア半径であり

$$a_D^* = a_B \varepsilon_r^2 \cdot \frac{m_0}{m_e^*} \tag{2.48}$$

と表される。以上の議論は，アクセプタに束縛された正孔についても成り立ち，正孔の有効質量から同様にイオン化エネルギー E_A が求まる。

表2.3 に，ワイドギャップの II-VI 族化合物で求められている E_D および E_A の値を，有効質量近似による計算値とともに示す。測定値は，多くの母体結晶

表 2.3 II-VI 族化合物における各種ドナー，アクセプタのイオン化エネルギー E_D および E_A [meV][19] ($E_{D,cal}$, $E_{A,cal}$ は，有効質量近似による計算値)

ドナー	$E_{D,cal}$	B	Al	Ga	In	F	Cl	Br	I
ZnS	~110		100						
ZnSe	29±2	25.6±0.3	25.6	27.2	28.2	28.2	26.2		
ZnTe			18.5				20.1		
CdS	33.9			33.1	33.8	35.1	32.7	32.5	32.1
CdSe	20±2								

アクセプタ	$E_{A,cal}$	Li	Na	Cu	Ag	Au	N	P	As
ZnS		150(?)	190(?)	1 250	720	1 200			
ZnSe	~108	114	126	650	430	~550	110±15	~85と500	~110
ZnTe	62	60.5	62.8	148	121	277		63.5	79
CdS		165±6	169±6	1 100	260			120と600	750
CdSe		109±6							

と不純物元素の組み合わせで計算値とよく一致するが，Ag や Cu アクセプタについては計算値よりもかなり大きくなっている．ワイドギャップ半導体では，一般に誘電率が小さく，また，正孔の有効質量が大きくなる傾向がある．このような状況では，式 (2.48) より，正孔がアクセプタ原子の極近傍を運動する確率が高くなる．そのため，アクセプタを $-e$ の点電荷とする仮定が成り立たなくなり，原子核近くの深いポテンシャルの作用を受けて，E_A が大きくなると考えられる．

つぎに，DAP 発光の性質について述べる．図 2.33 (a) に，結晶中にドナーおよびアクセプタが間隔 r の位置にドーピングされている場合のエネルギー準位図を示す．

キャリヤが束縛されていない状態では，ドナーとアクセプタ準位のエネルギー差は $E_g - (E_D + E_A)$ であるが，両準位にキャリヤが存在する場合には，電子-正孔間，電子-アクセプタ間，および正孔-ドナー間のクーロン相互作用が生じる．これらを考慮すると，ドナー-アクセプタ間遷移による発光エネルギー $E(r)$ は

$$E(r) = E_g - (E_D + E_A) + \frac{e^2}{4\pi\varepsilon_r\varepsilon_0 r} \qquad (2.49)$$

(a) DAP発光遷移モデル

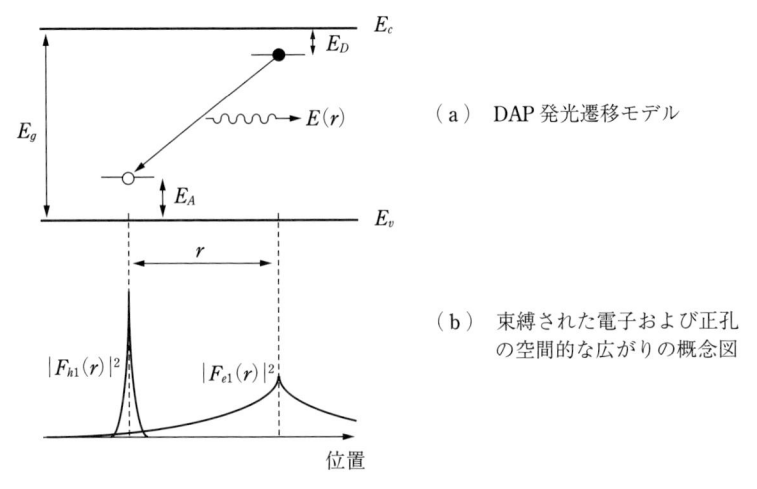

(b) 束縛された電子および正孔の空間的な広がりの概念図

図2.33 結晶中にドナーおよびアクセプタが間隔 r の位置にドーピングされている場合のエネルギー準位図

と表され,距離の近いペアほど発光エネルギーが高くなることがわかる。**図2.34**に,CRT用蛍光体のZnS:Ag, ClとZnS:Cu, Alの発光スペクトルを示す。それぞれ,青色および緑色の発光を示すが,発光エネルギーの違いはおもにアクセプタ準位の違いによる。

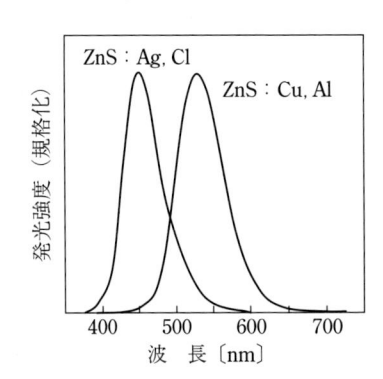

図2.34 ZnS:Ag, Cl と ZnS:Cu, Al の発光スペクトル

一方,DAP発光の遷移確率は,電子と正孔の存在確率の重なりに比例すると考えてよい。簡単のため,$m_e^* \ll m_h^*$ と仮定し,電子に比べて正孔の波動関数の広がりを無視してもよい場合を考える。図2.33(b)にその様子を示すが,存在確率の重なりは $|F_{e1}(r)|^2$ と近似できる($|u_0(r)|^2$ の寄与は,基本単

位胞よりも広い範囲で積分する場合はほぼ一定である)ので,遷移確率 $W(r)$ は W_0 を定数として

$$W(r) = W_0 \exp\left(-\frac{2r}{a_B^*}\right) \tag{2.50}$$

と表される。この関係より,距離の近いペアほど遷移確率が高いことがわかる。

実際の結晶中では,ドナーとアクセプタはランダムに格子点を占めるが,r は結晶構造から決まる離散的な値をとることから,発光スペクトルもエネルギーの異なる発光線の重なりとなる。r が小さい範囲では,各発光線のエネルギー間隔が大きいため,低温においてスペクトルの微細構造が観察されることがある[20]。室温では,各発光線のスペクトルの広がり,一つの幅の広いスペクトルとして観測される。また,深い準位のドナーまたはアクセプタが関与する DAP 発光では,キャリヤの局在が強いことに起因して格子振動との相互作用が強くなることから,一般に発光線幅は広い。

また,DAP 発光は,式 (2.49) および (2.50) に示す発光エネルギーと遷移確率のペア間距離依存性から,特徴的な過渡特性と励起強度依存性を示す。すなわち,各発光線が分離されていない一つの幅の広い発光帯に対して減衰時に時間分解スペクトルをとると,遷移確率の高い高エネルギー(短波長)側の発光が早く減衰するので発光のピークは時間の経過と共に低エネルギー(長波長)側へシフトする。一方,定常の励起においてその強度を上げていくと,遷移確率の低い低エネルギー側の発光から徐々に飽和していくので,ピーク位置は高エネルギー側へシフトする。

2.2.3 不純物原子の内殻電子遷移による発光

[1] **局在形発光中心の内殻電子系の状態と遷移**　ここで対象とするのは,結晶の結合への寄与がほとんどない内殻の電子が,その状態を変えることによって発光が起こる過程である。Sb^{3+} 発光中心のような s^2-sp 軌道間の電子遷移,Mn^{2+} 発光中心などの遷移金属元素の d 殻内電子遷移,Tb^{3+} 発光中心な

どの希土類元素のf殻内電子遷移などがこれに当たる。このような内殻電子は原子から引き離されることがないことから，局在形発光中心と呼ばれる。局在形発光中心は，非局在形に分類される前項のDAPとともに蛍光体の発光中心として広く用いられている。

つぎに，内殻電子系のエネルギー状態がどのように決定されるかを考える。なお，詳細については他の文献21)に譲り，ここでは概要を説明する。上記で例としてあげたMn^{2+}およびTb^{3+}発光中心は，それぞれつぎの電子配置をとる。

Mn^{2+} : $(1s)^2(2s)^2(2p)^6(3s)^2(3p)^6\underline{(3d)^5}$

Tb^{3+} : $(1s)^2(2s)^2(2p)^6(3s)^2(3p)^6(3d)^{10}(4s)^2(4p)^6(4d)^{10}\underline{(4f)^8}(5s)^2(5p)^6$

ここで，下線で示したMn^{2+}の3d軌道およびTb^{3+}の4f軌道が開殻であり，同一殻内で電子の状態を変えることが可能である（3d軌道は10個の電子，4f軌道は14個の電子を占めた状態が閉殻である）。このとき，それぞれ同時に5個および8個の電子が遷移に関与することから，このタイプの発光中心の多くでは，多電子系の取扱を必要とする。すなわち，同一殻にN個の電子が存在する系の場合のハミルトニアンHは次式で与えられる。

$$H = -\frac{\hbar^2}{2m}\sum_i^N \nabla_i^2 - \sum_i^N \frac{Ze^2}{4\pi\varepsilon r_i} + \sum_{j>i}\frac{e^2}{4\pi\varepsilon|r_i-r_j|} + H_{SO} + H_C \quad (2.51)$$

なお，この式には閉殻電子の寄与を含めていない。ここで，式(2.51)の第二項までを考慮すると，d軌道では5重縮退，f軌道では7重縮退したエネルギー固有値がそれぞれ導かれる。第三から第五項は，それぞれ電子間静電相互作用，スピン-軌道相互作用，結晶場ポテンシャルエネルギーを表す。局在発光中心の発光の性質は，これらの相互作用の大きさによって特徴づけられる。一般に，各エネルギー準位は，軌道を占める電子の合成スピン量子数をS，合成角運動量量子数をL，全角運動量量子数をJとし，$^{2S+1}L_J$と表される。ただし，Lについては，数字の代わりに$L=0,1,2,3,4,\cdots$をS,P,D,F,G,$\cdots$のように表される。

第三から第五項のうち，結晶場ポテンシャルエネルギーは，不純物原子が結

晶や分子中に取り込まれることによって初めて生じる相互作用である。**図 2.35** に，結晶場によって d 軌道の縮退が解ける様子を示す。この例は，d 電子をもつ不純物原子が，6 個の陰イオンが構成する正八面体の中央に位置した場合である（図（a））。これらの陰イオン位置と d 軌道の五つの波動関数の電子分布を比べると，d_{z^2} および $d_{x^2-y^2}$ 軌道では電子の運動方向が陰イオンの方向に延びているのに対し，他の三つの軌道では陰イオンを避けるように運動していることがわかる。電子-陰イオン間の静電相互作用を考慮すると，前の 2 軌道のエネルギーは，あとの 3 軌道より高くなり，図（b）のように 2 重縮

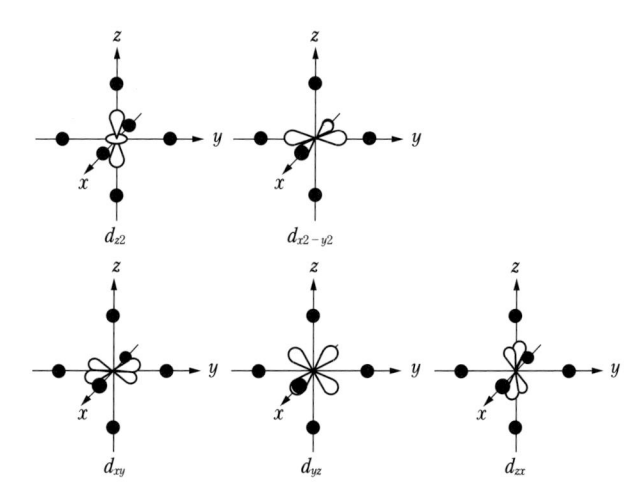

（a） d 軌道の電子分布と正八面体配位した負イオン（●）の位置関係

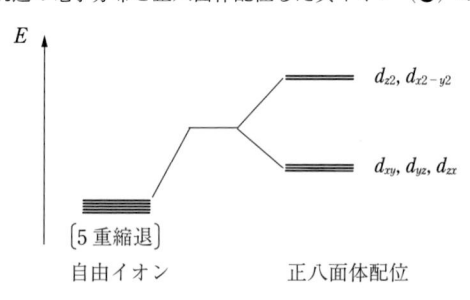

（b） d 軌道のエネルギー準位の変化

図 2.35 d 軌道のエネルギー準位に対する結晶場の影響（正八面体配位の場合）

退と3重縮退の二つのエネルギー準位に分裂する。

　d軌道を占める電子が1個の場合は，図（b）の3重縮退の軌道のうち一つを占める状態が基底状態である．しかし，2個以上の電子が存在する場合は，第三項の電子間相互作用を考慮する必要がある．一つの準位には電子が2個まで占めることができるが，この場合2個の電子がたがいに空間的に近い位置を運動するため，電子間の静電相互作用が大きくなり，電子系全体のエネルギーは高くなる．Mn^{2+}発光中心の場合は，五つのd電子が五つの異なる軌道をそれぞれ占め，かつスピンが最大になるような配置が基底状態になる．第四項のスピン－軌道相互作用がd状態に与える影響は，他の二つの項に比較して2けたほど小さい（エネルギーがJによりほとんど変化しないため，準位名は^{2S+1}Lと表される）．詳細なエネルギー準位の変化は，d電子の数ごとに系統的に調べられており，田辺－菅野ダイアグラムとして知られている[21]．

　f電子の特徴は，d電子と異なり，スピン－軌道相互作用が大きく，結晶場の影響が小さいことである．スピン－軌道相互作用は，電子がもつスピン角運動量と軌道角運動量に伴う磁気モーメント間の相互作用によるエネルギー変化と説明され，重い原子ほど大きい．結晶場の影響については，外殻電子による遮へい効果により説明できる．**図2.36**に示すとおり，4f電子は，5sおよび5p電子と比較して，より原子核近くに分布している．この5sおよび5p電子が，周囲のイオンからの静電的な影響を打ち消すため，観測される発光スペクトルは孤立原子またはイオンからのものと大きくは変わらない．3価希土類発

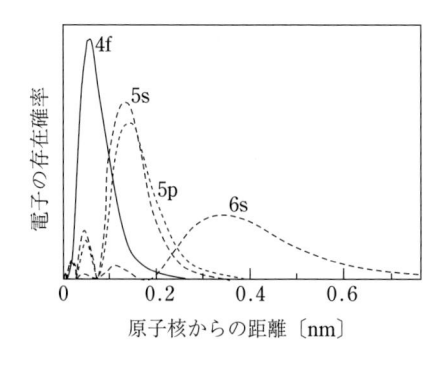

図2.36　4f，5s，5pおよび6s軌道の空間的な広がり

光中心の $4f^n$ 電子系のエネルギー準位は，拡張 Dieke ダイアグラムとしてまとめられている[22]。

これまで述べた d 殻内および f 殻内の電子遷移については，孤立した原子ではパリティ（偶奇性）により電気双極子遷移は禁止である。しかし，反転対称のない結晶に取り込まれることにより，禁制が緩められて発光が生じるようになる。一方，Sb^{3+} 発光中心の $5s^2$-$5s^1 5p^1$ 遷移や Eu^{2+} 発光中心の $4f^7$-$4f^6 5d^1$ 遷移は許容である。

遷移金属イオンや希土類イオンは，レーザ媒体の発光中心としても重要である。代表的なものとしては，ルビー（$Al_2O_3:Cr^{3+}$）レーザ，Nd:YAG（$Y_3Al_5O_{12}:Nd_{3+}$）レーザがあげられる。特に，ほとんどの 3 価の希土類イオンは，4 準位系の電子準位を形成し，誘導放出を示す。粒子材料においても，原理的に誘導放出光を発生させることは可能であり，将来的にこのような機能の付与による蛍光体の高性能化が期待される。

〔2〕 **遷移金属発光中心** 遷移金属発光中心のうち，可視域で発光を示すのは Cr^{3+}，Mn^{2+}，Mn^{4+} である。特に Mn^{2+} は，母体材料により緑から赤色の範囲で発光色を制御できるので，ディスプレイや照明用の蛍光体として幅広く利用されている。発光スペクトルの例を図 2.37 に示す。スペクトルは，励起準位が結晶場の影響を受けやすい場合には幅の広い帯状になり，受けにくい場合には線状になる。

〔3〕 **希土類発光中心** 3 価希土類発光中心の発光は，母体結晶の種類に

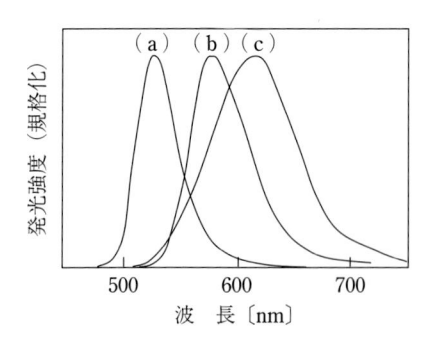

図 2.37 （a）$Zn_2SiO_4:Mn^{2+}$，（b）ZnS:Mn^{2+}，および（c）$CaSiO_3:Pb^{2+},Mn^{2+}$ の発光スペクトル

は大きく依存せず，ほぼ同じエネルギー位置に線状のスペクトルとして現れる。結晶場の影響は，微細な準位の分裂として観測されるのみである。ほとんどの希土類元素は，蛍光体の発光中心として利用されている。図 **2.38** に，赤および緑色の発光を示す Eu^{3+} および Tb^{3+} の発光スペクトルの例を，該当する発光遷移とともに示す。このほかに Tm^{3+}（青），Sm^{3+}（赤），Dy^{3+}（白），Er^{3+}（緑，赤外）などがある。

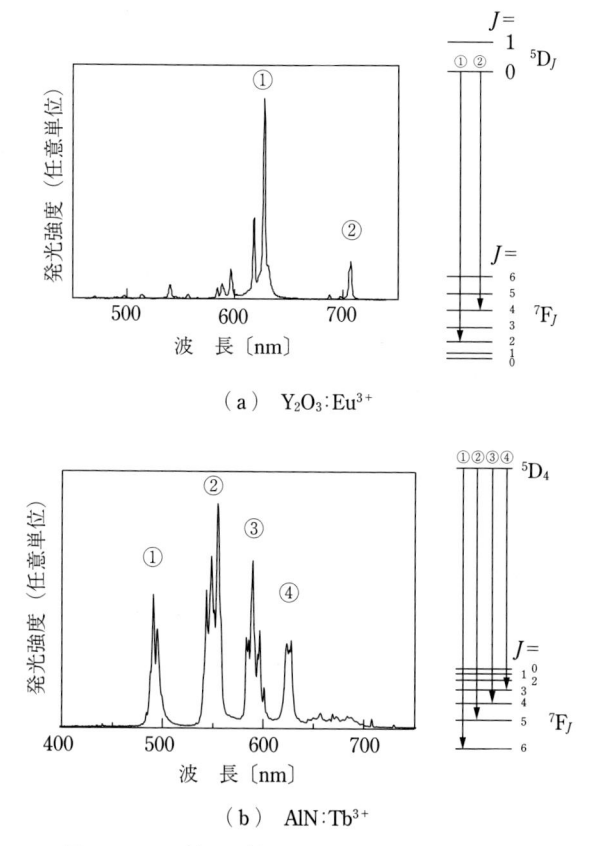

（a） $Y_2O_3:Eu^{3+}$

（b） $AlN:Tb^{3+}$

図 **2.38** Eu^{3+}，Tb^{3+} 中心の発光スペクトルの例と主要な発光遷移

一方，Ce^{3+}，Eu^{2+} における発光遷移では，上記の f 殻内遷移とは異なり，励起状態に 5d 軌道が関与している。これらの発光は，結晶場の影響を強く受け

る d 軌道の性質から，母体材料により発光スペクトルが大きく変化し，スペクトル幅も広い。図 2.39 に Eu^{2+} 発光中心の発光スペクトルの例を示す。

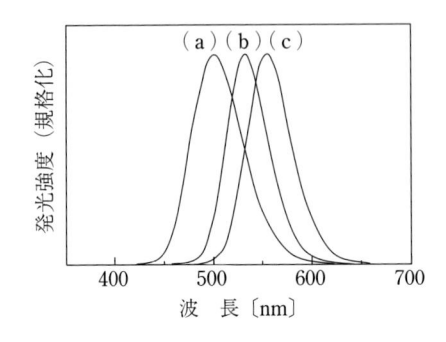

図 2.39 （a）$BaGa_2S_4:Eu^{2+}$，（b）$SrGa_2S_4:Eu^{2+}$，および（c）$CaGa_2S_4:Eu^{2+}$ の発光スペクトル

2.3 ナノピクセル用蛍光体

2.3.1 ナノ粒子蛍光体

〔1〕 **ナノ粒子蛍光体の概要**　これまでに多くの蛍光体が実用化されているが，粒径は一般に数〜10 μm 程度である。一方，ナノ粒子蛍光体は，粒径が数〜10 nm 程度の半導体粒子からなる。サイズが小さいことの利点は，キャリヤに対する量子効果が顕著に表れること，内部にほとんど欠陥のない粒子が作製できることなどであり，これらにより高い発光効率と特性制御性が得られている。材料設計の観点からは，発光中心不純物のドーピングの有無，構造の観点からは多層構造の有無などにより，多くの種類のナノ粒子蛍光体が研究されている（**図 2.40**）。また，応用の観点からは，ナノ粒子蛍光体を用いることにより，ナノビジョンサイエンスのキーデバイスの一つである，ナノサ

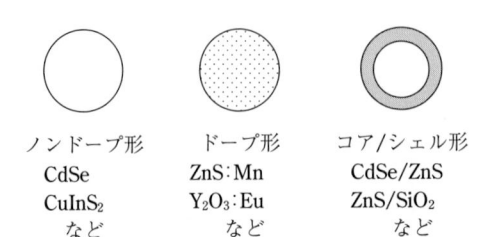

ノンドープ形
CdSe
$CuInS_2$
など

ドープ形
ZnS:Mn
Y_2O_3:Eu
など

コア/シェル形
CdSe/ZnS
ZnS/SiO_2
など

図 2.40　種々のナノ粒子蛍光体

イズまで画素を微細化した超高精細のディスプレイを実現できる可能性がある。ほかにも，ナノサイズであることを活用した生体組織の蛍光マーカ[23]など，ナノ粒子蛍光体を用いるさまざまな応用が試みられている。

〔**2**〕 **量子サイズ効果**　ナノ粒子蛍光体では，量子効果により，粒径に依存して特性が大きく変化する。ここでは，ナノ粒子として，一辺がLの微小な立方体形状の半導体をとりあげて，その効果について考察する。この場合，**図2.41**のような井戸形のポテンシャルが，x, y, z方向に形成されていると考えればよい。

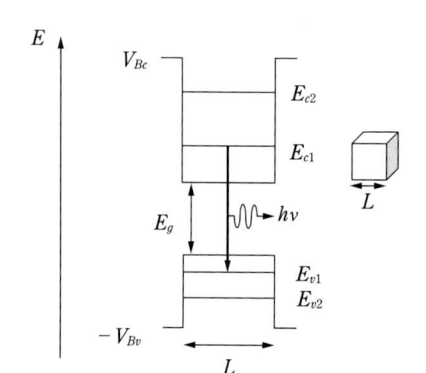

図2.41 井戸形ポテンシャルモデルによるナノ粒子中の電子状態の解析

ナノ粒子中の電子および正孔は，このポテンシャルによって閉じこめられるため，取り得るエネルギーが離散的になる。計算を簡略にするため，電子および正孔に対するポテンシャル障壁の高さを無限大とすると，発光の遷移エネルギーEはつぎのように求まる。

$$E = E_g + \frac{\hbar^2 \pi^2}{2L^2}\left(\frac{1}{m_e^*} + \frac{1}{m_h^*}\right)(n_x^2 + n_y^2 + n_z^2) \tag{2.52}$$

ここで，n_x, n_y, n_zはそれぞれの方向に対する量子数である。

電子および正孔のエネルギー準位は独立に決定されるが，発光および吸収遷移は同じ量子数の組み合わせの状態間でのみ許されることに注意が必要である。また，一般に量子井戸内の励起準位から基底準位への緩和は早く，通常観測される発光は基底準位間の遷移（$n_x = n_y = n_z = 1$）によるものである。式

(2.52) から，発光エネルギーは物質固有のバンドギャップエネルギーよりも大きく，また，粒径を小さくするに従いほぼその2乗に反比例して大きくなることが導かれる。

一方，励起子に対する効果は，粒子サイズ L と有効ボーア半径 a_B^* との比較から，定性的にはつぎのように考察することができる。まず $L \gg a_B^*$ の場合は，電子・正孔の相対運動に対する閉じ込めの効果は小さく，バルク中に存在する場合の状態とほとんど変化はないといえる。徐々に粒径を小さくしていき，L が $2a_B^*$ と同等かそれ以下になると，励起子は収縮し粒子径程度まで小さくなる。このような強い閉じ込めは，電子と正孔の波動関数の重なりを大きくすることから，つぎの効果をもたらす。

① 電子-正孔間の静電相互作用が大きくなることから，励起子の束縛エネルギーが大きくなる。この効果により，高い温度においても励起子が存在しやすくなる。

② 発光の遷移確率が大きくなる。この効果により，発光効率の向上が期待される。

2.2.2項〔2〕で述べたように，物質によって a_B^* は異なる。a_B^* が小さいほど，量子サイズ効果が顕著になる粒径は小さくなる。励起子の遷移エネルギーについては，より詳しい計算がなされている[24), 25)]。

〔3〕 **ナノ粒子蛍光体の作製**　前項で述べたように，粒子を小さくすることにより発光遷移確率の増大が期待されるが，その一方で，体積に対する表面の割合が大きくなる。一般に結晶の表面には，非発光中心として働くキャリヤトラップが高密度に存在する。そのため，発光効率の高いナノ粒子蛍光体を得るためには，表面のパシベーションが必須である。実際には，界面活性剤などの有機分子による表面修飾，バンドギャップの大きな材料の被覆などのプロセスが施されている。また，二次凝集を抑制し，分散性の良い粒子を作製することも，ナノ粒子蛍光体の優れた特性を生かすためには重要である。

ナノ粒子蛍光体は，主として，共沈法，逆ミセル法，ソルボサーマル法などの液相反応を利用する方法で作製されている[26)]。そのうち，逆ミセル法につい

て以下で紹介する。逆ミセルとは，親油性溶媒に少量の水と界面活性剤を添加して，水の液滴の周囲に形成される界面活性剤の球状集合体のことである。逆ミセル法は，このように形成された微少な液滴中で粒子形成の反応を進行させる方法である。初めに，金属イオン（例えば，Zn^{2+}）を含む逆ミセル溶液と，陰イオン（例えば，S^{2-}）を含む逆ミセル溶液を別々に用意する。これらを混合すると，2種類の逆ミセルが衝突・会合し，両イオンが混合することでナノ粒子（ZnS）が生成される。

2.3.2 微小共振器構造を持つ蛍光体

ナノビジョンディスプレイ用の蛍光体として，ナノ構造と高効率化を実現するため，光導波路構造（waveguide）や微小共振器構造（micro-cavity）を持つ蛍光体の開発を行っている。これは，微小構造により発光を制御し，光の指向性や光閉じ込め効果による蛍光体での誘導放射（stimulated emission）を目指した研究である。例えば，レーザ蛍光体が実現できれば，光の指向性や干渉を利用した新概念のディスプレイができる可能性がある。

図2.42に，光導波路や微小共振器構造を持つ蛍光体の概念を示す。図（a）は構造を光導波路として用い，垂直方向への光の取り出し効率を大きくした場合，図（b）は微小共振器構造による発光制御で，左側は球やディスク構造内で光が壁面を全反射を繰り返しながら伝搬する「ささやきの回廊モード」（WGM：whispering gallery modes）と呼ばれる光閉じ込め，右側は構造の上

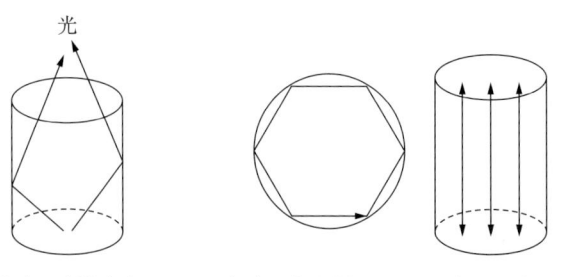

（a）光導波路　　（b）微小共振器による光閉じ込め

図2.42 光導波路や微小共振器構造を持つ蛍光体の概念

下の壁面を反射鏡（Fabry-Perot cavity）とした光閉じ込めである。

図 2.43 に GaN ナノピラー（nano-pillar）蛍光体の側面図と上面図の電子顕微鏡（SEM）写真を示す[27]。GaN ナノピラー蛍光体は直径 200 ～ 300 nm，高さ 500 ～ 1 000 nm で六方晶結晶の典型である六角柱構造をしている。

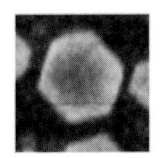

側面図　　　　　　　　　上面図

図 2.43　GaN ナノピラー蛍光体の SEM 写真

図 2.44 に GaN ナノピラー蛍光体のカソードルミネセンス（cathode luminescence：CL，電子線励起発光）特性を示す。測定に用いた電子ビーム

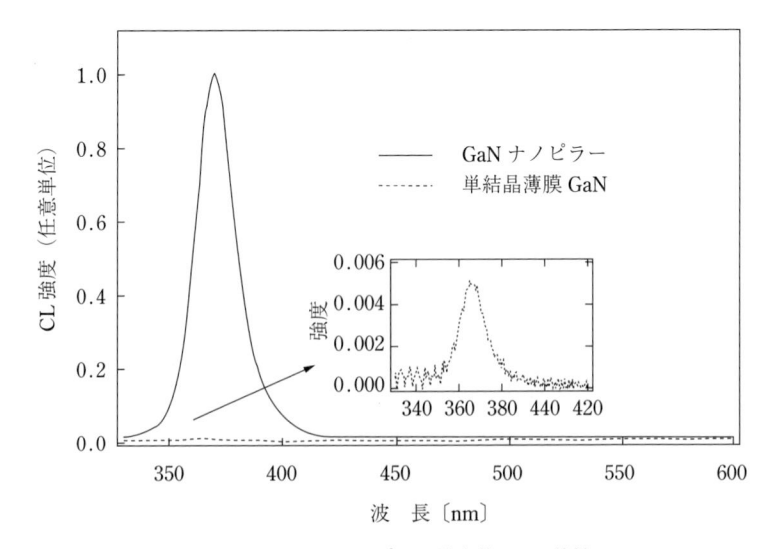

図 2.44　GaN ナノピラー蛍光体の CL 特性

は加速電圧2kV,電流は60μA/cm²である。図には,単結晶薄膜GaNのCL特性も示す。図より明らかなように,GaNナノピラーは単結晶薄膜GaNより約200倍強いCLを示す。これは,単結晶薄膜GaNでは屈折率の違いによる全反射のため,光が薄膜表面から有効に取り出されないのに対して,ナノピラーが図2.42（a）に示すように光導波路の役割を果たし,光が効率よく垂直方向に取り出されるためである。

図2.45にゾル・ゲル法により製作した$TiO_2:Eu^{3+}$微小球蛍光体のSEM写真を示す[28]。図より真球度のきわめて高い$TiO_2:Eu^{3+}$が得られていることがわかる。

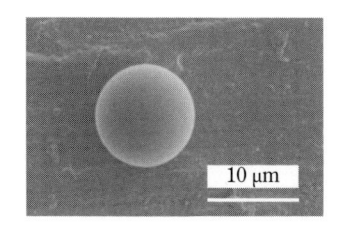

図2.45 $TiO_2:Eu^{3+}$微小球蛍光体のSEM写真

図2.46に製作した$TiO_2:Eu^{3+}$微小球蛍光体のCL特性を示す。（a）は$TiO_2:Eu^{3+}$の塊からの発光で,（b）,（c）,（d）は微小球の直径がそれぞれ,6.2μm,8.1μm,12.2μmの一つの微小球からのCL特性を示す。測定はSEM内で行い,電子ビームの加速電圧は10kVである。（a）に見られる595nmおよび620nmのピークはそれぞれEu^{3+}イオンの$^5D_0$から$^7F_1$および$^7F_2$への遷移による発光である。（a）には,周期的な微細構造は現れていないが,（b）,（c）,（d）に見られる微小球からの発光スペクトルには,Eu^{3+}イオンからの発光に重ね合わさるように周期的な微細構造が現れていることがわかる。また,微小球の直径が大きくなるにつれ,微細構造の間隔が狭くなっていることがわかる。

これらの周期的な微細構造は,微小球共振器に光が閉じ込められたことにより生じるWGMによるものである。このことは,CLでも微小共振器を反映したモードが得られること,すなわち蛍光体に共振器を導入することにより光を

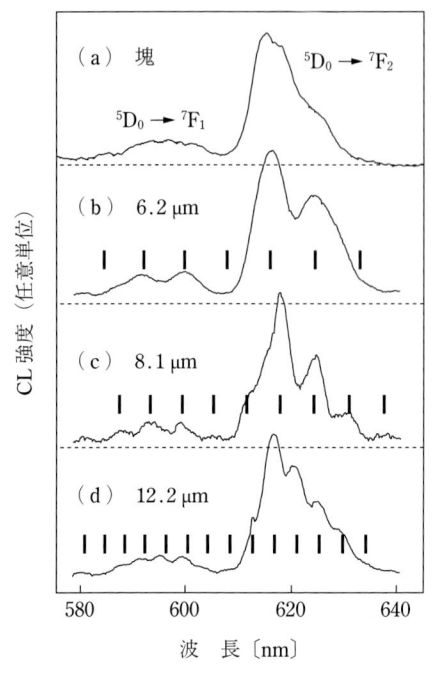

図2.46　TiO$_2$:Eu^{3+}微小球蛍光体のCL特性

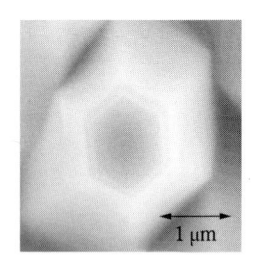

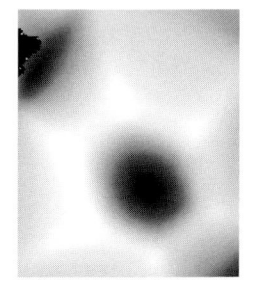

図2.47　タワー構造を持つZnO結晶のSEM写真と，その結晶のCLの強度分布

制御できることを示している。

図2.47（a）にタワー構造を持つZnO結晶のSEM写真を，図（b）にその結晶のCLの強度分布を示す。ZnOタワー構造結晶の平坦部分の直径は約1μmである。CL測定はSEM内で行い，電子ビームの加速電圧は10kVである。CL特性の強度分布より，発光が結晶の端に集中していることがわかる。これは，ZnOタワー構造が微小共振器として働き，発光がWGMで制御されている可能性が高いことを示している[29〜31]。

従来の蛍光体研究は材料探索が主であったが，ナノビジョンディスプレイでは，今後微小構造により発光を制御した蛍光体が有望である。

3
超高感度・広ダイナミックレンジ撮像
――ナノスケールデバイスによる撮像技術の進展――

　固体イメージセンサの最初の提案[1]から40年以上経過し，いまや固体イメージセンサの解像度は1 000万画素を超え，1画素のサイズは研究段階では1 μm以下となり[2]，可視光の波長にせまろうとしている。実用的には，1980年代，1990年代はCCD（charge coupled device：電荷結合デバイス）イメージセンサの時代であったが，2000年代に入り，携帯電話などの新市場が登場したこともあり，CMOS（complementary metal-oxide-semiconductor）イメージセンサが広く使われるようになり，現在では，数量ではCCDを大きく上回っている。これは，CMOSイメージセンサが半導体集積回路技術であるCMOS技術を基礎としており，ムーア（Moore）の法則に従った半導体集積回路技術の進展の恩恵をより直接的に享受できるとともに，イメージセンサであり，かつ集積回路でもあることから，CCDイメージセンサにはない新たな価値をもったデバイスが実現できるためである。例えば，携帯電話に使われるイメージセンサは，イメージセンサの枠を越え，ワンチップカメラと呼ばれるデバイスが使われている。すなわち，CMOS技術に基づき，撮像から，A-D変換，色の信号処理回路，通信インタフェースまでを一つの半導体チップの収めたSoC（system on a chip）である。

　このような状況のなか，固体イメージセンサの技術は今後どのように進んでいくのであろうか。性能的には，40年の開発の歴史をふまえて，ほぼ完成の域にあると思われがちであるが，映像システムの高度化，特に高解像度化と高速化の要求や，今後大きく成長する分野として期待されている自動車搭載用イメージセンサに対する厳しい性能要件などから，イメージセンサに対する性能要求はとどまるところを知らない。また，限られた条件では，美しい映像を撮ることができる固体イメージセンサも，人の目の性能に比べればまだ不十分である。特に，ごくわずかな光での撮像や，極端な明暗差（ダイナミックレン

ジ）をもつ対象物に対して，飽和やつぶれなく撮像する技術は，研究段階であり，まだ性能として十分とはいえない。特に両者の両立は，究極の撮像技術であるが，その実現にはまだ多くの課題がある。

　本章では，特に超高感度撮像および超広ダイナミックレンジ撮像に焦点を当て，その基礎と，超高感度撮像と超広ダイナミックレンジ撮像の両立を実現する可能性のある技術に関して解説する。その基礎的事項として，3.1節では，光の検出から映像信号の出力までの過程を，3.2節では，超高感度撮像の重要な基礎となるイメージセンサ固有のノイズを取り上げ，詳しく解説する。3.3節では，感度とダイナミックレンジに対する考え方を説明し，代表的なダイナミックレンジ拡大手法を説明する。3.4節では，ナノスケールの領域に入ってきた半導体集積回路技術を活用し，光子1個に感度をもつ究極の高感度撮像の実現と，その基礎となるノイズフリー光電子検出について述べる。また，新しいナノデバイス構造を用いた単一光子検出についても触れる。なお，本章では，半導体集積回路をベースとした撮像技術として，CMOSイメージセンサをおもな対象としている。

3.1　イメージセンサの基礎

3.1.1　イメージセンサの基本構成

　イメージセンサには，一次元に光電変換素子を配置したリニアセンサ，二次元的に光電変換素子を配置したエリアセンサがある。リニアセンサは，コピー，ファクシミリ，スキャナなどに利用されている。エリアセンサは，電子式カメラに用いられる。どちらも画像を電気信号に変換するデバイスであるが，リニアセンサの場合，センサおよびレンズ系を機械的に走査することによって二次元の画像を得ている。本章では，特に断らないかぎり，エリアイメージセンサについて解説する。歴史的にはさまざまな構造や原理のイメージセンサの開発がなされてきたが，現在実用的に広く用いられる固体イメージセンサは，CCDイメージセンサとCMOSイメージセンサである。

　図3.1（a）に，インタライン転送（interline transfer：IT）形CCDイメージセンサの基本構成を示す。CCDは，電荷をバケツリレーのように転送する

3.1 イメージセンサの基礎　　67

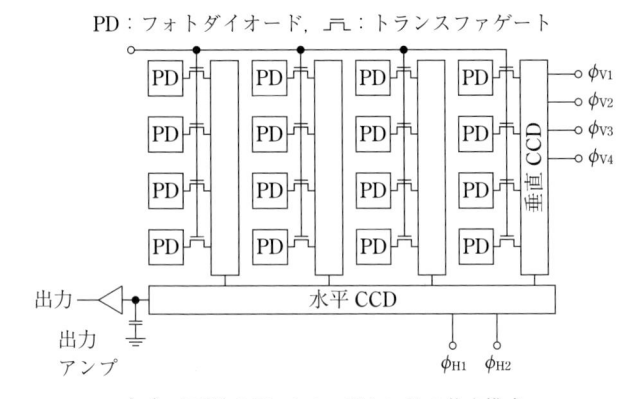

(a) IT形CCDイメージセンサの基本構成

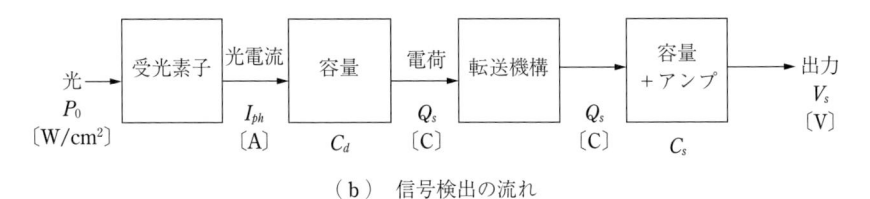

(b) 信号検出の流れ

図3.1　CCDイメージセンサ

デバイスである。図（b）に，CCDイメージセンサにおける信号検出の流れを示す。

まず，フォトダイオードなどの光電変換素子では，光のエネルギーを吸収して，そのエネルギーに比例した光電流が流れる。フォトダイオードには，寄生容量があり，この容量によって，光電流を電荷として蓄積する。蓄積するキャリヤとしては，電子，正孔いずれでもよいが，特にCCDでは，電荷転送の高速化のため，電子を蓄積する方式が一般的である。蓄積された信号電荷は，読出しのために，垂直方向と水平方向のCCDにより，出力端まで転送する。この電荷転送により，画像信号の二次元走査がなされる。出力端において，一つの容量に信号電荷を順次転送することで，電圧に変換し，バッファアンプ（緩衝増幅器）によりインピーダンス変換をして，一次元の時系列信号として取り出す。

図3.2（a）にCMOSイメージセンサの基本構成，図（b）にその信号検

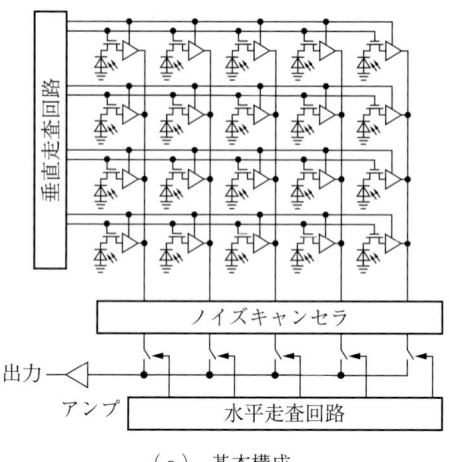

3. 超高感度・広ダイナミックレンジ撮像

（a）基本構成

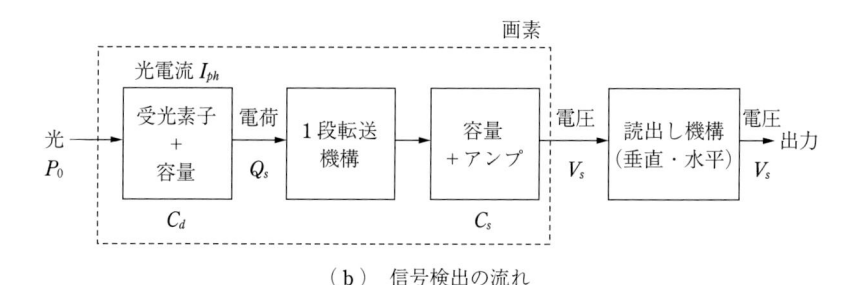

（b）信号検出の流れ

図 3.2 CMOS イメージセンサ

出の流れを示す。フォトダイオードで発生した光電子を蓄積し，読出し時に，微小容量をもつ電荷検出部に電子を転送する。各画素にはバッファアンプを有し，これにより生じた電位変化をバッファアンプを介して，XY アドレッシングに基づき外部に読み出す。まず，行選択線により，ある 1 行が選択され，1 行分の信号が，ノイズキャンセラに与えられる。ノイズキャンセラでは画素内のバッファアンプの特性ばらつきによって生じる固定パターンノイズ（**fixed pattern noise**：FPN）と，電荷検出部で発生するリセットノイズ（*kTC* ノイズ）がキャンセルされる。これらの処理により，ノイズ低減された 1 画素ごとの信号が順次水平走査により選択され，一次元の時系列信号として外部に読み出される。

3.1 イメージセンサの基礎   69

　イメージセンサに光が入射し，最終的に出力から信号が取り出されるまでの一連の動作は，光の吸収，光起電力の発生，電荷蓄積，電荷転送，電荷検出からなる五つの物理的過程に基づいている。
　以下において，各過程について考えていく。

3.1.2 光の吸収から電荷検出まで

〔1〕 **光 の 吸 収**　図 3.3 に，半導体における主要な光の吸収過程を示す。入射する光子のエネルギー E_p が，半導体のエネルギーバンドギャップ E_g よりも大きいとき，価電子帯から伝導帯に電子を励起し，電子の抜けたあとの価電子帯に正孔を生じる。このように価電子帯から伝導体への電子の励起によって電子と正孔のペア（電子－正孔対）を生じる。このような吸収は，基礎吸収または真性 (intrinsic) 吸収と呼ばれる。また，半導体のような固体中において，光の吸収によって固体内に伝導電子－正孔対が発生する現象を内部光電効果と呼ぶ。半導体における光の吸収としては，このほかに，電子または正孔の自由キャリヤによる吸収，バンド内遷移による吸収，エキシトン吸収，不純物や欠陥準位による吸収などがあるが，単結晶シリコンにおける支配的な吸収過程は基礎吸収である[3]。

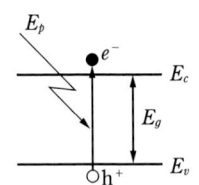

図 3.3　基礎吸収過程

　また，光の吸収によって発生した自由電子－正孔対を，電気的な特性の変化として取り出す仕組みとしては，電気伝導率の変化を用いる光導電効果と，pn 接合などのように内部電界が形成される構造を利用して光で発生した電子と正孔がたがいに逆方向に流れて分離されることによって生じる起電力を利用する光起電力効果がある。CCD，CMOS イメージセンサでは，光起電力効果が用いられる。

半導体中の光の基礎吸収がどのような波長の光に対して生じるかを考えるために，まず波長に対する光子のエネルギーを簡単に計算する式を求める。光子のエネルギーは小さいので電子と同様に eV の単位を用いる。これを E_p〔eV〕とすれば，qE_p〔J〕（q：素電荷（1.602×10^{-19} C））である。E_p は，光の振動数 ν に比例し，$qE_p = h\nu$（h：プランク定数（6.626×10^{-34} J・s））であるので，光の波長 λ の単位として〔nm〕を用いると，光子の波長とエネルギーの関係は

$$E_p [\mathrm{eV}] = \frac{6.626 \times 10^{-34} [\mathrm{J \cdot s}] \times 3 \times 10^8 [\mathrm{m/s}]}{1.602 \times 10^{-19} [\mathrm{C}] \times \lambda \times 10^{-9} [\mathrm{m}]} \simeq \frac{1\,240}{\lambda} \tag{3.1}$$

と表される。人間の眼でみることができる可視光は 400～700 nm である（より厳密には 380～780 nm）。式（3.1）を用いて，この波長範囲に対する光子のエネルギーを計算すると，3.1～1.77 eV である。半導体であるシリコンのバンドギャップは，常温（27℃）で 1.12 eV であるので，シリコンは可視光の受光素子として利用できる。

基礎吸収過程では，バンドギャップ E_g〔eV〕以上のエネルギーをもった光を吸収できることから，光を効率よく吸収できる限界波長 λ_g が定義できる。これは，$1\,240/\lambda_g = E_g$ より

$$\lambda_g = \frac{1\,240}{E_g} \tag{3.2}$$

で与えられる。シリコンの場合，$\lambda_g = 1\,107$ nm である。すなわち，シリコンでは近赤外の一部の領域までは受光素子として利用できるが，大部分の赤外線の領域の波長に対してはほとんど透明である。

半導体の表面から光が入射すると，電子正孔対を生成しながら表面から奥に向かって徐々に吸収され，その強度がしだいに弱くなる。この光の吸収の様子を図 3.4 に示す。

入射した光子の密度に比べて，電子－正孔対の生成（つまり光の吸収）の元になる半導体の原子密度のほうがはるかに大きいため，1 個の光子について考えたとき，その単位時間当りの吸収の頻度，あるいは平均的にどれくらいの時

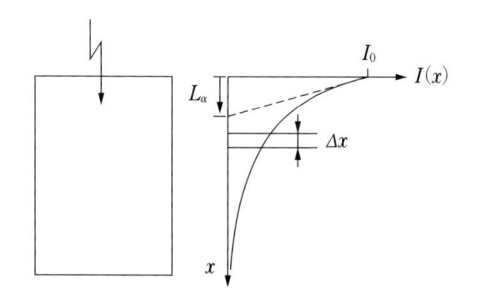

図 3.4 光 の 吸 収

間だけ半導体中に滞在すると吸収されるか（光子の寿命と考えてもよい）は，入射した光子の密度とは無関係であり，半導体材料の光の吸収のしやすさによって決まる。光の速度は一定であるため，平均的に半導体中を光がどれだけ進むと吸収されるかという距離は，光が平均的にどれだけの時間だけ滞在すると吸収されるかに比例する。これを半導体中のある断面を通る単位面積当りの光子の数で考えると，その位置から，ある微小な一定距離を走行したときに吸収されて減少する光子の数は，その断面に入射する光子の数に比例し，またその走行距離が微小であれば，その走行距離に比例することがわかる。したがって，いま半導体中の x の位置の単位面積当りの入射光強度を $I(x)$ とすると，dx 部分で失われる光の強度 $dI(x)$ は，$I(x)$ と dx の積に比例し

$$-dI(x) = \alpha_0 I(x) dx \tag{3.3}$$

すなわち

$$-\frac{dI(x)}{dx} = \alpha_0 I(x) \tag{3.4}$$

が得られる。これを解き，表面での光の強度を I_0 として，$x=0$ で $I(0)=I_0$ とおけば入射光強度 $I(x)$ は

$$I(x) = I_0 \exp(-\alpha_0 x) \tag{3.5}$$

となる。すなわち，光は指数関数的に減衰していく。α_0 は，吸収係数と呼ばれる定数で，ある材料が光の浸透深さに対してどの程度急激に吸収されていくかを表し，その逆数は吸収長 L_α と呼ばれ，次式となる。

$$L_\alpha = \frac{1}{\alpha_0} \tag{3.6}$$

これは,光の強度が$1/e$(e:自然対数の底)すなわち約63％まで吸収される表面からの深さを意味し,光の半導体中への浸透深さを表す。吸収係数は,光の波長によって変化する。波長が短く,半導体のバンドギャップに対して十分大きなエネルギーをもっていれば,吸収されやすく,吸収係数は大きい。バンドギャップ以下のエネルギーをもつ,波長の長い光に対してはほとんど吸収されず,その限界波長付近では,吸収係数はゼロに向かって減少する。シリコンの吸収係数の波長依存性を図3.5に示す。

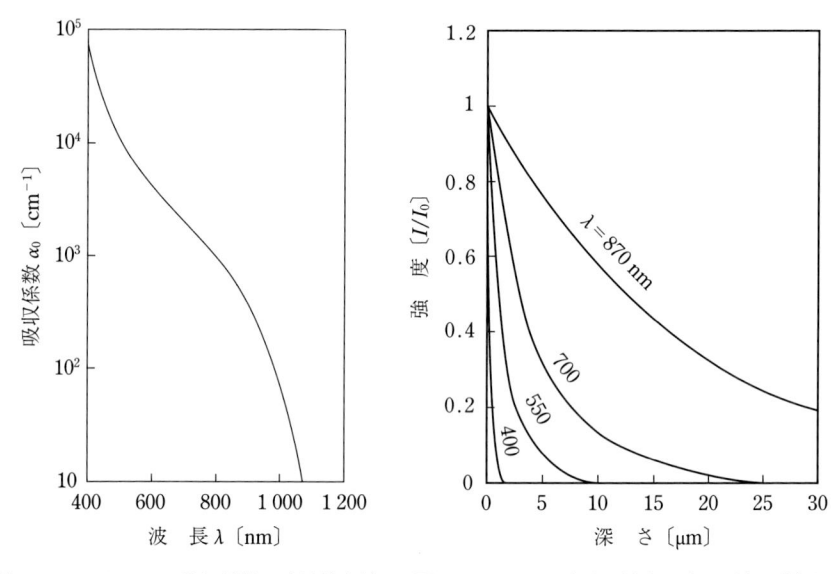

図3.5 シリコンの吸収係数の波長依存性　　**図3.6** 四つの波長に対する光の吸収の様子

波長400 nm,700 nmでの吸収係数は,それぞれ$8\times10^4\,\mathrm{cm}^{-1}$,$2\times10^3\,\mathrm{cm}^{-1}$である。吸収長としてはそれぞれ,0.125 μm,と5 μmに相当する。400 nm,550 nm,700 nm,870 nmの四つの波長に対する光の吸収の様子を図3.6に示す。シリコンで可視光の受光素子を作る場合,およそ0.1 μmから5〜10 μmの深さの範囲で光電変換で発生したキャリヤを効率よく取りこめる構造を作る必要がある。

この光の強度と入射エネルギーはどのような関係にあるのだろうか。半導体

3.1 イメージセンサの基礎　　73

に入射する光の毎秒のエネルギー p_0〔W〕は

$$p_0 = \int_0^\infty I(x)dx = I_0 \int_0^\infty \exp\left(-\frac{x}{L_\alpha}\right)dx = L_\alpha I_0 \tag{3.7}$$

となる。したがって，$I_0 = p_0/L_\alpha$ となり，光の強度は，入射する光のエネルギーに比例し，吸収長に反比例する。つまり，光の強度とは，吸収される光のエネルギーの大きさを意味し，吸収長が短ければ光のエネルギーの吸収が表面付近に集中すると考えることができ，光の強度が強くなる。一方，吸収長が長ければ奥深くまで分布して光の強度は全体的に弱くなる。

〔2〕 **光起電力の発生**　　光起電力を取り出すための pn 接合ダイオードをフォトダイオード（photodiode）と呼ぶ。**図 3.7** に示すように，逆方向電圧を加えた pn 接合に光が照射されると，電子 - 正孔対が発生する。空乏層領域で発生した電子と正孔は，空乏層中の電界で走行（ドリフト）し，電子は n 形領域に，正孔は p 形領域に達する。p 形の中性領域で発生した電子は，平均的には拡散長だけ拡散して正孔と再結合するが，空乏層からおよそ拡散長以内の領域で発生した電子の一部は，空乏層にたどり着き，同様にドリフトによって，n 形領域に達する。n 形の中性領域で発生した正孔についても同様である。

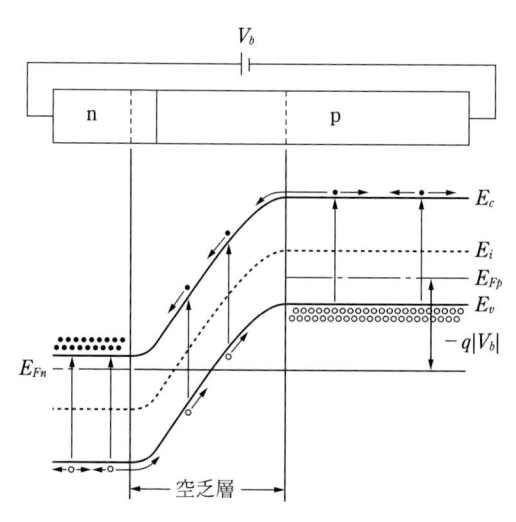

図 3.7 フォトダイオードの動作

空乏層中を電子が p 形から n 形へ，正孔が n 形から p 形領域に流れるということは pn 接合の n 形から p 形領域に電流が流れることを意味し，逆方向電流が流れることになる．この電流は光電流（photocurrent）と呼ばれる．

フォトダイオードにおける光電変換の感度は，入射した光子の数（N_{ph}）に対して，発生したキャリヤのうち光電流に寄与するキャリヤの数（N_e）によって決まる．これは量子効率（quantum efficiency）と呼ばれ，η で表すと

$$\eta = \frac{\text{光電流に寄与するキャリヤ数}}{\text{入射光子数}} = \frac{N_e}{N_{ph}} \tag{3.8}$$

である．

フォトダイオードにおいて，単位時間当り n_e 個の電子が発生し，光電流に寄与したとすると，フォトダイオードの中で発生する光電流 I_{ph} は

$$I_{ph} = q n_e \tag{3.9}$$

で与えられる．なお，電流の連続性により，図 3.7 のどの断面で考えても流れる光電流は一定である．空乏層中のある位置で電子-正孔対が発生すると電子は左に，正孔は右に流れる．空乏層中のいろいろな位置で電子-正孔対が発生すると，当然 n 形側の空乏層端に近いほど電子による電流（I_n）が大きくなり，p 形側の空乏層端に近いほど正孔による電流（I_p）が大きくなり，その和（$I_n + I_p$）は一定となって，電流の連続性が満たされる．

いま，毎秒のエネルギーが p_0〔W〕である単一波長の光がフォトダイオードに入射したとすると，フォトダイオードには，毎秒 $p_0/(qE_p)$ 個（E_p〔eV〕：光子エネルギー）の光子が入射していることになる．量子効率 η を考慮すると，光電流 I_{ph} は

$$I_{ph} = \frac{\eta}{E_p} p_0 \tag{3.10}$$

と表される．p_0〔W〕当りに発生する光電流 I_{ph}〔A〕は，放射感度 S_r〔A/W〕と呼ばれ，式（3.1）を用いると

$$S_r = \frac{I_{ph}}{p_0} \simeq \frac{\eta \lambda}{1240} \tag{3.11}$$

と表される．例えば量子効率1の場合には，$\lambda=400$ nm では，$S_r=0.32$ A/W，$\lambda=700$ nm では，$S_r=0.56$ A/W 程度となる．放射感度は，フォトダイオードの波長に対する感度を評価するものであり，光の波長を変化させて放射感度を測定することにより，直接量子効率の波長依存性を求めることができる．イメージセンサのフォトダイオードは平面的に形成される．シリコンの表面には，シリコン酸化膜が形成され，シリコン表面での結晶欠陥（シリコン原子の未結合手）の密度を減らすことで，半導体デバイスの動作を安定化させている．それでもシリコンとシリコン酸化膜の界面には，シリコン原子の未結合手が残り，禁制帯中に準位を形成する．これによってキャリヤが再結合しやすくなるために，界面付近において吸収された光で発生したキャリヤの多くは，pn 接合の空乏層に達しないで再結合して失われる．一方，基板の p 形の中性領域で吸収された光で発生したキャリヤのうち，空乏層に比較的近い位置で発生したキャリヤは一部が空乏層に達するものの，他は再結合して失われる．したがって，波長の短い光と長い光では，再結合で失われる割合が増え，両側で量子効率が低下する．

いま，表面から，L_1 以上 L_2 以下の位置で吸収された光子のみが光電流に寄与するキャリヤを発生するものと仮定すると，半導体中に入射した光に対する量子効率 $\eta(\lambda)$ は，式（3.5）を用いて，次式により計算することができる．

$$\eta(\lambda) = \frac{1}{p_0} I_0 \int_{L_1}^{L_2} \exp\left(-\frac{x}{L_\alpha(\lambda)}\right) dx = \exp\left(-\frac{L_1}{L_\alpha(\lambda)}\right) - \exp\left(-\frac{L_2}{L_\alpha(\lambda)}\right)$$

(3.12)

これを式（3.11）に用いてフォトダイオードの放射感度を求めることができる．**図 3.8** に，$L_1=0.1$ μm とし，$L_2=1, 3, 5, 10, 30, 50, 100$ μm に対する放射感度 S と吸収の深さ λ の関係の計算結果を示す．近赤外領域に感度を持たせるためには，基板方向に空乏層を十分に広げる必要がある．

pn 接合フォトダイオードが，p 形基板の不純物濃度が n 形層に比べてはるかに低い片側階段接合の場合，その空乏層幅 W_{dep} は次式で与えられる．

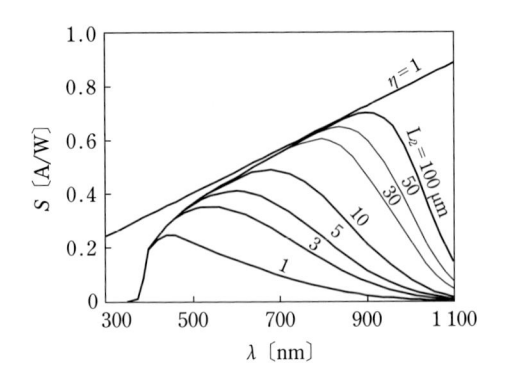

図3.8 放射感度と吸収深さの関係

$$W_{dep} = \sqrt{\frac{2\varepsilon_s(V_{bi} - V_b)}{qN_a}} \tag{3.13}$$

ここで，V_{bi}：拡散電位，ε_s：シリコンの誘電率，N_a：p形基板の不純物濃度

空乏層を基板深くまで広げるには大きな逆方向電圧V_bを加えるか，p形基板の不純物濃度を低くする必要がある。

光電流の大きさは，電流として寄与する単位時間当りのキャリヤ数によって決まる。そのキャリヤの発生する効率が，ダイオードに加える電圧によって変化しなければ，その電流は電圧と無関係な一定値となる。その結果，光電流をI_{ph}として，光が照射されたときに図3.7の閉回路に流れる電流I_Lは

$$I_L = -I_{s0}\left(\exp\left(\frac{qV}{kT}\right) - 1\right) + I_{ph} \tag{3.14}$$

と表される。ここで，I_{s0}は逆方向の飽和電流である。ただし，電流の向きはn形領域からp形領域に流れる方向を正としている。この電圧電流特性を，光照射がある場合とない場合について描くと**図3.9**のようになる。順方向電圧の領域は太陽電池モードと呼ばれ，電流がゼロなるときの電圧（開放端電圧）を光起電圧として利用する。フォトダイオードとして利用する場合には，逆方向のバイアスを加えて使用する。

光照射がないときに逆方向電圧が加えられたフォトダイオードに流れる電流は，理想的には，式（3.14）のI_{s0}であり，少数キャリヤの拡散電流で決まるきわめて微小な電流であるが，実際のデバイスでは，シリコン中の欠陥や不純

3.1 イメージセンサの基礎　77

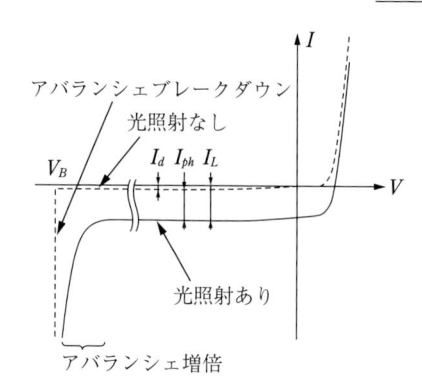

図 3.9 フォトダイオードの電圧電流特性

物，シリコンとシリコン酸化膜の界面準位等が原因で発生電流が生じ，拡散電流で決まる値よりもかなり大きな電流となる可能性がある．光照射がなくても流れることから，暗電流（dark current）と呼ばれる．これを I_d とすると，逆方向バイアス時にフォトダイオードモードに流れる電流 I_L は，次式のようになる．

$$I_L = I_{ph} + I_d \tag{3.15}$$

暗電流は，イメージセンサにとってノイズとなるため，可能なかぎり小さくすることが望まれる．

フォトダイオードに，なだれ降伏（アバランシェブレークダウン）が生じる程度に大きな逆方向電圧を加えると，アバランシェ増倍と呼ばれる光電流に対する増幅効果が得られる．大きな逆方向電圧による高電界により電子，正孔が加速され，シリコン結晶格子に衝突すると，衝突電離（impact ionization）により，新たな電子-正孔対を発生する．それらの電子，正孔も加速され，衝突電離によりさらに新たな電子-正孔対を発生するといった具合に，なだれのように電子，正孔が発生し，きわめて大きな電流が流れる．熱的に励起した電子，正孔がきっかけとなって，大電流が流れる現象がアバランシェブレークダウンであるが，光で発生した電子，正孔がきっかけとなって，それらが増倍され，大きな電流が流れる現象がアバランシェ増倍である．これは，図 3.9 に示したように，アバランシェブレークダウンが発生する電圧よりも少し低い逆方

向電圧で生じる。少ない光子の入射でも大きな光電流が取りだせるため，非常に高感度な光検出が行える。光通信などに広く用いられているが，イメージセンサに応用する場合には，過剰ノイズと呼ばれる増倍率の揺らぎによるノイズの増加に注意する必要がある。

〔3〕**電荷蓄積**　先の説明において，フォトダイオードにおいて信号電荷を画素ごとに蓄積したのち，読み出していることを述べたが，初期の撮像デバイスは，このような蓄積動作を行わずに信号電流を直接読み出す方式であった。イメージセンサの画素内のフォトダイオードの面積は，数 μm 角であり，この微小なフォトダイオードで得られる光電流は，きわめて微弱である。したがって，蓄積を伴わないで光電流を直接読み出す非蓄積撮像方式は，非常に感度が悪い。1930 年ごろ，イメージセンサの感度を飛躍的に高める蓄積撮像方式が，日本の高柳健次郎と米国のツボルキン（Zworykin）によってほぼ同時に考案された。

図 3.10 に，非蓄積撮像と蓄積撮像の一次元の場合の構成を示す。いずれも画素選択スイッチ $S_1, S_2, \cdots, S_N$ を順次オンにして読み出すが，非蓄積撮像では，選択された画素の光電流を直接出力に読み出し，読み出さないときは，発生する光電流を捨てている。蓄積撮像の場合，各画素に容量を設け，読み出さないときは浮遊状態にしている。これにより，次の読出しまで光電流により信号電荷が蓄積され，最長で画像の 1 フレームの期間（1/30 秒），あるいは 1 フィールドの期間（1/60 秒）蓄積される。読出しは，蓄積された電荷を出力に放電することで行う。

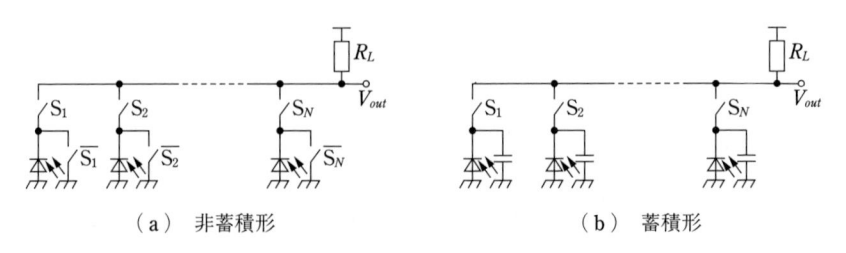

(a) 非蓄積形　　　　　　(b) 蓄積形

図 3.10　非蓄積形と蓄積形撮像方式

時間的に一定の光が照度されている場合，光電流 I_{ph} により T_a 秒蓄積したときの電荷 Q_s は

$$Q_s = \int_0^{T_a} I_{ph} dt \tag{3.16}$$

である。光電流が一定であれば

$$Q_s = I_{ph} T_a \tag{3.17}$$

である。この電荷が，ΔT 秒間に放電されて読み出されるとすると，その平均出力電流 $\overline{I_{ph}}$ は

$$\overline{I_{out}} = \frac{Q_s}{\Delta T} = \frac{T_a}{\Delta T} I_{ph} \tag{3.18}$$

最長の蓄積時間はフレーム周期であり，その場合 N 画素のイメージセンサでは $N = T_a / \Delta T$ となるので，1 画素の光電流の N 倍の電流を取り出すことができる。すなわち，蓄積を行ったほうが画素数倍高感度になる。これは，非蓄積の場合は，読出しの瞬間にフォトダイオードに照射されている光で発生したキャリヤによる電流を読んでいるのに対し，蓄積方式の場合は，最長では 1 フレームの期間に照射されている光で発生したキャリヤによる電荷を，読出し時に一気に吐き出すためである。

時間的に一定の光が照射されているとき，T_a 秒間にフォトダイオードに蓄積される信号電子数 N_s は

$$N_s = \frac{I_{ph} \times T_a}{q} \tag{3.19}$$

により求められる。例えば，$I_{ph} = 0.1 p$ 〔A〕，$T_a = 1/30$ 〔s〕の場合，$N_s = 20\,800$ 個である。イメージセンサのフォトダイオードに流れる光電流，および蓄積電子数はおよそこの程度であり，きわめて微弱な信号を扱っている。

〔4〕 電荷転送　　電荷の転送は，イメージセンサ特有の動作であり，CCD イメージセンサの場合

・フォトダイオードから CCD への転送

・CCD 内部での転送

・CCD から電荷検出部への転送

の三つの電荷転送を利用している．これに対して，CMOSイメージセンサは，フォトダイオードから電荷検出部に対してCCDを介さず直接電荷転送を行っている．

図3.11にフォトダイオードから電荷検出部への電荷転送のための構造とポテンシャル分布を示す．熱平衡状態では，フォトダイオードのn形中性領域には，その不純物濃度N_dと同じ濃度の電子が存在する．図に示すように，フォトダイオードのn形領域をソースとしたMOSトランジスタ構造を形成し，ドレーンに高電圧V_Rを与えたうえで，ゲート（TX）に高電圧を与えると，フォトダイオードからドレーンに向かって電子が流れ出し，フォトダイオードに電子がいなくなった状態を作ることができる．この状態を，フォトダイオードが完全空乏化したといい，フォトダイオードからドレーンにすべての電子が転送されることを完全転送と呼ぶ．なお，このMOSトランジスタ構造は，転送ゲートと呼ばれる．この完全転送の実現は，イメージセンサの残像やノイズを低減するうえできわめて重要である．

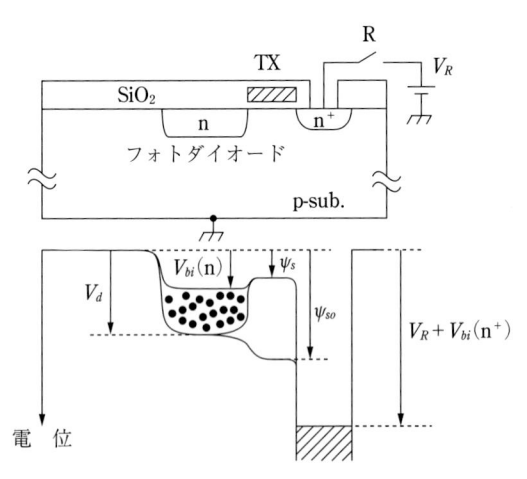

図3.11 フォトダイオードから電荷検出部（浮遊拡散層）への電荷転送

完全転送の実現に伴う実際の構造上の問題については，あとで考察することとし，ここではまず，完全転送に最低限必要な各部の電位の関係を考えてみ

る。実際の電荷転送の動作としては，ドレーンに参照電圧 V_R を接続し，いったん V_R の電位としたのち，R で制御されるスイッチをオフし，ドレーンを浮遊状態にする。このときのドレーンは，浮遊拡散層（floating diffusion）と呼ばれる。この状態を**図 3.12**（a）に示す。浮遊状態のドレーンの電位は V_R となるのが望ましいが，実際には，スイッチとしてのトランジスタからの電荷の飛び込みにより，これよりも電位が下がる。このあと，転送ゲートを開くと，電子が浮遊拡散層に転送され，図（b）に示すように，その電位が降下する（電位は下向きを正方向としていることに注意）。このとき，もし，フォトダイオードが完全空乏化する電位が高すぎると，図（c）のようになり，電子の一部がフォトダイオードに残留することになる。すなわち，完全転送のためには，図（a）に示すフォトダイオードの完全空乏化電位 V_d と，浮遊拡散層との電位差 ΔV を十分に大きくとることが重要である。一つの方法としては，転送前の浮遊拡散層の電位を高くするため，V_R を高い電位にすることが考えられるが，イメージセンサの加える電源電圧の制約などにより，この電位を高くするのにも限界がある。したがって，完全空乏化電位 V_d の設定が重要である。

完全空乏化電位 V_d は，**図 3.13** の一次元の構造で考えれば，n 形，p 形の

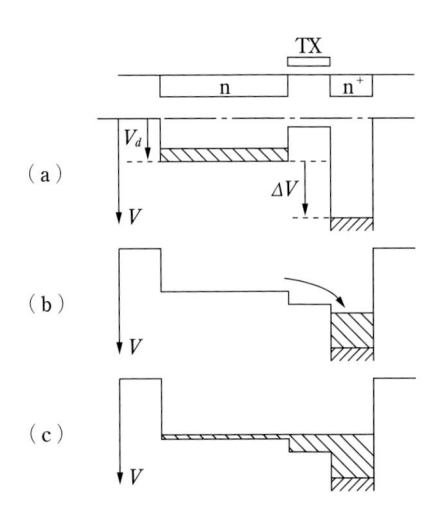

図 3.12 フォトダイオードから電荷検出部への電荷転送動作

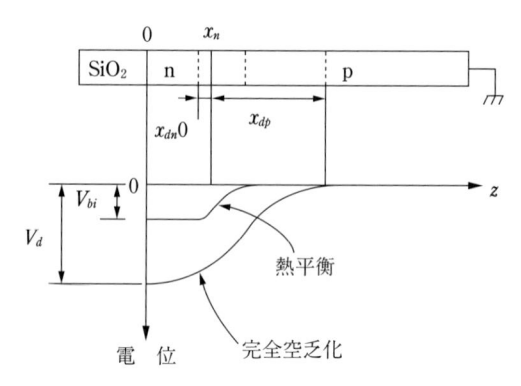

図3.13 完全空乏化したフォトダイオードの電位分布（z方向）

空乏層領域に対するポアソンの方程式と，半導体全体での中性条件

$$x_n N_d = x_{dp} N_a \tag{3.20}$$

および空乏層近似を用いて，次式のように求められる．

$$V_d = \frac{q}{\varepsilon_0 \varepsilon_s} x_n^2 N_d \left(1 + \frac{N_d}{N_a}\right) \tag{3.21}$$

ここで，x_n：n形領域の幅，x_{dp}：n形領域が完全空乏化するときのp形領域の空乏層幅，N_a：アクセプタ濃度，N_d：ドナー濃度

V_d は，電子をためる電位井戸（potential well）に相当し，ここに光によって発生した電子を蓄積する．V_d が拡散電位 V_{bi} と等しくなるまで蓄積できると考えれば，フォトダイオードに蓄積される最大の電子面密度 n_s は次式で与えられる．

$$n_s = N_d (x_n - x_{dn0}) \tag{3.22}$$

ここで，x_{dn0}：$V_d = V_{bi}$ のときのn形領域の空乏層幅

蓄積可能な電子面密度はできるかぎり大きくすることが望ましいが，一方 V_d は小さくしたい．上式から両者はトレードオフの関係にあるが，V_d を低く抑えながら，n_s を大きくするには x_n を小さくし，N_d を高すればよいことがわかる．ただし，その場合，N_a も十分に高くする必要がある．しかしこれは，イメージセンサの長波長領域での感度を高めるうえで問題がある．長波長に対

する感度(量子効率)を高めるためには,基板奥深くに対して空乏層を広げる必要があり,式 (3.20) より,p 形基板に対して空乏層幅を広げるためには,基板濃度 (N_a) を低くしなければならないためである.

埋込みフォトダイオードは,この問題を解決するうえでも効果がある.

〔5〕 **電 荷 検 出**　画素ごとの信号電流は,電荷蓄積を行ったとしても非常に微弱である.これを**図 3.14** に示すように,浮遊状態になった拡散層に転送して読み出すフローティングディフュージョン検出器 (floating diffusion amplifier:FDA) は,高感度で低ノイズの読出しを可能にする方式で,最も広く用いられている.

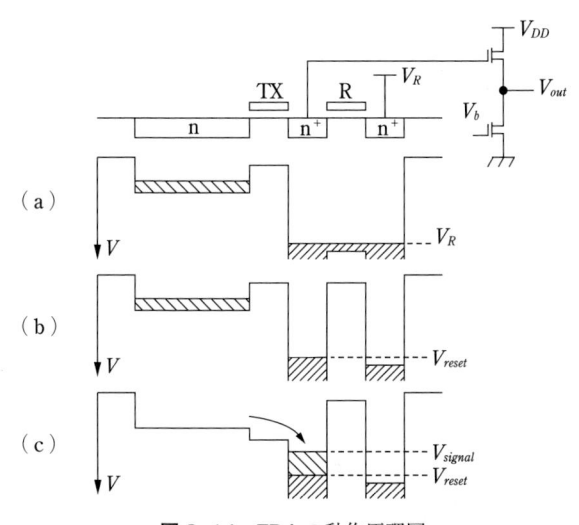

図 3.14　FDA の動作原理図

図 3.14 に示す FDA の動作原理図において,浮遊拡散層には,ソースフォロワ回路を用いたアンプと,この電位を初期化(リセット)するためのトランジスタが接続されている.まず,リセット用トランジスタのゲート R に高い電圧を与え,浮遊拡散層をいったん参照電圧 V_R にし(図 (a)),その後低い電圧に戻す(図 (b)).

このとき,リセット用トランジスタのチャネルの電子の一部が,トランジスタをオフした際に,浮遊拡散層に注入され,参照電圧より,やや低い電圧で浮

遊状態となる。この電圧レベルを V_{reset} とする。その後、転送ゲートを開いて信号電荷 Q_s を浮遊拡散層に転送する。浮遊拡散層に生じる電圧の変化（信号電圧）V_s は、浮遊拡散層の寄生容量を C_{FD} として次式で表される。

$$V_s = \frac{Q_s}{C_{FD}} = \frac{qN_s}{C_{FD}} \tag{3.23}$$

ここで、N_s：信号電子数

　浮遊拡散層の電位の変化は、ソースフォロワによるバッファアンプを通して読み出される。ソースフォロワの利得は、理想的には1であるが、実際には1以下の値を取る。ソースフォロワの利得 G_{SF} を計算する回路を図3.15（a）に示す。

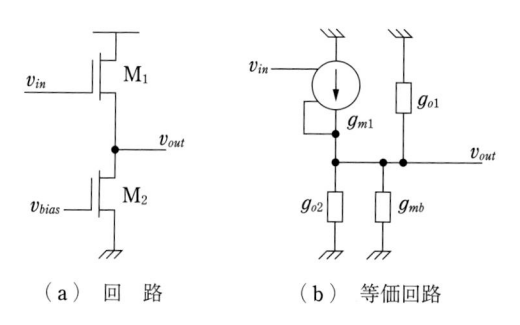

（a）回路　　　（b）等価回路

図3.15　ソースフォロワの利得を計算する回路とその等価回路

　図（b）の等価回路より、$g_{m1}(v_{in} - v_{out}) = (g_{mb} + g_{o1} + g_{o2})v_{out}$ であるので G_{SF} は次式となる。

$$G_{SF} = \frac{v_{out}}{v_{in}} = \frac{g_{m1}}{g_{m1} + g_{mb} + g_{o1} + g_{o2}} \tag{3.24}$$

ここで、g_{m1}、g_{o1}、g_{mb} は、それぞれ入力トランジスタ M_1 の相互コンダクタンス、出力コンダクタンスおよび基板効果による相互コンダクタンス、g_{o2}：電流源トランジスタ M_2 の出力コンダクタンス

　画素内のトランジスタの基板は共通であり、基板電位とソース電位（回路出力）の間に電圧差があると、しきい値電圧がその電圧差によって変化する基板効果が現れ、これはソースフォロワの利得を低下させる。CMOSイメージセ

ンサに使われるトランジスタの場合,ソースフォロワの利得は 0.7 から 0.9 程度の値である。

ソースフォロワ出力において,1 電子当りどれだけの電圧に変換されるかは,変換ゲイン G_c と呼ばれる。これは,ソースフォロワの利得も含めて

$$G_c = G_{SF} \frac{q}{C_{FD}} \tag{3.25}$$

と表される。これは大きいほど電圧感度が高く,センサの出力に接続される回路のノイズに影響されにくくなる。変換ゲインを大きくするためには,浮遊拡散層の容量 C_{FD} を小さくする必要がある。トランジスタ M_1 のゲート-ソース間の容量を C_{GS} とし,それ以外の浮遊拡散層の寄生容量を C_{FD0} とすると,C_{FD} は次式で表される。

$$C_{FD} = C_{FD0} + C_{GS}(1 - G_{SF}) \tag{3.26}$$

$1 - G_{SF}$ は,ソースフォロワの出力が入力に追従するために,C_{GS} を小さく見せる効果によるものである。実際 $G_{SF} = 1$ であれば,浮遊拡散層の電圧が変化したとしても C_{GS} の両端の電圧差には変化がなく,C_{GS} は浮遊拡散層の寄生容量としては寄与しない。この効果のため,比較的大きなサイズのトランジスタを M_1 として使用しても,変換ゲインには影響しにくいが,あとで述べるように,C_{FD0} に対して C_{GS} を大きくすると,M_1 のノイズを増大させる効果があるため,ノイズを考慮してサイズを選定する必要がある。

高感度化のためには変換ゲインを大きくする必要があるが,浮遊拡散層での完全転送を満たすことができる電圧の変化の範囲が制限されているので,変換ゲインを高くすると,完全転送可能な最大の電子数に制約が生じ,ダイナミックレンジの低下を招く。例えば,$C_{FD} = 3.2\,\text{fF}$,$G_{SF} = 0.8$ であれば,変換ゲインは,$G_c = 40\,\mu\text{V}/\text{e}^-$ となり,浮遊拡散層の最大電圧振幅を 1 V とすれば,飽和電子数は $1\,\text{V} \times G_{SF}/G_c = 20\,000$ である。

3.1.3 画素デバイスと回路

〔1〕 パッシブピクセルとアクティブピクセル　　CMOS イメージセンサ

は，読出し方式上の分類からは，XY アドレッシング方式のイメージセンサである。XY アドレッシング方式のイメージセンサとして最初に実用化された方式は，図 3.16 に示すパッシブピクセル MOS 形イメージセンサである。各画素は，フォトダイオードと読出し選択用 MOS トランジスタ 1 個から構成され，非常にシンプルな構成となっている。垂直シフトレジスタから与えられる行選択信号で 1 行分が選択され，フォトダイオードで蓄積された電荷が垂直信号線に流れだす。これを水平シフトレジスタから与えられた列選択信号により，画素選択がなされて，出力の負荷抵抗に信号電流が流れ出す。垂直走査と水平走査によって順次選択を行い，二次元画像を一次元時系列信号として読み出す。出力では，抵抗に流れる過渡電流により発生する電圧変化を取り出す。抵抗に電荷が流れて放電することにより，電荷の初期化の役割も果たす。このような MOS トランジスタで分離されたソース領域に形成したフォトダイオードでの蓄積動作は，半導体での蓄積撮像として，Weckler によって初めて実証された[4]。なお，電荷の検出方式としては，抵抗負荷の代わりに，3.1.2 項で説明したように，容量とスイッチを用いることもできる。また，それらを列ご

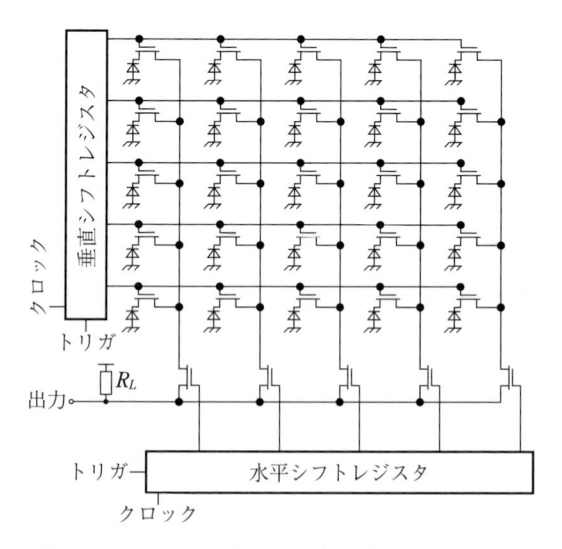

図 3.16 パッシブピクセル MOS 形イメージセンサ

とに設けて電圧信号に変換し,水平走査は電圧信号に対して行う方法もある。

このようなパッシブピクセルMOS形イメージセンサでは,微弱な信号電荷を,大きな寄生容量をもつ垂直,水平信号線に直接流すため,熱ノイズ($\overline{Q_n^2} = k_B TC$;3.2.4項参照)の影響により,ノイズレベルが高いという問題があった。しかし,製造は比較的容易であり,CCDイメージセンサよりも先に実用化されたが,CCDイメージセンサの性能が改善されるに従って使われなくなった。

信号電荷を直接読み出すパッシブピクセル形に対して,画素内でデバイスや回路を用いて増幅機能を持たせるのが,アクティブピクセル形イメージセンサである。これも歴史的にはCCDイメージセンサよりも古く,1968年には,最初の試作例が報告されている[5]。また,イメージセンサの感度改善を目的として,歴史的には,さまざまな原理のアクティブピクセル形イメージセンサが開発されてきた[6]。**図3.17**は,画素内に,リセット,画素選択,増幅のための三つのトランジスタをもつアクティブピクセル(3Tr.)MOS形イメージセンサを示している。この方式の特徴は,画素内の微小な容量により,光で発生した電荷を蓄積することで高い感度(電荷-電圧変換利得)を持つことと,微弱な光電荷を直接読み出すのではなく,その信号に比例したトランジスタによる大きな電流を読み出すことで,パッシブピクセル形のもつ熱ノイズの問題を軽減できることである。

この方式が実用になったのは,CMOSイメージセンサが注目されるようになった1990年代に入ってからである。その背景は,携帯電話用のイメージセンサとして,低消費電力で低価格のイメージセンサが必要とされるようになったが,その点でCCDイメージセンサよりも適していたためである。なお,このようなアクティブピクセル形イメージセンサも,CMOSイメージセンサと呼ばれている。CMOS(complementary MOS)とは,nチャネルとpチャネルのMOSトランジスタを組み合わせた相補的動作を行う低消費電力のロジック回路方式であるが,集積回路の製造技術として,nチャネルとpチャネルの両方のMOSトランジスタを形成する工程を有する技術もCMOSと呼んでい

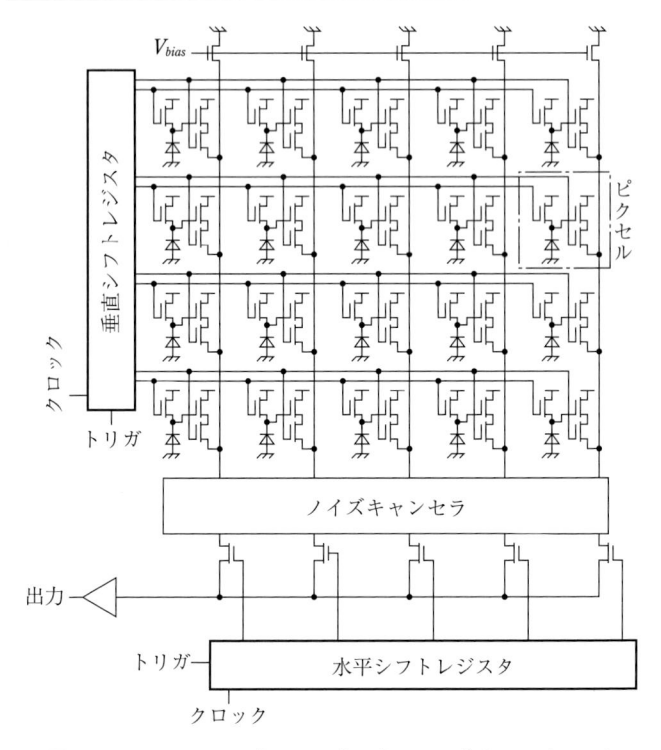

図3.17 アクティブピクセル（3Tr.）MOS形イメージセンサ

る．図3.17の画素部は，nチャネルのMOSトランジスタしか使われていないが，周辺回路にはCMOS回路が使用されており，集積回路の製造技術として成熟したCMOS技術で実現されている．

パッシブピクセル形と比較すれば，ノイズ性能として図3.17のアクティブピクセル方式は，有利であるもの，CCDイメージセンサに匹敵，あるいはそれを上回る低ノイズの性能を実現するうえでは十分ではない．まず，フォトダイオード部が直接，増幅用MOSトランジスタに接続されているため，フォトダイオードに金属配線を接続するための高濃度の拡散層と，金属とのコンタクトを形成しなければならないため，暗電流を低減するために必要な埋込み構造を取ることができないので，空乏層がSi-SiO_2界面に接触する面積が大きくなり，暗電流を小さくできない．また，電荷転送動作を用いないため，kTCノイ

ズを除去することができない†。さらに，フォトダイオードのカソードを電荷 – 電圧変換のための浮遊拡散層としても用いるため，高感度化のためフォトダイオードの面積を大きくすると，寄生容量が増え，変換ゲインを高くすることができない。

CMOSイメージセンサが低ノイズのイメージセンサとして，注目されるようになったのは，光電変換，蓄積部と電荷検出部とを分離し，1段の電荷転送動作を取り入れたアクティブピクセル方式の提案がなされたことによる[7]。その最初の方式は，フォトゲートと呼ばれる光検出デバイスを用いた電荷転送形アクティブピクセルセンサである[7]。この方式は，表面チャネルで蓄積することによる暗電流の問題などで，広く実用されるには至らなかったが，これにより，イメージセンサの主要なノイズ成分である kTC ノイズや，トランジスタ特性のばらつきによる固定パターンノイズがキャンセルできること，また浮遊拡散層を分離できることによる高感度といった本質的な改善がなされ，CMOSイメージセンサが大きく注目されるようになった。しかし，つぎに述べる埋込みフォトダイオードを用いた電荷転送形アクティブピクセルセンサが提案され[8]，低ノイズ・高画質のCMOSイメージセンサとして，この方式に集約されることになる。

〔2〕 埋込みフォトダイオード　図3.18に埋込みフォトダイオードを用いたCMOSイメージセンサの画素構造例を示す。フォトダイオードの表面に，基板と同じp形の半導体層を形成し，サンドイッチ構造とし，n形領域に蓄積される電子を転送ゲートを介して，浮遊拡散層に転送する。このような構造は，埋込みフォトダイオード（buried photo diode）あるいはピン止めフォトダイオード（pinned photo dioede）と呼ばれる。HAD（hole accmulation diode）という呼び方もある。これは，もともとIT形CCDイメージセンサのフォトダイオードとして開発され，これがCMOSイメージセンサのフォトダイオードに適用され，画質が飛躍的に改善された。その重要な特徴として

---

† リセットレベルのみを先に読み出す特殊な方法により除去できる場合があるが，他のノイズ（アンプの $1/f$ ノイズなど）が増えるなどの問題がある。

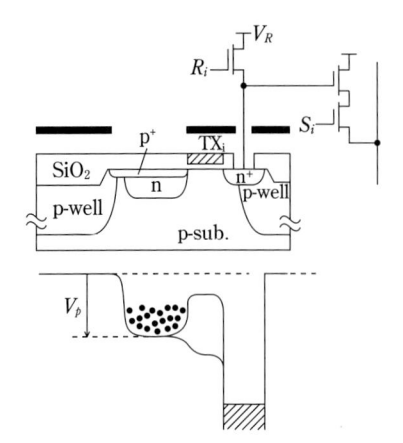

図 3.18 埋込みフォトダイオードを用いた CMOS イメージセンサの画素構造例

① 暗電流の低減
② Si-SiO_2 界面にトラップされる電子による残像やノイズの低減
③ サンドイッチ構造による蓄積電子密度の向上と，基板への深い空乏層形成の両立

があげられる．

　暗電流の低減に関しては，埋込み構造により，フォトダイオードの空乏層が半導体表面に接触する面積を少なくでき，Si-SiO_2 界面準位で発生する暗電流を大きく低減できることによる．これについては，3.2.2 項の暗電流ノイズで説明する．Si-SiO_2 界面トラップによる残像やノイズは，発生した光電子が，Si-SiO_2 界面に接触しながら蓄積されると，その一部が界面準位にトラップされ，これが浮遊拡散層に電荷転送を行う場合に，ただちにトラップから放出されず，ゆっくりとランダムに放出されるため，次のフレームの電荷に加わることによる．これが残像を引き起こし，またその量はランダムであるためノイズにもなる．埋込み構造により電子の蓄積層が半導体のバルク中になるため，光電子が Si-SiO_2 界面準位でトラップされないので，この問題が解決される．

　イメージセンサの暗電流を表面にホールを蓄積することによって低減する構造については，埋込みチャネル CCD イメージセンサにおいて，ゲートに加える負電圧を増やしたとき，ある負電圧以上で急激に暗電流が低減する現象が見

いだされたことに端を発している[9), 10)]。これは，ゲートの負電圧を増やしていくとチャネルの表面に，周辺のp形層からホールが注入され，表面電位が基板電位に固定され（ピン止めされ），同時に界面トラップがホールで埋められ，トラップからの電子の発生確率がきわめて少なくなるためである。なお，埋込みダイオードがピン止めダイオードと呼ばれるのは，もともとは埋込みチャネルCCDにおけるこのような現象からくるものであるが，表面にp形半導体層を形成し，n形領域の電子の蓄積状態にかかわらず，半導体表面の電位を基板電位に固定する場合もピン止めダイオードと呼んでいる。表面にp形半導体層を形成して暗電流を低減する構造は，仮想フェーズ（virtual phase）CCDイメージセンサにおける，電極の一部をpn接合ダイオードで置き換えた構造[11)]，およびIT形CCDイメージセンサのフォトダイオードにおいて，残像および暗電流を低減する構造として最初に発表されている[12)]。

サンドイッチ構造による蓄積電子密度の向上と基板への深い空乏層形成の両立は，表面の高濃度p形層と比較的高濃度の埋込みn形層のpn接合により，大きな静電容量を実現できることによる。埋込みフォトダイオードにおいて，表面のp形層，埋込みn形層，基板のp形層の不純物濃度をそれぞれN_{a1}，N_d，N_{a2}とし，$N_{a1}, N_d \gg N_{a2}$とした場合，空乏化電位V_pは

$$V_d \simeq \frac{q}{\varepsilon_0 \varepsilon_s} x_n^2 N_d \left(1 + \frac{N_d}{N_{a1}}\right) \tag{3.27}$$

で表される。

また，蓄積される最大の電子面密度n_sは次式で与えられる。

$$n_s \simeq N_d(x_n - x_{dn0}) \tag{3.28}$$

ここで，x_n：n形領域の幅，x_{dn0}：n形領域の中央部の電位が，表面側のpn接合の拡散電位と等しいときのn形領域の表面側からの空乏層幅

式（3.27）は，表面形ダイオードにおける式（3.21）と似ているが，重要な違いはN_d/N_{a1}の項である。表面形の場合，この項がn形領域と基板濃度との比であるため，基板側に空乏層を広げようと基板濃度を低くすると，それによって空乏化電位を高くしないと十分な電子をためることができず，電荷転送

において問題が生じる．埋込み構造の場合は，表面側のpn接合の不純物濃度比で決まるため，N_d/N_{a1}は十分小さい値とすることができるので，表面側のpn接合による大きな静電容量で十分な蓄積電荷密度を実現しながら，基板濃度を低くし，基板の深さ方向に空乏層を十分に広げることができる．また，空乏化電位も大きくしなくてもすむ．電子の蓄積密度を高くすることは，画素サイズが縮小されると十分な飽和電子数を得るのが困難になるのできわめて重要である．なお，図3.18はp形基板を用いた構造の例を示しているが，最近では長波長の光による画素間クロストークの低減や暗電流のさらなる低減を目的として，n形基板を用いることが多い．

〔3〕 **多画素化のための回路共有**　図3.18は，四つのトランジスタで構成されているが，画素サイズの縮小を考えると，CCDイメージセンサに対して不利である．そこで，**図3.19**に示すように，フォトダイオードとトランスファゲート以外を，例えば4画素でトランジスタを共有した画素構成が用いられる．この場合，4画素が6個のトランジスタで構成されるため，1画素換算では1.5個となる．IT形CCDイメージセンサでは，1画素が1個のフォトダイオードと，転送ゲートおよび3～4枚の電極で構成されることから考えて，画素サイズを縮小するうえでCMOSイメージセンサが不利にはならなくなり，CMOS微細加工技術の進展と相まって，現在は，画素サイズの微細化でもCMOSイメージセンサが先行している．

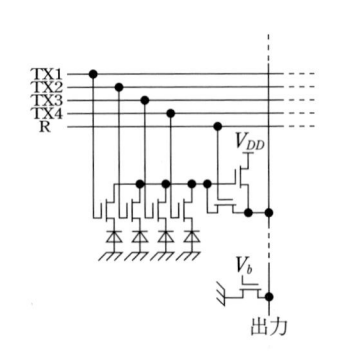

図3.19　4画素でトランジスタを共有した画素構成

図 3.20 に，埋込みフォトダイオードを用いた CMOS イメージセンサの画素サイズの進展の状況を示す。2004 年における大きな進展はトランジスタ共有技術の導入による[13)〜15)]。2007 年には，1.4 μm 角まで縮小されている。

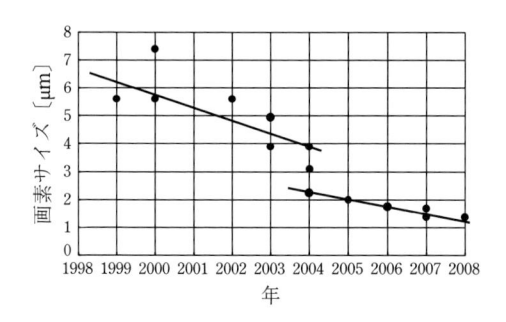

図 3.20 埋込みフォトダイオードを用いた CMOS イメージセンサの画素サイズの進展

3.2 撮像デバイスのノイズ

3.2.1 光子ショットノイズ

イメージセンサの撮像面に到来する毎秒の光子数や，光子を受けて発生する光電子の数は，揺らぎを持っている。つまり，光子 100 個に相当する明るさといっても，つねに，100 個の光子が到来しているとはかぎらず，確率的に 90 個の場合も 110 個の場合もありうる。光子が，たがいに影響を及ぼさずに発生している場合には（つまりたがいに独立であれば），単位時間に到来する光子の数が n 個である確率は，次式のポアソン（Poisson）分布 $P(n)$ に従う。

$$P(n) = \frac{\overline{n}^n \exp(-\overline{n})}{n!} \tag{3.29}$$

ここで，$\overline{n}$：n の平均値

ポアソン分布では，分散が平均値 $\overline{n}$ に等しいという性質から，光子の数の揺らぎの大きさ（標準偏差 σ_n）は，$\sigma_n = \sqrt{\overline{n}}$ となる。このような光子を受けて，フォトダイオードに蓄積される電子もポアソン分布に従う。フォトダイオードに蓄積される電子数の揺らぎは，ノイズとして観測され，ショットノイ

ズと呼ばれる。ショットノイズは，蓄積電子数の平方根に比例することから，蓄積電子数が大きくなる（つまり信号が大きくなる）に従って増える。しかし，信号とノイズの比（SN 比）で考えれば

$$\mathrm{SN比} = \frac{信号電子数}{ノイズ電子数} = \frac{\overline{n}}{\sqrt{\overline{n}}} = \sqrt{\overline{n}} \tag{3.30}$$

となり，信号電子数が増えるに従って，SN 比が大きくなり，イメージセンサよって得た画像として鑑賞した場合，ある程度信号電子数が大きくなると，ノイズとして認識されなくなる。光子ショットノイズが問題になるのは，全体として少ない光子数で構成された画像を高いゲインで増幅して鑑賞するような微弱光でのイメージングの場合である。

3.2.2 暗電流ノイズ

暗電流は，文字どおり光が入射しない状態で流れる電流である。その大きさは，画素ごとにまちまちであり，画像として観測した場合，その暗電流のむらは，固定パターンノイズ（fixed pattern noise：FPN）として観測される。暗電流で発生し，蓄積される電子は，統計的にはポアソン分布に従い，ショットノイズとして振る舞う。すなわち，蓄積される暗電流による電子数を N_d として，$\sqrt{N_d}$ に相当する時間的にランダムなノイズが発生し，暗電流ショットノイズと呼ばれる。

暗電流の発生原因としては，pn 接合の場合は，逆バイアス下での少数キャリヤの拡散電流，バルク中での発生電流，表面（Si-SiO$_2$ 界面）での発生電流がある。少数キャリヤの拡散電流としては，電子を蓄積するフォトダイオードの場合は，p 形基板からの電子の拡散電流が暗電流となる。その電流密度 J_{diff} は次式で表される。

$$J_{diff} = \frac{qD_n n_p}{L_n} \tag{3.31}$$

ここで，D_n, L_n：電子の拡散係数，拡散長，n_p：基板の少数キャリヤ密度 基板の不純物濃度を N_a，真性キャリヤ密度を n_i として，$n_p = n_i^2 / N_a$ である

ので，拡散電流は，真性キャリヤ密度の2乗に比例する。

発生電流としては，イメージセンサでは表面発生電流が問題となりやすい。表面からの発生電流密度 J_{gen} は，表面発生率を U_s として

$$J_{gen} = qU_s \tag{3.32}$$

と表される。空乏層からの表面発生電流がある場合には，通常の温度範囲では，拡散電流に比べて支配的になり，イメージセンサの暗電流ノイズの主要因になる。空乏層からの表面発生率 U_s は，表面発生速度を S_0 として

$$U_s = \frac{S_0 n_i}{2} \tag{3.33}$$

と表され，表面がホールで満たされている場合には次式となる。

$$U_s = \frac{S_0 n_i^2}{p_s} \tag{3.34}$$

ここで，p_s：半導体表面でのホール密度

これらは，発生再結合に関するショックレー・リード・ホール（Schockley-Read-Hall）の理論から，空乏層の場合は，$n_i \gg p_s, n_s$，ホール蓄積の場合は，$p_s \gg n_i, n_s$，$p_s n_s \gg n_i^2$ の条件を用いて導くことができる[16]。空乏層とホール蓄積の場合を比べると，ホール蓄積によって n_i/p_s のファクタで発生電流を低減できることがわかる。例えば，ホール密度を $10^{17}\,\mathrm{cm}^{-3}$ まで高めれば，空乏化している場合に比べて約 $1/10^7$ に低減できることになる。これが埋込みフォトダイオードの効果である。

真性キャリヤ密度 n_i は，絶対温度 T に対し，次式の依存性をもつ。

$$n_i^2 \propto T^3 \exp\left(\frac{-E_g}{k_B T}\right) \tag{3.35}$$

これが暗電流の温度依存性を決める。特に，T^3 よりも指数関数のほうが T に対する変化が大きいので，指数関数的に変化する。拡散電流および表面にホールが蓄積された場合の表面発生電流は式（3.34）より $\exp(-E_g/k_B T)$ に比例する。一方，空乏層からの表面発生電流は，式（3.33）より $\exp(-E_g/2k_B T)$ に比例する。一般には，温度依存性は，$\exp(-E_a/k_B T)$ とおいて，E_a を

活性化エネルギーと呼び，シリコンの空乏層からの表面発生電流では，$E_a = E_g/2 = 0.56\,\mathrm{eV}$，拡散電流およびホール蓄積された表面発生電流では，$E_a = E_g = 1.12\,\mathrm{eV}$ となるので，暗電流の温度特性を調べて，活性化エネルギーを求めることで，暗電流の発生要因を調べることができる．

なお，暗電流は，温度に大きく依存するため，高温動作が要求される自動車搭載用イメージセンサでは特に大きな問題となる．一方，計測用途などおいて，イメージセンサを冷却することができる場合には，非常に長時間の蓄積でも問題とならないレベルまで低減できる．例えば $E_a = 0.56\,\mathrm{eV}$ の場合，常温(27℃) に対して，80℃では約30倍になり，-50℃では約1/2700になる．

3.2.3 熱ノイズ

抵抗体内の自由電子は，熱エネルギー $k_B T$ (k_B は，ボルツマン定数 ($=1.38 \times 10^{-23}\,\mathrm{J/K}$)，$T$ は絶対温度) により，絶えず不規則に運動している．熱ノイズは，このような抵抗体内の電子の不規則な運動によって発生するノイズであり，抵抗値 R の抵抗の熱ノイズの平均2乗電圧 $\overline{v_n^2}$ は，次式で与えられる．

$$\overline{v_n^2} = 4k_B T R \Delta f \tag{3.36}$$

ここで，Δf：周波数帯域幅

この関係式は，ジョンソン (John B. Johnson) によって実験的に示され，またナイキスト (Harry Nyqust) によって理論的に導かれたので，熱ノイズはジョンソン・ナイキストノイズとも呼ばれる．熱ノイズは，周波数スペクトルが平坦であり，白色ノイズである．熱ノイズの電力スペクトル密度 (power spectral density：PSD) S_{nt} は次式で表される．

$$S_{nt} = \frac{\overline{v_n^2}}{\Delta f} = 4k_B T R \tag{3.37}$$

これが本来の電力スペクトル密度〔W/Hz〕と等しくなるためには，抵抗値は1Ωでなければならないが，便宜上単位周波数当りの2乗電圧〔V^2/Hz〕を電力スペクトル密度と呼ぶことにする．

イメージセンサを構成する素子として用いられるMOSFETの熱ノイズは，

線形領域と飽和領域では異なり，線形領域でドレーン - ソース間の電圧差がほぼゼロの場合，熱ノイズの PSDS_{nt} は次式で与えられる．

$$S_{nt} = \frac{4k_B T}{g_d} \tag{3.38}$$

ここで，g_d：ドレーン - ソース間で測ったコンダクタンス

$1/g_d$ は，MOSFET をアナログ回路の中でスイッチとして用いたときのオン抵抗を意味し，式 (3.38) は式 (3.37) と等価である．

MOSFET を飽和領域で動作させた場合の熱ノイズは，チャネル内のキャリヤ濃度分布が一定でなくなることから，線形領域とは異なり，S_{nt} は次式のように表される．

$$S_{nt} = \frac{4\xi k_B T}{g_m} \tag{3.39}$$

ここで，ξ：過剰ノイズ係数，g_m：MOSFET が飽和領域で動作する場合の相互コンダクタンス（線形領域での g_d と同じ）

MOSFET のチャネル長がおよそ $2\,\mu\mathrm{m}$ 以上の場合は $\xi = 2/3$ となる．飽和領域では，チャネル長が短くなると過剰ノイズ係数が大きくなり，特にチャネル長が $1\,\mu\mathrm{m}$ 以下ではチャネル長の減少に伴って急激に大きくなる[17]．

なお，熱ノイズの周波数スペクトルが平坦であるのは，およそ $10^{13}\,\mathrm{Hz}$ までである．その周波数 ν にプランク定数 h をかけた $h\nu$ が $k_B T$ に近くなると[†]，量子力学的な効果が現れ，この周波数を超えた領域では，ショットノイズとして振る舞い，ノイズスペクトルは周波数に対して比例的に増加する．

抵抗が発生する熱ノイズが，キャパシタ C が接続された回路（**図 3.21**）で観測されるとき，RC 回路の周波数特性で帯域制限がなされてノイズ振幅が決

図 3.21 一次 RC 低域通過フィルタで帯域制限された熱ノイズ

[†] $h\nu = k_B T$ となる周波数は，常温では $6 \times 10^{12}\,\mathrm{Hz}$ である．

まる。実際の回路では，このように帯域制限されて熱ノイズが観測される。
RC回路の伝達関数$H(s)$は

$$H(s) = \frac{1}{1+sCR} = \frac{\omega_c}{s+\omega_c} \tag{3.40}$$

ここで，$\omega_c = 1/CR$，$s = j\omega$とおいて，その絶対値の2乗を求めると

$$|H(j\omega)|^2 = H(j\omega)H^*(j\omega) = \frac{\omega_c^2}{\omega^2 + \omega_c^2} \tag{3.41}$$

となる。

式 (3.41) の伝達関数を用いるとRC回路を介して観測されるノイズの平均2乗電圧$\overline{v_{nC}^2}$は

$$\overline{v_{nC}^2} = \int_0^\infty S_{nt} \frac{\omega_c^2}{\omega^2 + \omega_c^2} df \tag{3.42}$$

により求められる。これを式 (3.37) を用いて計算すると

$$\overline{v_{nC}^2} = S_{nt} \frac{\omega_c}{4} = \frac{S_{nt}}{4CR} = \frac{k_B T}{C} \tag{3.43}$$

が得られる。これは，熱ノイズが温度とキャパシタの値だけできまることを意味する。$f_n = 1/4CR$はノイズ帯域幅と呼ばれ，平均2乗電圧が，$S_{nt}f_n$と表されることから，f_nはPSDがf_nまでフラットで，それ以降は0となると考えたときの帯域を意味する。回路ノイズを計算する際には，$S_{nt}\omega_c/4 = k_B T R \omega_c$の表現のほうが便利である。

3.2.4 リセットノイズ（kTCノイズ）

キャパシタで帯域制限されたノイズにおいて，キャパシタの両端での平均2乗ノイズ電圧は，$k_B T/C$と求められた。図3.22に示すように，浮遊拡散層に信号電荷を転送して，電荷検出を行う際，この浮遊拡散層をまず参照電圧にリセットする。このとき，浮遊拡散層の電位は，リセット用トランジスタの熱ノイズにより揺らぎ，リセットトランジスタをオフにした際に，このノイズが電荷としてサンプルされる。電荷としてのノイズは，その平均2乗電荷として

図3.22 リセットノイズ発生の原理

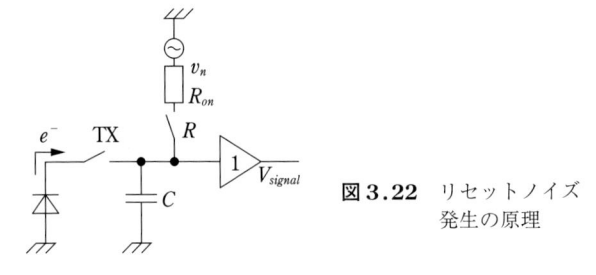

$$\overline{Q_n^2} = \overline{v_{nc}^2}\,C^2 = k_B TC \tag{3.44}$$

と表される。これをリセットノイズまたは kTC ノイズと呼ぶ†。

リセットノイズは，後で述べる相関2重サンプリングと呼ばれる処理によりキャンセルすることができるが，これをキャンセルしなかった場合，相当に大きなノイズが発生する。リセットノイズを等価ノイズ電子数 n_r で表すと

$$n_r = \frac{\sqrt{k_B TC}}{q} \tag{3.45}$$

である。例えば，$C=5\,\mathrm{fF}$ の場合，リセットノイズは，約28電子に相当する。

リセットノイズは，MOS トランジスタのサブスレショルド領域を経由してリセットを行うと，平均2乗電荷が $k_B TC/2$ となり，ノイズ電子数を $1/\sqrt{2}$ にすることができる。このようなリセットはソフトリセット（soft resetting）とも呼ばれる。ただし，サブスレショルド領域でリセットを行うと，一つ前の信号の影響が残り，残像などの原因となるため，いったん，線形領域で浮遊拡散層を参照電位に接続したのちに，サブスレショルド領域を経由してリセットを行う。

3.2.5 固定パターンノイズ

CMOS イメージセンサで最も発生しやすい固定パターンノイズは，画素内のソースフォロワによるものである。図3.15のソースフォロワにおいて，入

---

† 電圧として観測すると $\overline{v_{nc}^2} = kT/C$ となり，kT/C ノイズと呼ばれることもあるが，特に，イメージセンサの浮遊拡散層にサンプルされる熱ノイズは，信号電荷と比べやすくするため電荷のノイズとして表し，$\overline{Q_n^2} = k_B TC$ より kTC ノイズと呼ばれる。

力 v_{in} と出力 v_{out} の関係は，次式のように表される．

$$v_{out} = v_{in} - V_{TH} - \sqrt{\frac{2I_d}{\beta_n(W/L)}} \qquad (3.46)$$

ここで，V_{TH}, β_n, I_d：それぞれソースフォロワの画素内の入力トランジスタのしきい値電圧，トランスコンダクタンス係数，ドレーン電流

右辺第三項は，オーバドライブ電圧と呼ばれ，ゲートにしきい値電圧を超えてどれだけ大きな電圧を加えているかを示す．ソースフォロワの出力電圧は，入力電圧の変化に追従するが，しきい値電圧とオーバドライブ電圧の和に相当する電圧分だけ低い側にシフトした電圧として現れる．したがって，画素内のトランジスタの特性，特にしきい値電圧，オーバドライブ電圧に関係するキャリヤ移動度，チャネル長 L, チャネル幅 W のばらつきがあると，そのシフト電圧がばらつき，それがそのまま読み出されると，画像にノイズとして現れる．それらは時間的に変化しないので，画像として固定したノイズであり，固定パターンノイズと呼ばれる．固定パターンノイズは，相関 2 重サンプリング処理（3.2.6 項）により取り除くことができる．

3.2.6 読出し回路ノイズ

〔1〕 回路ノイズの発生源　　浮遊拡散層で電圧変化として取り出された信号は，まずソースフォロワを介して電圧として読み出される．CMOS イメージセンサの場合，それ以降ディジタル信号に変換されるまで，図 **3.23** に示すように，ノイズキャンセラ，出力バッファ回路，A-D 変換器の各回路でノイズが発生し，それらが信号に重畳する．画素ソースフォロワ，ノイズキャ

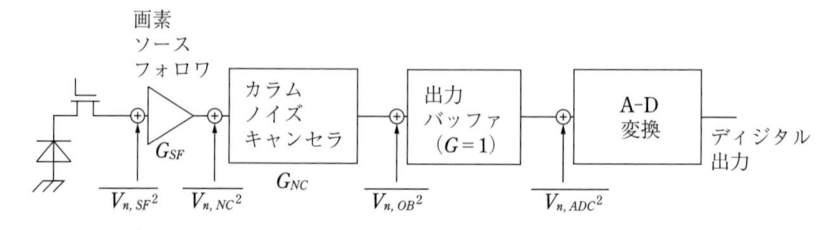

図 3.23　回路ノイズの発生源

ンセラ，出力バッファ回路，A-D変換の各回路の平均2乗ノイズ電圧を $\overline{v_{n,SF}^2}$, $\overline{v_{n,NC}^2}$, $\overline{v_{n,OB}^2}$, $\overline{v_{n,ADC}^2}$ とし，ノイズキャンセラのゲインを G_{NC}，出力バッファのゲインを1とすると，すべてのノイズからなる入力換算での平均2乗ノイズ電圧 $\overline{V_{n,in}^2}$ は，次式のように表される．

$$\overline{V_{n,in}^2} = \overline{V_{n,SF}^2} + \frac{\overline{V_{n,NC}^2}}{G_{SF}^2} + \frac{\overline{V_{n,OB}^2} + \overline{V_{n,ADC}^2}}{G_{SF}^2 G_{NC}^2} \tag{3.47}$$

もし $G_{NC} \gg 1$ であれば，出力バッファ以降のノイズの影響を小さくすることができる．この特徴を活用するために，低ノイズのCMOSイメージセンサでは，カラムのノイズキャンセラに，高い利得を持たせた回路がよく使われる．その場合の入力換算ノイズ $\overline{V_{n,in}^2}$ は

$$\overline{V_{n,in}^2} \simeq \overline{V_{n,SF}^2} + \frac{\overline{V_{n,NC}^2}}{G_{SF}^2} \tag{3.48}$$

と表される．実際には，ソースフォロワのノイズは，ノイズキャンセラの特性の影響を受ける．ソースフォロワで発生するノイズとノイズキャンセラで発生するノイズを比較すると，画素内では，非常に小さいトランジスタを用いることから，ソースフォロワが発生するノイズが支配的になる．

〔2〕 **ソースフォロワの熱ノイズ**　ソースフォロワノイズが大きくなる原因として，入力に浮遊状態の微小容量が接続されることによってソースフォロワのノイズが増幅される効果がある．

ソースフォロワノイズ利得ファクタを計算する回路を**図3.24**（a）に，そ

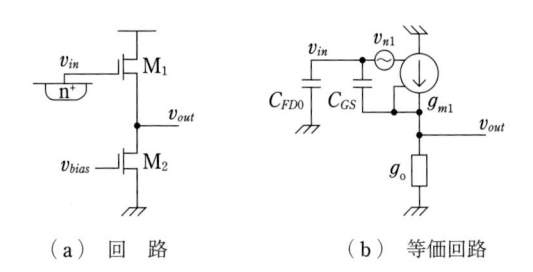

（a）回　路　　　　（b）等価回路

図3.24　ソースフォロワノイズ利得ファクタを計算する回路とその等価回路

の等価回路を図（b）に示す。入力トランジスタ M_1 のゲート－ソース間容量を介した正帰還効果により，そのトランジスタのノイズが増幅される。ゲート－ソース間容量を C_{GS}，入力に寄生する C_{GS} 以外の容量を C_{FD0} とすると，出力電圧 V_o に対して，C_{GS} と C_{FD0} で分圧された電圧が入力に帰還されることがわかる。その分圧による帰還率 β_{SF} は

$$\beta_{SF} = \frac{C_{GS}}{C_{GS} + C_{FD0}} \tag{3.49}$$

である。図 3.24（b）の等価回路は，利得 G_{SF} と，帰還率 β_{SF} を用いて**図 3.25** のように表すことができ，これより，ノイズ源 v_n に対する利得は F_{SF} は

$$F_{SF} = \frac{G_{SF}}{1 - \beta_{SF} G_{SF}} \tag{3.50}$$

となる。ソースフォロワの利得および帰還率が 1 に近ければ，ノイズ源に対して非常に大きな利得をもつことになる。

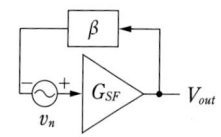

図 3.25 ソースフォロワノイズ利得ファクタを計算する等価回路

このことを考慮して，入力トランジスタのノイズと出力電圧の関係，すなわちノイズに対する伝達関数 $H_{SF}(s)$ は次式のように求められる。

$$H_{SF}(s) = F_{SF} \frac{1}{1 + s/\omega_{c,SF}} \tag{3.51}$$

ここで

$$\omega_{c,SF} = \frac{g_{m1}}{C_s F_{SF}} \tag{3.52}$$

は，ソースフォロワ回路の帯域を表すカットオフ角周波数である。ただし，$C_{FD0}, C_{GS} \ll C_s$ とする。容量で帯域制限された抵抗の熱ノイズと同様に式（3.39）および式（3.43）を用いて，ソースフォロワ出力における平均 2 乗電圧 $\overline{v_{n,SF}^2}$ は次式のように表すことができる。

$$\overline{v_{n,SF}^2} = F_{SF}^2 \frac{\xi k_B T}{g_{m1}} \omega_{c,SF} \cong F_{SF} \xi \frac{k_B T}{C_s} \tag{3.53}$$

ただし，ソースフォロワの定電流源トランジスタで発生するノイズは，ここでは無視している。

〔3〕 **1/fノイズとRTSノイズ**　MOSトランジスタは，電流が半導体表面のチャネルを流れるため，チャネルの中の電子がSi-SiO$_2$界面やSiO$_2$中のトラップにランダムに捕獲され，またランダムに放出されることによってノイズを発生する。このようなトラップによる捕獲と放出によるノイズは，トランジスタのサイズが大きいときには，その電力スペクトル密度が周波数に反比例するノイズとして現れる。このようなノイズは1/fノイズまたはフリッカノイズと呼ばれる。

トラップによる捕獲と放出がもたらす1/fノイズの発生のメカニズムとしては，チャネル中のキャリヤ数が変調されることによるものと，チャネルの移動度が変調されることによるものとがあるが，微小なサイズのnチャネルMOSトランジスタでは，キャリヤ数変調の効果が支配的であるといわれている。

キャリヤ数の変調は，トラップによる電子の捕獲と放出により，しきい値電圧のフラットバンドシフトが発生することによるものと考えられている。つまり，半導体側のチャネル電荷，空乏層電荷，トラップによる電荷の絶対値の総和は，つねにゲート側の電荷と等しく，一定であるのでフラットバンドシフトは，直接チャネルの電子の電荷密度を変化させる。Si-SiO$_2$界面のトラップの電荷密度をQ_{it}とすると，フラットバンドシフトは，Q_{it}/C_{ox}となるが，1個のトラップのみによるフラットバンドシフトは，$Q_{it}=q/A_G$（A_G：ゲート面積）であるので，$q/A_G C_{ox}$となる。フラットバンドシフトによるしきい値電圧の変動は，ゲート電圧の変動と読み替えることができる。

キャリヤ数変調による1/fノイズS_{nf}は，ゲート入力でのノイズ電圧源としてのスペクトル密度として，次式のように表される[18]。

$$S_{nf} = \frac{q^2 N_{ot}}{C_{ox}^2 A_G} \frac{1}{f} = \frac{N_f}{f} \tag{3.54}$$

ここで，N_{ot}〔cm^{-2}〕：$1/f$ ノイズに寄与する実効的トラップ密度

この $1/f$ ノイズの係数 N_f の物理的な意味は以下のように解釈することができる。N_f は

$$N_f = \left(\frac{q}{A_G C_{ox}}\right)^2 A_G N_{ot} \tag{3.55}$$

であり，$A_G N_{ot}$ は，$1/f$ ノイズに寄与するチャネルのトラップの数に相当する。Si-SiO$_2$ 界面に存在する一つのトラップは，空の状態から電子を捕獲すると，$q/(A_G C_{ox})$ だけのフラットバンドシフトを発生する。ゲート入力のノイズ電圧源として考えれば，1個のトラップによるノイズ電力は，$(q/A_G C_{ox})^2$ に比例する。$A_G N_{ot}$ 個のトラップが，それぞれ独立であるとすれば，それらのノイズ電力の総和は，$(q/A_G C_{ox})^2 \times A_G N_{ot}$ に比例すると考えることができる。

$1/f$ ノイズは，トランジスタサイズ（A_G）が小さくなるほど大きくなるので，イメージセンサの画素ピッチが小さくなると問題となる。特に1個のトラップの寄与が支配的になる場合，RTS（random telegraph signal）ノイズと呼ばれる電信波形のような変動がドレーン電流にノイズとして現れる。図 **3.26** に，CMOS イメージセンサの画素出力に現われる RTS ノイズを示す。トラップに捕獲されるまでの時間を τ_c，放出されるまでの時間を τ_e として，図 (a) は，τ_c, τ_e がともに大きい場合，図 (b) は，τ_c が小さく τ_e が大きい場合を示している。RTS ノイズをソースフォロワ回路を介して観測したときの振幅は，入力側のトランジスタのしきい値電圧の変動が直接出力に現れることから，トラップによる捕獲と放出によるフラットバンド電圧の変動量 $q/A_G C_{ox}$ となる。ただし，これはチャネル内の不純物濃度が均一で，トラップが Si-SiO$_2$ 界面にあり，ソースフォロワの利得 G_{SF} が1の場合である。トランジスタが小さくなると，チャネル内の不純物濃度にばらつきが生じ，局所的に不純物濃度が高くなった微小領域があって，その領域が全体の特性を支配するようになると，微小の A_G による異常に大きな振幅の RTS ノイズが現れることが

(a) τ_c, τ_e：大

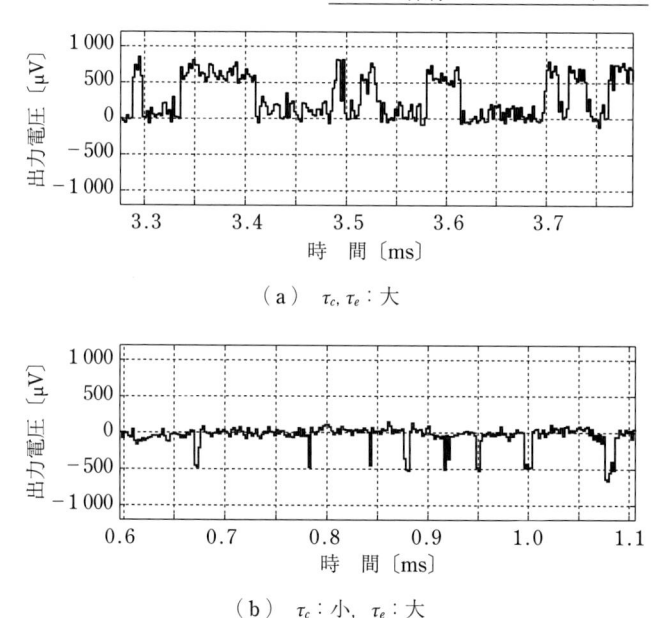

(b) τ_c：小, τ_e：大

図 3.26 ソースフォロワ出力で観測される RTS ノイズ

ある。

　顕著な RTS ノイズが現れない場合，ソースフォロワ出力には $1/f$ ノイズが観測される。**図 3.27** に RTS ノイズが現われない場合のソースフォロワ出力波形と，**図 3.28** に，FFT によって求めた図 3.26（a）と図 3.27 に対する周波数スペクトルを示す。

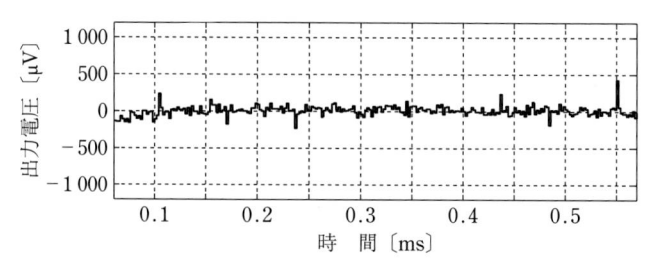

図 3.27 ソースフォロワ出力で観測されるノイズ（$1/f$ ノイズ）

　なお，RTS ノイズは，次式に示すローレンツ形スペクトル $S_n(f)$ をもつことが知られている[19]。

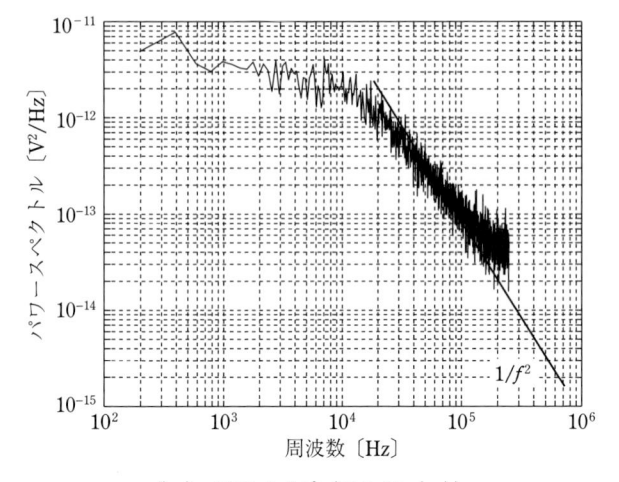

(a) RTSノイズ（図3.26（a））

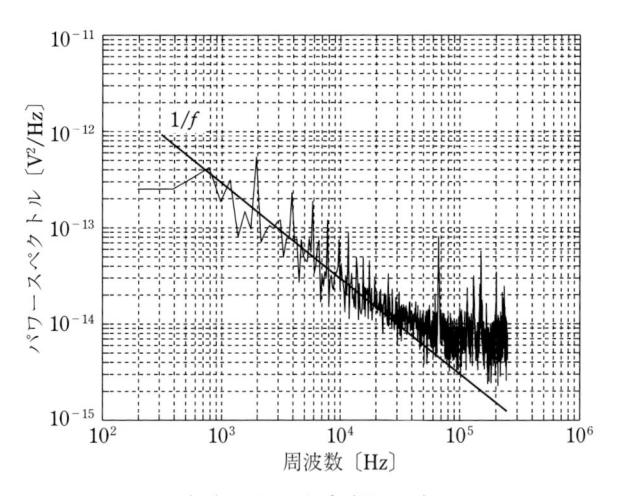

(b) 1/fノイズ（図3.27）

図3.28 ソースフォロワ出力で観測されるノイズの周波数スペクトル

$$S_n(f) = \frac{4\tau_a^2 \Delta V^2}{(\tau_c + \tau_e)\{1 + (2\pi f \tau_a)^2\}} \tag{3.56}$$

ここで

$$\frac{1}{\tau_a} = \frac{1}{\tau_c} + \frac{1}{\tau_e} \tag{3.57}$$

である。もし，$\tau_a = 0.5\tau_c = 0.5\tau_e$ であれば $S_n(f)$ は

$$S_n(f) = \frac{\tau_a \Delta V^2}{1 + (2\pi f \tau_a)^2} \tag{3.58}$$

と表すことができる。図 3.28 に示すように，$f \ll 1/2\pi\tau_a$ では平坦なスペクトルに，$f \gg 1/2\pi\tau_a$ では周波数の 2 乗に反比例して低下するスペクトルをもつ。

$1/f$ ノイズは，際立った RTS ノイズ波形として現れず，さまざまな τ_c, τ_e をもった RTS ノイズが，多数重なり合って生じていると考えられている。4 種類の τ_a をもった RTS ノイズにより $1/f$ ノイズスペクトルが発生する様子を **図 3.29** に示す。およそ $1/2\pi\tau_1$ から $1/2\pi\tau_4$ の周波数範囲で $1/f$ ノイズのスペクトルが現れることがわかる。

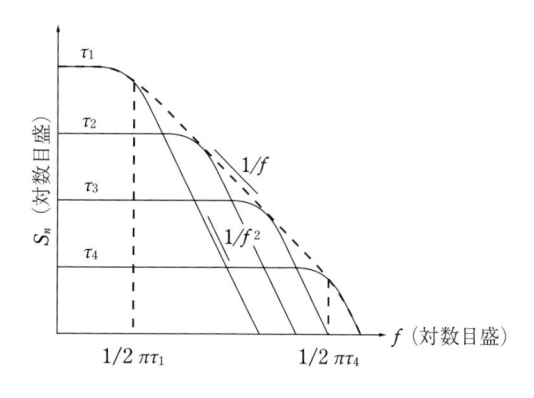

図 3.29 4 種類の τ_a をもった RTS ノイズによる $1/f$ ノイズスペクトル

〔4〕 **相関 2 重サンプリング（CDS）とノイズに対する応答** CMOS イメージセンサの画素内のソースフォロワ用トランジスタの特性のばらつきによって生じる固定パターンノイズ，および浮遊拡散層で発生するリセットノイズは，相関 2 重サンプリング（correlated double sampling：CDS）と呼ばれる処理によって除去可能である。**図 3.30**（a）に相関 2 重サンプリング回路の例を，図（b）に制御信号のタイミングおよび各部の動作波形を示す。

ある画素において，制御信号 S を高電位にして画素選択用トランジスタをオンし，ソースフォロワを介して読出しが行える状態になっているとする。まず，画素内の浮遊拡散層を制御信号 R を高い電位にしてリセットし，その後，

(a) 回路

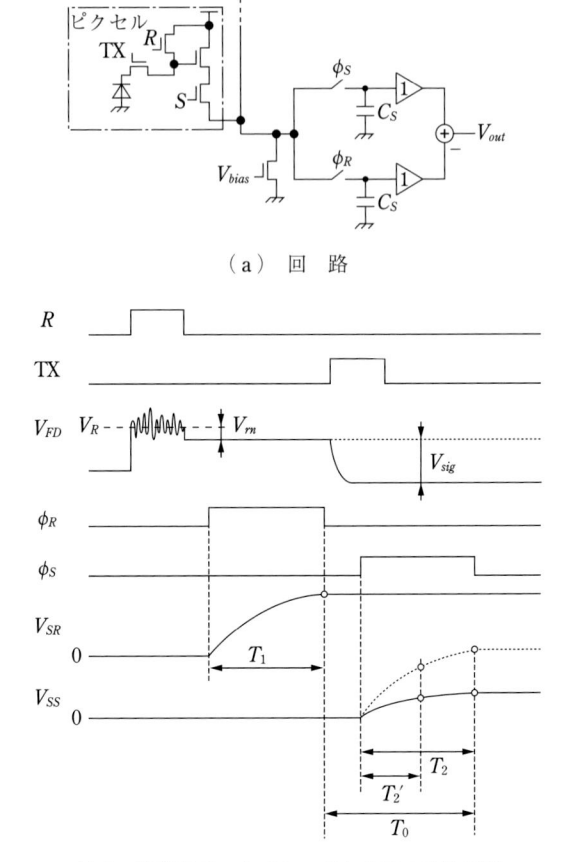

(b) 制御信号のタイミングと各部の動作波形

図 3.30 相関2重サンプリング回路

低い電位に戻してリセット用トランジスタをオフにした際に,浮遊拡散層にはリセットノイズが発生する.これを V_{rn} とする.このリセット時の電圧を,制御信号 ϕ_R によりキャパシタ C_s にサンプリングする.つぎに,制御信号 TX を高電位にして,フォトダイオードから電子を浮遊拡散層に転送する.このときの信号レベルを,制御信号 ϕ_S によりキャパシタ C_s にサンプリングする.二つのキャパシタにサンプリングされた電圧レベルの差を,その後の回路で求める.二つのキャパシタには同じ固定パターンノイズとリセットノイズが重畳し

ているので，この差を求める処理により，これらがキャンセルされる。このような処理において注意すべきは，両者に対するサンプリングの時間 T_1 と T_2 を等しくすることである。もし，例えば図（b）に示すように，信号レベルに対するサンプリング時間が，T'_2 のように短いと，キャンセル精度が悪くなる。CDS 後に残留するリセットノイズは

$$V_{rn}(\exp(-\omega_c T_1) - \exp(-\omega_c T_2)) \tag{3.59}$$

と表される[20]。ここで，ω_c は回路のカットオフ周波数である。固定パターンノイズについても同様である。CMOS イメージセンサの固定パターンノイズは，微小なサイズのトランジスタを画素内で使用することから，しきい値電圧のばらつきが大きく 100 mV に及ぶこともある。したがって，不完全なノイズキャンセルは固定パターンノイズのほうが深刻であり，回路を十分に応答させるとともに，T_1 と T_2 のバランスを取ることが必要である。

CDS 処理は，ソースフォロワが発生する熱ノイズや $1/f$ ノイズにも影響を及ぼす。熱ノイズについては，リセットレベル，レベル信号がキャパシタ C_s にサンプリングされる際，相関のないノイズとしてサンプリングされ，その差の演算が行われることによって，平均 2 乗ノイズ電圧が，式（3.53）の 2 倍になる。

$1/f$ ノイズに対する CDS 回路の応答は，やや複雑であるが，解析的に CDS 処理後の平均 2 乗ノイズ電圧を求めることができる。**図 3.31** に CDS 回路のモデルを示す。

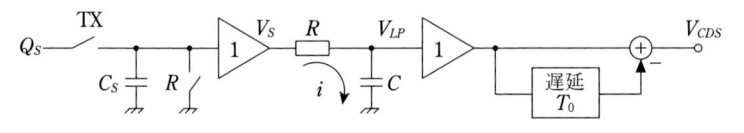

図 3.31 CDS 回路のモデル

これより

$$v_s(t) = CR\frac{dv_{LP}(t)}{dt} + v_{LP}(t) \tag{3.60}$$

$$v_{CDS}(t) = v_{LP}(t) - v_{LP}(t-T_0) \tag{3.61}$$

が得られる。これらにラプラス変換を適用して伝達関数 $V_{CDS}(s)$ を求めると

$$\begin{aligned} V_{CDS}(s) &= V_{LP}(s) - V_{LP}(s)\exp(-sT_0) \\ &= \frac{1}{1+sCR}[1-\exp(-sT_0)]V_s(s) \end{aligned} \tag{3.62}$$

となる。

$1/f$ ノイズのスペクトル S_{nf}

$$S_{nf} = \frac{N_f}{f} \tag{3.63}$$

に対して，式 (3.62) から得られる伝達関数を用いれば，CDS 回路を介して観測される $1/f$ ノイズの平均 2 乗電圧 $\overline{v_{nC}^2}$ は

$$\overline{v_{nC}^2} = N_f \int_0^\infty \frac{1}{f} \frac{\omega_c^2}{\omega^2+\omega_c^2} 4\sin^2\left(\frac{\omega T_0}{2}\right) df \tag{3.64}$$

と表される。ここで，$x=\omega T_0/2$，$x_c=\omega_c T_0/2$ とおくと

$$\overline{v_{nC}^2} = N_f \int_0^\infty \frac{1}{x} \frac{4\sin^2 x}{1+(x/x_c)^2} dx \tag{3.65}$$

となる。この x に関する積分は，次式のようになることが知られている[22), 24)]。

$$\int_0^\infty \frac{4\sin^2 x}{x\{1+(x/x_c)^2\}} dx = 2\left\{\gamma + \ln 2x_c + \int_0^\infty \frac{x\cos x}{x^2+(2x_c)^2} dx\right\} \tag{3.66}$$

ここで，γ は，オイラー定数であり，$\gamma=0.577\,215\cdots$である。

十分なセットリング精度を得るために，$\omega_c T_0>3$ 程度を用いた場合，式 (3.66) の第三項は無視しても大きな誤差は生じない。結果として，$1/f$ ノイズに対する有用な次式が得られる。

$$\overline{v_{nC}^2} \simeq 2N_f(\gamma + \ln \omega_c T_0) \tag{3.67}$$

図 3.32 に，式 (3.66) と式 (3.67) の比較を示す。式 (3.66) は，数値積分を用いている。およそ $\omega_c T_0>1$ 以上において，式 (3.67) は，厳密式に対するかなり良い近似になっていることがわかる。なお，R. J. Kansy は，別の方

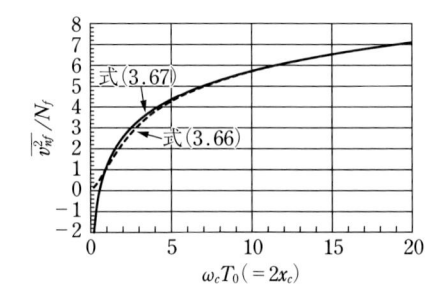

図 3.32 CDS 回路の $1/f$ ノイズに対する応答（式 (3.66) と式 (3.67) の比較)

法で $1/f$ ノイズに対する CDS 回路の応答を導いているが[21]，数値積分を行う必要がある．式 (3.67) は，$1/f$ ノイズの CDS 後の振幅を簡単に見積もるうえで有用である．

このように CDS は，ノイズ電力に対する伝達関数 $\sin^2(\omega T_0/2)$ によって，低域周波数成分を減衰させる効果があるため，$1/f$ ノイズの低減にも効果がある．

CMOS イメージセンサの画素ソースフォロワの出力に対して CDS を行ったときの平均 2 乗電圧 $\overline{v_{nC}^2}$ は，3.2.6 項で述べたノイズ源に対するゲイン F_{SF} を考慮する必要があり，次式で表される．

$$\overline{v_{nC}^2} \simeq 2 F_{SF}^2 N_f (\gamma + \ln \omega_{c,SF} T_0) \tag{3.68}$$

これを電子数 $\overline{N_{nf}}$ に換算すれば

$$\overline{N_{nf}} = \frac{\sqrt{\overline{v_{nC}^2}}}{G_c} = \frac{1}{G_n}\sqrt{2 N_f (\gamma + \ln \omega_{c,SF} T_0)} \tag{3.69}$$

ここで，G_n は

$$G_n = \frac{G_c}{F_{SF}} = \frac{q}{C_{FD0} + C_{GS}} \tag{3.70}$$

であるが，これはノイズに対する変換ゲインと考えることができる．

フリッカノイズ係数 N_f に着目すると，これは式 (3.54) より，C_{GS} に反比例すると考えることができる．ソースフォロワ出力の CDS 後のノイズを電子数に換算するときのゲインからは，C_{GS} を小さくするほうがよいが，小さくしすぎるとノイズに対するゲインは C_{FD0} で制限され，一方フリッカノイズ係数

が大きくなり，かえって，ノイズが大きくなる．すなわち，C_{FD0} と C_{GS} の間にはノイズを最小化する最適な関係が存在する．$\omega_{c,SF}T_{CDS}$ の項は，十分な応答精度を得るために，一定となるよう T_{CDS} によって制御されるものと考えると，式 (3.69) は，$C_{FD0} = C_{GS}$ の場合に最小になることがわかる．この条件は，ソースフォロワノイズを最小化するうえで，重要な設計指針である．

式 (3.54)，飽和領域で動作する MOS トランジスタでは $C_{GS} = (2/3)C_{ox}A_G$ であること，および $C_{FD0} = C_{GS}$ の条件を用いると，式 (3.69) は，次式のように表すことができる．

$$\overline{N_{nf}} = \frac{3}{4}\sqrt{2N_{ot}A_G(\gamma + \ln\omega_{c,SF}T_0)} \propto \sqrt{N_{ot}A_G} \tag{3.71}$$

$N_{ot}A_G$ は，$1/f$ ノイズに寄与する実効的なトラップの数であるので，$1/f$ ノイズの等価ノイズ電子数は，その平方根に比例することがわかる．

3.3 感度とダイナミックレンジ

3.3.1 照度に対する感度

イメージセンサの感度を規定するためには，まず，イメージセンサの撮像面が人間にとってどれだけ明るく照らされているかを表す物理量を定義する必要がある．これを，測光量（luminous quantities）と呼び，光のエネルギーのみに着目して定義された放射量（radiant quantities）と区別される．

人間の眼の感度（視感度）は，波長によって変化するので，測光量の感度の定義には視感度の波長依存性を考慮する必要がある．図 3.33 に，国際照明

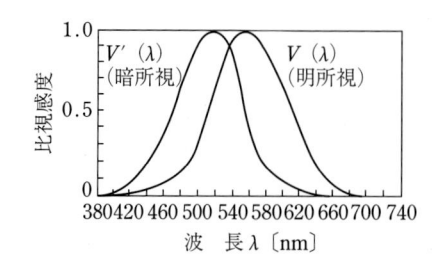

図 3.33 標準比視感度曲線

委員会（Commission Internationale de l'Eclairage：CIE）において定められた標準比視感度（spectral luminous efficiency）曲線 $V(\lambda)$ を示す。人間は明るいときには，網膜の視細胞の錐体により，暗いときには杆体によりものを見ているため比視感度曲線も異なる。明所視，暗所視それぞれベル状の曲線であり，明所視のほうは，555 nm にピークを持つ。測光量では，明所視の比視感度曲線が用いられる。明所視の比視感度曲線における波長 555 nm の単色光に対する視感度を最大視感度 K_m といい，$K_m = 683$ lm/W と規定されている。

3.1.2 項で述べた単位時間当りの光のエネルギー p_0 を放射束と呼ぶ。これに視感度を考慮して定めた量を光束 F と呼び，次式で表される。

$$F = K_m \int \Phi_{e\lambda}(\lambda) V(\lambda) d\lambda \tag{3.72}$$

ここで，$\Phi_{e\lambda}$：分光放射束であり，単位波長当りの放射束〔lm〕（ルーメン）

もし光が，波長 $\lambda_0 = 555$ nm の単色光であれば，そのときの光束は簡単に $K_m p_0$ により求められる。照度は，光によって照らされている面の，単位面積当りに入射する光束〔lx〕（ルクス）（= 〔lm/m²〕）で表す。一方，発光面の場合，単位面積当りの放射される光束は，光束発散度〔rlx〕（ラドルクス）（= 〔lm/m²〕）で表す。

3.1.2 項で光の入射エネルギーに対するフォトダイオードの感度を求めたが，ここでは照度に対する感度を求める。まず簡単化のため，波長 555 nm の単色光の場合について考える。683〔lm/m²〕= 683〔lx〕= 1〔W/m²〕であるので，照度を L_p〔lx〕とすれば

$$L_p A_{PD} = 683 p_0 \tag{3.73}$$

である。ここで，A_{PD} はフォトダイオードの面積である。式（3.10）に，上記の関係と $\lambda = 555$ nm を用いて

$$I_{ph} = 6.55 \times 10^{-4} \times \eta L_p A_{PD} \tag{3.74}$$

が得られる。

つぎに，白色光の場合を考える。白色光の場合は，そのスペクトルがわからないと計算できないが，ここでは簡単化のため，波長が 400 nm から 700 nm

までの間で等エネルギーをもち，それ以外の波長成分は含まないスペクトル光を考える．このときの照度 L_P は

$$L_p = \frac{K_m p_0}{\Delta\lambda}\int_{\lambda_1}^{\lambda_1+\Delta\lambda} V(\lambda)d\lambda \tag{3.75}$$

$\lambda_1 = 400$ nm, $\Delta\lambda = 300$ nm であれば

$$L_p = 0.34 K_m p_0 \tag{3.76}$$

となる．一方，等エネルギースペクトル光の $d\lambda$ の波長成分による光電流 dI_{ph} は

$$dI_{ph} = \eta q \frac{\lambda A}{1\,240}\frac{p_0}{\Delta\lambda} d\lambda \tag{3.77}$$

全波長成分による光電流 I_{ph} は次式となる．

$$I_{ph} = q\frac{p_0 A}{1\,240\,\Delta\lambda}\int_{\lambda_1}^{\lambda_1+\Delta\lambda}\eta\lambda d\lambda \tag{3.78}$$

量子効率の波長依存性を考慮せず，一定であると仮定して計算すると

$$I_{ph} = \eta q\frac{p_0 A}{1\,240}\left\{\lambda_1 + \frac{\Delta\lambda}{2}\right\} \tag{3.79}$$

と求められる．$\lambda_1 = 400$ nm, $\Delta\lambda = 300$ nm であれば，$\lambda_1 + \Delta\lambda/2 = 550$ nm であるので，白色光の場合の光電流 I_{ph} は

$$I_{ph} = 1.9\times 10^{-3}\times \eta L_p A \tag{3.80}$$

となる．すなわち，$\lambda = 555$ nm の単色光の場合に比べて，同じ照度に対して約 3 倍の感度をもつ．

例えば，$A_{PD} = 5\,\mu\text{m}\times 5\,\mu\text{m}$, $\eta = 0.5$（波長によらず）の場合

$I_{ph}/L_p \simeq 8.2\times 10^{-15}$ A/lx $= 8.2$ fA/lx （波長 555 nm の単色光）

$I_{ph}/L_p \simeq 24\times 10^{-15}$ A/lx $= 24$ fA/lx （白色光）

となる．

レンズの光軸上に置かれた物体の被写体照度 E_f と，撮像面照度 E_0 の関係は

$$\frac{E_f}{E_0} = \frac{R_0 T_L}{4F_N^2}\cdot\frac{1}{(1+m)^2} \simeq \frac{R_0 T_L}{4F_N^2} \quad (m \ll 1) \tag{3.81}$$

ここで，R_0：物体に反射率，T_L：レンズの透過率，F_n：レンズのFナンバ

で，レンズの口径（しぼり径）D，焦点距離fを用いて$F_n = f/D$（レンズの明るさ）

例えば，撮像面の反射率$R = 0.5$，レンズの透過率$T_L = 0.6$，レンズのFナンバ$F_n = 2.8$の場合，$E_f/E_0 \simeq 1/100$となり，約2けた減衰する。われわれは普段，数100 lxから2 000 lx程度の照度で生活していることが多いと考えられるが，例えば1 000 lxの照度の場合，撮像面では約10 lx程度である。上記の計算から考えて，フォトダイオードには典型的には1 pA以下の微弱な電流が流れている。

3.3.2 SN比とダイナミックレンジ（DR）

イメージセンサのダイナミックレンジ（dynamic range：DR）は，次式のように，信号が飽和する照度レベルL_{max}と，許容される最低のSN比を満たす照度レベルL_{min}の比で与えられる。

$$DR = 20 \log_{10} \left(\frac{L_{max}}{L_{min}} \right) \text{〔dB〕} \tag{3.82}$$

センサの応答が線形であれば，DRはその出力信号の飽和レベルと許容されるSN比を満たす最低の出力信号レベルとの比と考えてもよい。しかし，センサの応答が非線形の場合には，出力信号のDRは，照度範囲としてのDRとは一致せず，一般的にはDRは照度範囲で規定する必要がある。L_{min}を定めるSN比として0 dB，すなわち信号とノイズの平均振幅が等しい場合と定めると，DRはある画質を保証する照度範囲を意味するものとならないが，便宜上このように定めることが多い。以下においても，SN比 = 0 dBに相当する照度レベルをL_{min}とする。

DRを大きくするためにL_{min}を低くするには，イメージセンサのノイズを小さくする必要がある。イメージセンサの感度を高くしてSN比を高められれば，L_{min}を低くすることができるが，その場合には，L_{max}も同時に低くなるのでDRを拡大することにはならない。イメージセンサのノイズには，信号に依存しないノイズ成分と，信号に依存する光子ショットノイズがある。3.2.1項

で述べたように光子ショットノイズによる,蓄積信号電子数の揺らぎ(等価ノイズ電子数)は,信号電子数の平方根に等しい.信号に依存しないノイズは読出しノイズとも呼ばれ,アンプが発生する熱雑音などのランダムノイズによる.読出しノイズの等価ノイズ電子数を N_R とし,信号電子数を N_S とすると,ショットノイズと読出しノイズを合わせた総ノイズ電子数 N_N は

$$N_N = \sqrt{N_S + N_R^2} \tag{3.83}$$

と表される.二つのノイズ成分を合わせたノイズと信号を撮像面の照度に対して対数プロットすると,**図3.34** のような特性が得られる.SN 比 = 0 dB となる信号電子数 $N_{S,\min}$ は,$N_N = N_{S,\min}$ とおいて,式(3.83)と $N_{S,\min} > 0$ より

$$N_{S,\min} = \frac{1}{2}\left(1 + \sqrt{1 + 4N_R^2}\right) \tag{3.84}$$

と求められる.ダイナミックレンジ拡大のために $L_{\min}$ を低くするためには,読出しノイズを小さくする必要がある.読出しノイズの等価ノイズ電子数が1電子よりもずっと小さくできれば,SN 比が1になるときのノイズはショットノイズが支配することになり,$N_{S,\min}$ は1電子まで下げられる.一方,$L_{\max}$ を定める信号電子数は,画素内に蓄積できる最多の電子数,すなわち飽和電子数 $N_{S,\max}$ であり,ダイナミックレンジは,$N_{S,\min}$ と $N_{S,\max}$ の比で与えられる.画像を構成する1画素の信号として,一種類の蓄積信号電子に対して線形応答する信号のみを用いる場合,ダイナミックレンジを広げるためには,飽和電子数を

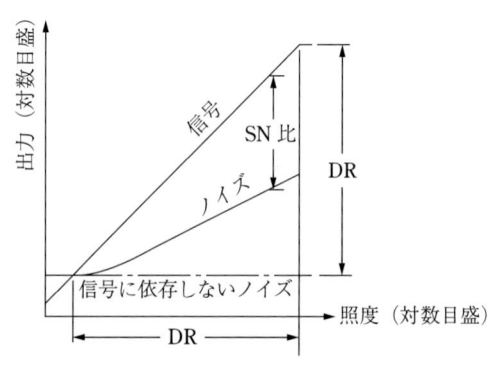

図 3.34 SN 比と DR

大きくし，読出しノイズを小さくする必要がある．

3.3.3 蓄積時間分割（多数回サンプリング）によるダイナミックレンジ拡大

〔1〕 **読出し時間差を用いた蓄積時間分割**　ダイナミックレンジを広くするためには，フォトダイオードに蓄積される飽和電子数を大きくする必要があるが，これは今後画素の微細化が進むとますます困難になる．一方で，車載用カメラなど用途によっては非常に広いダイナミックレンジが必要とされる．イメージセンサの各画素の信号は，1種類の蓄積信号電子をリニアな特性を保った読出しが基本であるが，この束縛から離れ，さまざまな工夫を取り入れてきわめて広いダイナミックレンジを実現する試みが最近数多く提案されている[25)〜30)]．ここでは，その代表的な方式として，蓄積時間分割に基づくダイナミックレンジ拡大の方法を紹介する．

複数の異なった蓄積時間の信号を用いてダイナミックレンジ拡大を行う蓄積時間分割方式として，読出し時間差による蓄積時間分割方式がある[28)]．これは，CMOSイメージセンサにおけるローリングシャッタ読出しの特徴を巧みに利用したもので，図3.35にその原理図を示す．

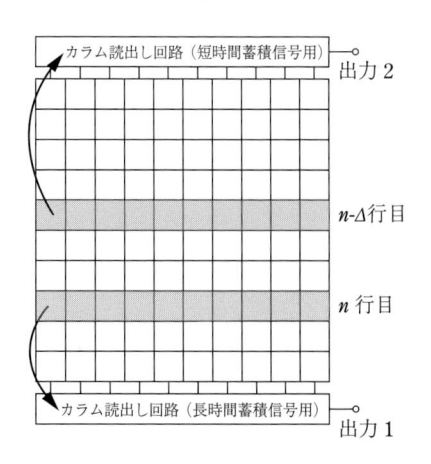

図3.35 読出し時間差を用いた蓄積時間分割形広ダイナミックレンジイメージセンサの原理図（長時間＋短時間）

CMOSイメージセンサの1フレームの時間をT_F，1水平行分の読出し時間をT_Hとし，垂直のブランキング期間も合わせて，T_FがN_V行分（N_V：正の整

数）の読出し時間で構成されているとする．すなわち $T_F = N_V \times T_H$ とする．CMOSイメージセンサのローリングシャッタ動作の読出しにおいて，フルフレーム蓄積を行う場合，n 行目の電荷蓄積信号を読み出してリセットを行うと，つぎのフレームの同じ行の読出しでは，ほぼ1フレームの期間電荷蓄積された信号が読み出される．$n-\Delta$ 行目の信号を読出すとき，n 行目のフォトダイオードでは，$\Delta \times T_H$ の期間電荷蓄積がなされている．したがって，$n-\Delta$ 行目の読出しの際，n 行目の信号も読み出すと，$(N_V-\Delta) \times T_H$ の長時間蓄積された信号と，$\Delta \times T_H$ の短時間蓄積された信号が得られ，これらを外部で合成することでダイナミックレンジの拡大が図れる．長時間蓄積の期間が，$(N_V-\Delta) \times T_H$ となるのは，単時間蓄積信号と長時間蓄積信号をともに読み出すことによって，長時間蓄積信号を読み出したあと，$\Delta \times T_H$ の期間蓄積後，いったんリセットがなされるためである．このように，全体の有効な蓄積時間を長時間と短時間に分割して読み出すことでダイナミックレンジ拡大を図るのが蓄積時間分割方式である．図3.35では，長時間蓄積信号と短時間蓄積信号をイメージアレーの上下に設けた読出し回路にそれぞれ読み出し，並列に出力する場合を示しているが，読出し回路を一つだけにして，1行の読み出し時間内に，順次読み出すこともできる．なお，説明の便宜上，1フレームの期間を全蓄積時間として，これを分割すると考えたが，例えば感度調整のため $N_{V1} \times T_H$（$(N_{V1} < N_V)$ を全体の蓄積時間とし，$(N_{V1}-\Delta) \times T_H$ と $\Delta \times T_H$ に分割することも可能である．

　さらに拡張として，読出し時間差を利用して，三つ以上の異なる蓄積時間の信号を読み出すことも可能である．**図3.36** の原理図に，三つの異なる蓄積時間の信号を読み出す場合の信号蓄積と読出しのタイミングを示す．説明の便宜上，垂直方向の画素数が10であり，全体の蓄積時間は，1フレームの期間としている．また，この図では，長時間蓄積信号（L），短時間蓄積信号（S），極短時間蓄積信号（VS）は，それぞれ $T_L = 7T_H$，$T_S = 2T_H$，$T_{VS} = T_H$ の時間だけ蓄積する場合を示している．例えば，7行目（#7）の長時間蓄積信号Lを読み出すとき，同じ時間帯に2行上（#5）の短時間蓄積信号（S），3行上（#4）

3.3 感度とダイナミックレンジ

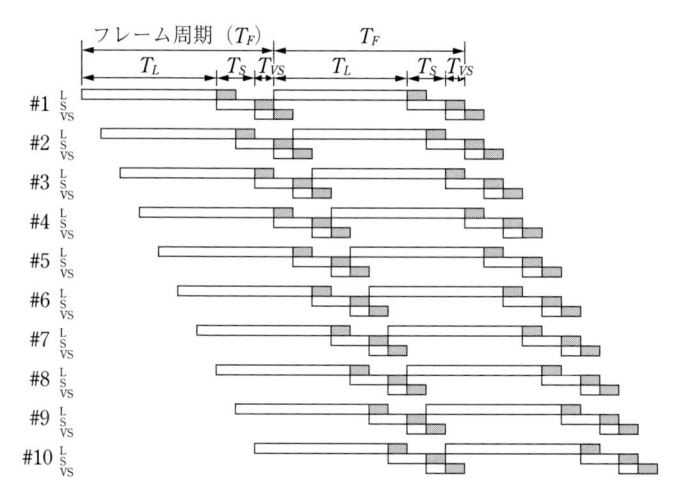

図 3.36 読出し時間差を利用した蓄積時間分割形ダイナミックレンジ拡大方式の原理図（三つの異なる蓄積時間の信号を読み出す場合，L：長時間蓄積信号，S：短時間蓄積信号，VS：極短時間蓄積信号，網かけしたボックスは読出し期間，クリアのボックスは蓄積時間を表す）

の極短時間蓄積信号（VS）を読み出せば，三つの異なる蓄積時間信号を読み出すことが可能である．この方法では，短時間蓄積と極端時間蓄積に割り当てられた時間以外は，長時間蓄積のために利用することが可能である．また，読出し回路を一つだけ設ける場合，1水平行の読出し期間内に三つの信号を読み出すため，3倍の速度での読出しが必要になる．画像の合成のために外部に設けるバッファメモリとしては，N_S 行と N_{VS} 行分のメモリを用意する必要があるが，フレーム全体を記憶するメモリは必ずしも必要ではない．

〔2〕**バースト読出しを用いた蓄積時間分割** もう一つの複数の蓄積時間を合成する方法として，信号の高速集中（burst：バースト）読出しにより1フレーム内で複数の露光時間信号を合成する方法がある[30]．その原理図を**図 3.37** に示す．

蓄積された信号を短時間で集中読出しを行い，その読出し期間の一部を用いて短時間蓄積の信号を読み出す．さらに，短時間蓄積信号の読出し期間の一部を使ってさらに短時間の蓄積を行った信号を読み出す．

120　3．超高感度・広ダイナミックレンジ撮像

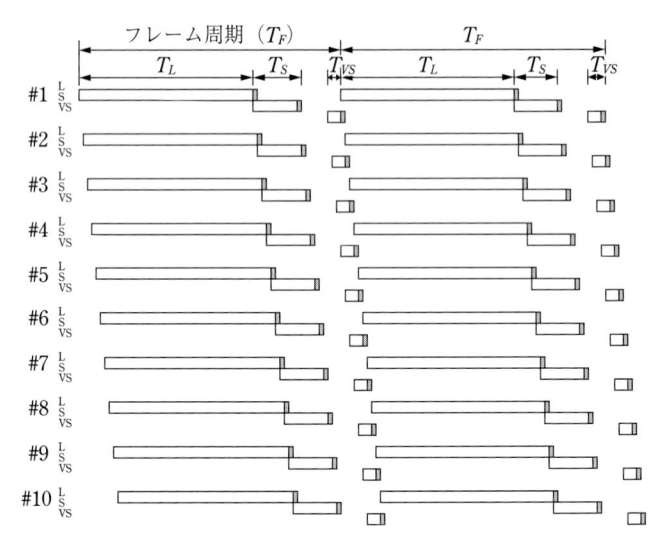

図 3.37　複数蓄積時間信号のバースト読出しに基づく
ダイナミックレンジ拡大方式の原理図

この方式は，一つのフレームが，時間の異なるいくつかのサブフレームで構成されており，そのサブフレームの期間を最大とする蓄積時間の信号を用いてダイナミックレンジを拡大する．集中読出しを用いたダイナミックレンジ拡大の方法では，全画素を読み出すのに必要な時間を，1フレームの周期の $1/N_{SF}$ (N_{SF}：正の整数) とすると，単位サブフレームの時間 T_{SF} は，$T_{SF} = T_F/N_{SF}$ であり，短時間蓄積の信号の蓄積時間は T_{SF} を超えないとすると，N_s 種類の短時間蓄積信号を用いる場合に長時間蓄積に利用できる時間 T_L は

$$T_L = (N_{SF} - N_S) \times T_{SF} \tag{3.85}$$

となる．動画応用で，できるだけ長時間蓄積の時間を長くし，感度を高めたい場合には，読出し速度を高速化する必要がある．例えば2種類の短時間蓄積信号を用いる場合，長時間蓄積には，6倍速で1フレームの2/3つまり66％を，12倍速では5/6つまり83％を割り当てることができる．集中読出しによるダイナミックレンジ拡大方法に必要な高速な信号の読出しには，カラムA-D変換器が有用であり，実際にカラム並列形12ビットサイクリックA-D変換器を用いてVGAサイズで6倍速を実現し，3種類までの短時間蓄積信号を1フ

レーム内で読み出すことで 153 dB までのダイナミックレンジ拡大が実現されている.

図 3.38 に広ダイナミックレンジ撮像の例(暗いトンネル内からの,トンネルの外の撮像)を一般的なダイナミックレンジ撮像と比較して示す.

(a) 広ダイナミックレンジイメージセンサ　　(b) 一般的なダイナミックレンジのイメージセンサ

図 3.38　ダイナミックレンジ撮像の例(車載応用)

3.3.4　高速読出しとディジタル蓄積によるダイナミックレンジ拡大

蓄積時間分割によるダイナミックレンジ拡大の場合,単時間蓄積の画像と長時間蓄積の画像は,異なる時間帯で撮像されるため,それらを合成して得た広ダイナミックレンジの画像には,被写体の動きによるひずみを生じることがある.このように,一種類のリニア蓄積信号による撮像という制約を外した広ダイナミックレンジ撮像には,このような課題がつきまとう.

一種類のリニア蓄積という制約を守りながら広ダイナミックレンジの撮像が行えれば理想的であるが,その一つの手段として,高速読出しと**図 3.39** に示すディジタルフレーム蓄積を用いたダイナミックレンジ拡大法が考えられる.これは,イメージセンサ上にフレームメモリを搭載し,1 フレームの時間の中で画像(サブフレーム画像)を高速で何度も読み出し,フレームメモリを用いてディジタル領域で蓄積を行うものである.サブフレームの枚数を N_{SF} として,高照度側に N_{SF} 倍のダイナミックレンジ拡大が可能である.しかし,N_{SF} 回のディジタルフレーム蓄積は,読出しノイズが $\sqrt{N_{SF}}$ 倍に増えるため,

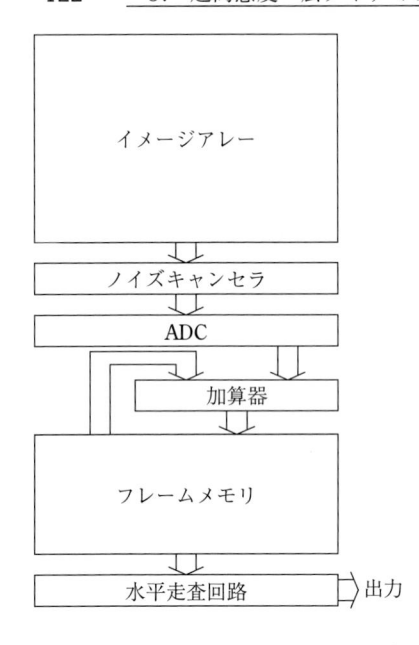

```
┌─────────────────┐
│                 │
│   イメージアレー    │
│                 │
└────────┬────────┘
         ↓
┌─────────────────┐
│  ノイズキャンセラ   │
└────────┬────────┘
         ↓
┌─────────────────┐
│       ADC       │
└────┬────────────┘
     ↓
   ┌──────┐
   │ 加算器 │
   └───┬──┘
       ↓
┌─────────────────┐
│  フレームメモリ    │
└────────┬────────┘
         ↓
┌─────────────────┐
│   水平走査回路    │→ 出力
└─────────────────┘
```

図 3.39 ディジタルフレーム蓄積を用いたダイナミックレンジ拡大法

低照度側のダイナミックレンジが損われ，実質的なダイナミックレンジ拡大は，$\sqrt{N_{SF}}$ 倍にとどまる．また，ノイズを増大させ，最低照度レベルを劣化させることは，イメージセンサとしては致命的である．しかし，3.4節で述べるように，光電子カウンティングが実現できれば，低照度側のダイナミックレンジを損なうことなく，高照度側のダイナミックレンジを拡大することが可能となる．

3.4 ナノスケールデバイスを用いたフォトンカウンティング撮像

3.4.1 光電子増倍を用いた光子カウンティング

光子1個を検出する常套手段は光電子増倍である．すなわち，光子の吸収で発生した1個の光電子を加速し，気体中の気体分子や固体中の原子との衝突電離によって新たな電子を発生し，その電子を加速して，さらに別の電子を発生するといった調子で，ねずみ算式に電子の数を増やして（増倍）いく．これに

よって，観測時間に1個の光子が到来した場合でも，それによってきわめて多数の電子を発生させることで，大きな信号として取り出せるので，光子1個の到来を知ることができる。これを繰り返し行えば，光子が到来した数を知ることができ，いわゆる光子カウンティングが実現される。このような技術は，きわめて微弱な光を検出する手段として広く使われている。

光電子増倍は，観測時間に1個の光子が到来した場合には，光電子数を正確に知ることができるが，像倍率の揺らぎ（これを過剰ノイズという）のために，観測期間に複数の光子が到来した場合，その数を正確にカウントすることは困難である。また，光電子そのものを増やしているわけではないので，信号のダイナミックレンジが犠牲になる。

3.4.2 量子化を用いたノイズフリー（無雑音）信号検出

イメージセンサの各画素の信号は，光子の吸収で発生した電子（光電子）が微小容量で検出されて電圧として観測されるものであり，ノイズの影響がなければ，本来は離散的な電圧として観測されるはずであるが，そのノイズが，1電子当りの信号電圧に対して大きいために，離散的な電圧として観測されることはなかった。しかし，ナノスケールの微細加工技術によって，電子検出のための容量を極端に小さくし，かつノイズを信号に対して十分に小さくすることができれば，検出した電子を数えあげる処理（電子カウント）によって，ノイズの影響を完全に排除したノイズフリー信号検出が実現できると考えられる[31),32)]。

電子カウントの原理図を図3.40（a）に示す。フォトダイオードにおいて，光電子を微小容量に転送する。このとき，容量に蓄積されている初期電荷がゼロであるとして，n個の信号電子が微小容量に転送されると，微小容量Cには，1電子当りq/Cの電圧を単位とし，そのn倍の電位変化が生じる。ここでqは素電荷である。電子は負の電荷を帯びているので，実際には，その電圧は負方向に変化する。これを，利得が$-A$のアンプで増幅する。アンプの出力において発生する電圧V_{signal}は，理想的には

(a) 電子カウントの原理　　　　　　(b) 量子化

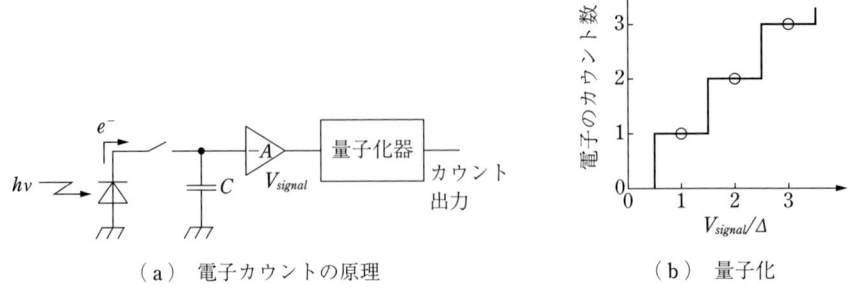

図3.40 電子カウントと量子化

$$V_{signal} = nA\frac{q}{C} \tag{3.86}$$

となる．このアンプの出力を量子化器により量子化する．このとき，アンプ出力における1電子当りの変換電圧は Aq/C に対して，単位量子化ステップを $\Delta = Aq/C$ に選んで量子化を行う．量子化のしきい値は，図（b）に示すように，$(n-0.5)\Delta, (n = 0, 1, 2, \cdots)$ とする（図（b）の横軸は，V_{signal}/Δ としている）．

ノイズの影響がなければ，量子化器の出力は，正確に検出した電子数に相当するディジタル値（電子のカウント数）を示すが，実際にはアンプのノイズなどの影響を受け，ミスカウントを生じる．このミスカウントによって生じるノイズを計算する．ミスカウントを生じさせるノイズとしては，熱ノイズのみを考慮することとする．熱ノイズの振幅の確率密度分布 $N(\varepsilon)$ は，正規分布に従うとすれば

$$N(\varepsilon) = \frac{1}{\sqrt{2\pi}\,\sigma_n} \exp\left(-\frac{\varepsilon^2}{2\sigma_n^2}\right) \tag{3.87}$$

と表される．ここで，σ_n は，熱ノイズの振幅の標準偏差であり，熱ノイズの平均振幅を意味する．量子化を行わない場合，熱ノイズによるノイズ電力 P_{n0} は

$$P_{n0} = \int_{-\infty}^{\infty} N(\varepsilon)d\varepsilon = \sigma_n^2 \tag{3.88}$$

3.4 ナノスケールデバイスを用いたフォトンカウンティング撮像

となる.いま,μ 個の光電子に対して,$\mu+1$ 個とミスカウントすることによるノイズ電力の増加分を考えると,ミスカウントは Δ^2 だけノイズ電力を増加させ,その確率は図 3.41 から明らかなように熱ノイズの振幅の確率密度を用いて

$$\int_{(1-0.5)\Delta}^{(1+0.5)\Delta} N(\varepsilon)d\varepsilon \tag{3.89}$$

により求められる.ただし量子化が,図 3.40(b)に示すように,正確に量子化ステップの 1/2 においてなされると仮定している.

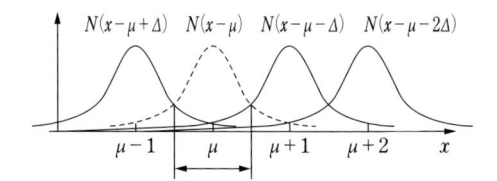

図 3.41 電子カウンティングにおけるノイズの影響

同様に $\mu+2$ 個とミスカウントする場合は,$(2\Delta)^2$ だけノイズ電力を増加させ,また,その確率は,熱ノイズの振幅の確率密度を,1.5Δ から 2.5Δ まで積分すればよい.さらに大きなミスカウントが生じる場合も同様である.少なくカウントされる場合も同様であるが,負の電子数は存在しないので,μ 個の光電子に対して,0 個から $\mu-1$ 個までに対してミスカウントによるノイズ電力を求めればよい.

以上により,熱ノイズによって生じるミスカウントによる量子化後のノイズ電力 $P_n(\mu)$ は

$$P_n(\mu) = \sum_{j=1}^{\infty} \int_{(j-0.5)\Delta}^{(j+0.5)\Delta} N(\varepsilon)(j\Delta)^2 d\varepsilon + \sum_{j=1}^{\mu} \int_{(j-0.5)\Delta}^{(j+0.5)\Delta} N(\varepsilon)(j\Delta)^2 d\varepsilon \tag{3.90}$$

により求められる.μ が 1,3,5,7 の場合について,式(3.90)に基づいて,量子化後のノイズ電力 P_n と,ノイズ振幅の関係を求めた結果を図 3.42 に示す.

量子化後のノイズ電力は,量子化を行わないときのノイズ電力 P_{n0} で正規化している.また,ノイズ振幅は,量子化ステップに対する相対値であり,これは等価ノイズ電子数と読み替えてもよい.μ が大きく,ノイズ電子数が 1 より

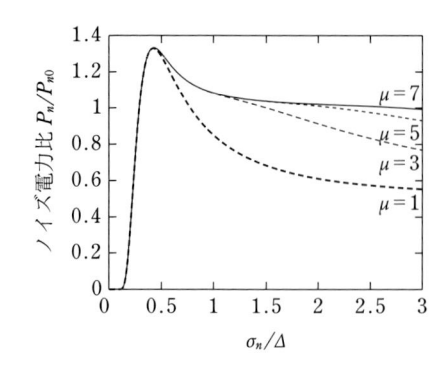

図 3.42 ノイズに対する量子化前後のノイズ電力比 (P_n/P_{n0}) の変化

も十分大きいときには，量子化はノイズ低減の効果を持たない．また，μ が小さい場合には，電子数が負の値を取ることはないという事実に基づいて，量子化によってノイズを低減しているので，量子化によってノイズ電力が約 1/2 まで低減される．ノイズ電子数が，0.4 程度の領域では，量子化はかえってノイズ電力を増大させる．例えばノイズの平均振幅が 0.4 電子相当であったとして，瞬時ノイズが 0.5 電子を超えれば量子化によって 1 電子のミスカウントが生じるので，量子化がむしろノイズを増大させることはありうる．しかし，0.4 電子よりも小さくなると，量子化によって急激にノイズが低下しはじめ，0.1 電子では，もともと含んでいた熱雑音の影響を受けなくなる．すなわち，この領域ではノイズフリー（無雑音）である．

ノイズ電子数が 0.1 電子まで低減されれば，実用上イメージセンサのノイズレベルとしてはほぼ無雑音とみなすことができる．したがって，量子化によるノイズフリー光電子カウンティングの利点が応用上生かせるのは，電子検出を繰り返し行い，ディジタル領域で積算処理を行う場合である．**図 3.43** は，量子化処理を行いながら 100 回，10 000 回のディジタル積算を行った場合，および量子化処理を行わずに 10 000 回のディジタル積算を行った場合に関して，積算後の等価ノイズ電子数 ($\sqrt{P_n}/\Delta = \sigma_{nq}/\Delta$) と，熱ノイズのノイズ電子数 ($\sqrt{P_{n0}}/\Delta = \sigma_n/\Delta$) との関係を示している．このように量子化を行わなければ，たとえノイズ電子数が 0.1 電子であったとしても 10 000 回積算後のノイズは 10 電子まで増えるが，量子化を伴って積算を行えば，依然としてノイズフリー

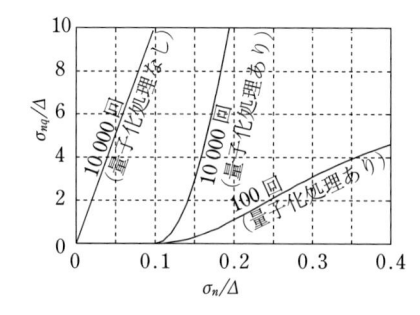

3.4 ナノスケールデバイスを用いたフォトンカウンティング撮像　　127

図3.43 電子カウンティングにおける量子化の効果

が満たされることがわかる。

3.4.3 デバイス構造のナノスケール化によるノイズフリー光電子検出の可能性

CDS 後の熱ノイズ，$1/f$ ノイズを，フォトンカウンティングを可能にする程度まで低減するには，どのようなことが必要であるかを考察する。

まず，熱ノイズのみに着目すると，CDS 後の読出しノイズの電力は，式 (3.53) の 2 倍であり，これを電子数に換算すると，次式のように表すことができる。

$$\overline{N_{nt}} = \sqrt{2\xi \frac{V_{th}}{G_c}} \sqrt{\frac{\omega_{c,SF}}{\omega_i}} \tag{3.91}$$

ここで

$$\omega_i = \frac{g_{m1}}{F_{SF}(C_{FD0} + C_{GS})} \tag{3.92}$$

であり，$V_{th} = k_B T/q$ は熱電位である。ω_i は，ソースフォロワの出力に，その入力側の容量成分の和 $C_{FD0} + C_{GS}$ を接続した場合のソースフォロワの帯域であり，これを真性ノイズ帯域幅と呼ぶことにする。式 (3.91) は，つぎのように解釈できる。$\sqrt{2\xi V_{th}/G_c}$ は，ソースフォロワの熱ノイズが浮遊拡散層の容量で帯域制限されたときのノイズを電子数に換算したものであり (3.2.6 項参照)，ソースフォロワの出力が真性ノイズ帯域幅を持てば，これが直接電子数換算のノイズとなるが，ソースフォロワの出力には，大容量が接続されるなど

3. 超高感度・広ダイナミックレンジ撮像

で帯域制限する回路が接続されるため，その周波数帯域幅と，真性ノイズ帯域幅の比（$\omega_{c,SF}/\omega_i$）によって，トランジスタ内で発生する熱ノイズが小さくなって観測される。図 3.44 に，式 (3.91) に基づいて計算した，変換ゲインおよびソースフォロワ出力での帯域幅と熱ノイズ電子数の関係を示す。この計算では，$\xi=2$，$G_{SF}=0.8$，常温（$T=300$ K）と仮定している。例えば，$G_c=400$ μV/e$^-$，$\omega_{c,SF}/\omega_i=4\times10^{-5}$ で，ノイズ電子数で 0.1 電子が達成可能であるが，$C_{FD0}=C_{GS}$，$g_{m1}=5\times10^{-5}$ を仮定して計算してみると，$f_i=\omega_i/(2\pi)=1.1\times10^{10}$ Hz，$f_{c,SF}=\omega_{c,SD}/(2\pi)=5.5\times10^{5}$ Hz となる。この帯域は，一般の動画用イメージセンサの読出し周期に対して十分余裕がある。

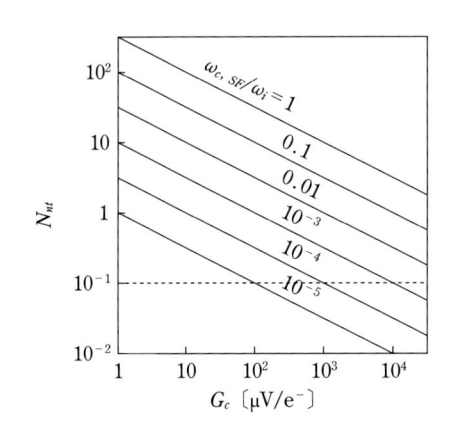

図 3.44 変換ゲイン，およびソースフォロワ出力での帯域幅と熱ノイズ電子数の関係

$1/f$ ノイズについては，読出しトランジスタのノイズを最小化するように最適化した場合（$C_{FD0}=C_{GS}$）のノイズ電子数（式 (3.71)，再掲）

$$\overline{N_{nf}} = \frac{3}{4}\sqrt{2N_{ot}A_G(\gamma + \ln\omega_{c,SF}T_{CDS})} \tag{3.93}$$

を用いて考える。まず，CDS の精度を十分とるために $\omega_{c,SF}T_{CDS}=5$ をつねに満たすよう T_{CDS} を変化させるものとする。これにより，CMOS イメージセンサを製造するテクノロジで決まる N_{ot} が与えられると，トランジスタのチャネル面積 A_G に対して，$1/f$ ノイズに対するノイズ電子数を見積もることができる。ここで，G_{SF} が与えられれば，具体的 A_G と変換ゲイン G_c の関係は一意に定まる。図 3.45 は，式 (3.93) に基づく，G_c および実効トラップ密度 N_{ot} に対す

3.4 ナノスケールデバイスを用いたフォトンカウンティング撮像

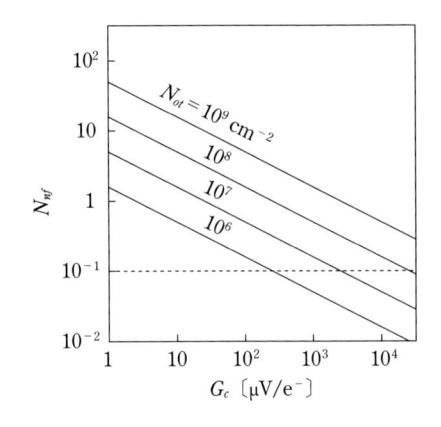

図 3.45 変換ゲイン，実効トラップ密度に対する $1/f$ ノイズ電子数の計算結果

る $1/f$ ノイズ電子数の計算結果である。

現状の n チャネル MOS トランジスタの N_{ot} は，$10^7 \sim 10^8 \, \mathrm{cm}^{-2}$ 程度であり[18]，0.1 電子を達成するには，およそ $3 \, \mathrm{mV/e^-}$ 以上の高い変換ゲインが必要である。

一方，現状のデバイスで得られている変換ゲインは特殊な低容量の浮遊拡散層を用いた場合で，$200 \, \mathrm{\mu V/e^-}$ 程度[33]である。微細化によって今後さらなる高変換ゲインの実現は可能とは考えられるが，mV オーダの実現は現状の技術の延長では容易ではなく，新しい高感度光電子検出デバイスが必要である。また，N_{ot} の低いプロセス技術，デバイス構造の開発も重要である。最近，ソースフォロワのトランジスタに埋込みチャネル形トランジスタを用いることで，$1/f$ ノイズ低減が低減できたという報告がある[34]。

微細 MOS トランジスタを用いた CMOS イメージセンサの極低ノイズ化を実現するうえで，もう一つの課題は RTS ノイズである。RTS ノイズは，デバイスが微細化されてもすべてのトランジスタで発生するわけではなく，割合としては，全画素に対して少ないが，画像の中で点状に現れる目立つノイズであるため，その対策が必須である。完全な解決策とはなっていないが，RTS ノイズの統計的性質に着目し，ヒストグラムを用いて RTS ノイズをキャンセルする試みなどがなされている[35]。

3.4.4 単電子デバイスを用いた単光子検出

以上のような現在の微細加工技術の延長線上にあるナノスケールデバイスではなく，新しい原理のナノデバイスにより，飛躍的に光電子に対する感度を高め，単光子で発生した電子1個をとらえることのできるシリコン系光検出デバイスの研究も進められている。

図3.46は，その基本原理として用いられる単電子トランジスタの概念を示している。二つの対向する電極（ソース電極，ドレーン電極）をはさんで中央部に金属（または半導体）ナノドットを配置する。中央ドットと左右の電極の間隔は，電子の量子力学的なトンネル現象が起きるくらいの微小なナノメータオーダの厚さとする。これをトンネル接合（またはトンネル容量）と呼ぶ。回路的には，ドットとソース，ドレーン間は容量で結合されているが，トンネル可能であることを示すために，独自の記号を用いる。さらに，中央ドットに対して，ゲート電極が容量を介して結合しており，このゲート電極に適当なゲート電圧を印加することによって中央ドットの電位を変えることができる。このゲート容量は，極板間を十分に厚くしており，トンネル接合にはなっていない。中央ドットがナノ寸法であるために，ソース－ドット間，ドット－ドレーン間のトンネル接合容量，およびドット－ゲート間の容量はいずれもきわめて小さく，アトファラッド（aF，10^{-18} F）のオーダになる。もし，ドット

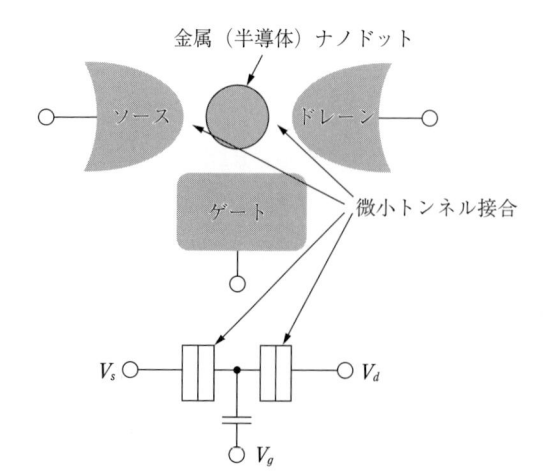

図3.46 単電子トランジスタの概念

3.4 ナノスケールデバイスを用いたフォトンカウンティング撮像

に電子1個がトンネル注入され,ドットから三つの電極に対する総容量が 1aF であるとすれば,ドットの電位は,約 $0.16\,\mathrm{V}\ (=1.6\times10^{-19}/10^{-18})$ 変化する。その電位変化を δV とする。これは,3.1.2項で述べた一般的なイメージセンサで用いられている電荷検出構造(浮遊拡散層)での1電子に対する変換ゲイン(数 $10\,\mu\mathrm{V/e^-}$)に比べてはるかに大きい。

ゲートバイアスを変化させれば,ドットの電位を外部から変えられるので,ドット内に存在できる電子数を変えることができる。ソースとドットの電位差が大きく,ドットの電位が高い状態から始めると,ソースから電子のトンネル注入がどんどん起こり,ドットとソースの電位がおよそ等しくなるまで注入される。このとき,1電子が注入されるごとの電位の変化は,先に述べた δV である。最後の1個が注入されたとき,ドットの電位がソースの電位よりも低くなったとすると,それ以上の電子は注入されない。これは,最後に注入された電子(負電荷)によるクーロン力によって,さらなる電子の注入を阻害するためであり,この状態はクーロンブロッケードと呼ばれる。ドレーンの電位がドットの電位よりも高いと,ドット内の電子がドレーンにトンネルによって流れ出る。その電位差が δV 程度であると,ドットからは1個電子が流れ出たところで安定となり,それ以上は流れ出ない。その結果ドットの電位は再び,電子1個分高くなり,ソースから電子1個のみが注入できる余地が生じ,再びソースから電子1個が注入される。これを繰り返すことによって,ドレーンからソースに電子による電流が流れる。このとき,ドット内の電子の数は高々1個しか変化しておらず,このように電子1個の振舞いで流れる電流を制御するトランジスタを単電子トランジスタと呼ぶ。ゲートによる電流制御の原理を**図3.47**に示す。図(a)のように,ドットの電位がソースおよびドレーンの電位に対して小さな差しかなければ安定であり,ソースからの注入も,ドレーンへの注入も起こらず電流は流れない。その状態から図(b)に示すように,ゲートの電圧を,ドットの電位が $\delta V/2$ 低くなるように電圧を変化させると,ドレーンに電子がトンネルしやすくなり,ドレーンに1個の電子が流れ出ると,ソースから見てもドットにトンネルしやすくなるので,ソースから電子1

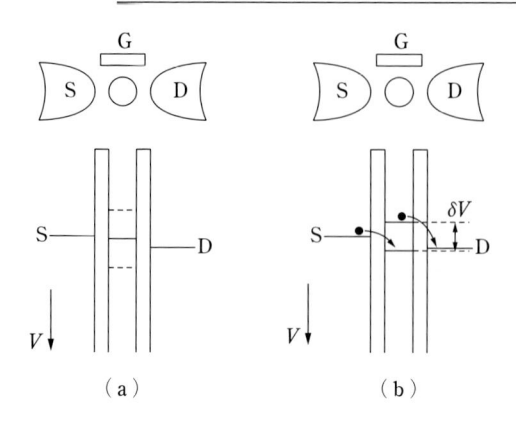

図3.47 単電子トランジスタの
ゲートによる電流制御の原理

個が注入される。このようにして電流が流れる。さらにドットの電位が$\delta V/2$低くなるようにゲート電圧を変化させると再び，図(a)の状態に戻る。すなわち，電流の流れる状態と流れない状態は，ゲート電圧を変化させることで周期的に繰り返されることになる。

ただし，この場合，電子1個1個のトンネルのタイミングを制御できているわけではないので，電子1個1個の動きを制御しているとはいえない。タイミングまで含めて電子の動きを制御できるターンスタイルと呼ばれるデバイスもある[36]。ゲートに高周波のパルスを加えて動作させることで，1サイクル当り1個の電子を転送することができる。したがって，流れる電流Iは，パルスの周波数をf，素電荷をqとして，$I=qf$となる。このように，半導体中に流れる電流を，半導体の特性や形状とまったく無関係に制御できるため，例えばきわめて安定かつ正確な絶対値制御が行える基準定電流源が実現できる。

図3.48は，チャネル領域に多数のナノドットを形成し，それらが相互にトンネル接合された多重接合単電子トランジスタの構造を示す[37]。SOI構造を用いており，ソース，ドレーン，およびその間のチャネル領域に多数のトンネル接合がある。この場合，BOX（buied oxide）層を介した基板全体が，ゲートの役割を果たす。電子は，最も流れやすい経路に従って順次トンネルして移動する。いわば，広いチャネル内で，ソースからドレーンに向かって一筋の細い川筋がある，という状態になっている。この川筋は，クーロンブロッケイド

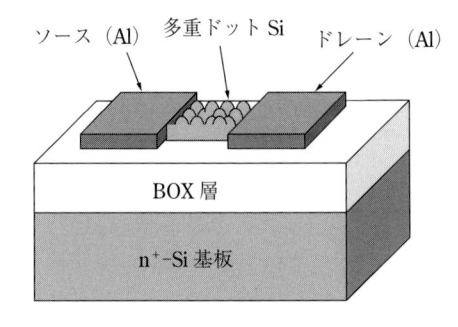

3.4 ナノスケールデバイスを用いたフォトンカウンティング撮像

図3.48 多重接合単電子トランジスタの構造

で支配される多重トンネル接合からできている．川筋周辺のドットが素電荷レベルでも帯電すれば，この単電子トンネル電流は変調を受ける．

なお，このデバイスの他の特徴は，ゲートバイアスの正負によってキャリヤが電子と正孔に振り分けられ，単電子トランジスタとしても，単正孔トランジスタとしても機能することである．これは，ソースとドレーンがAl/Siのショットキー電極で形成されていることによる．Al/Siのショットキー障壁は，電子に対しても正孔に対しても大きくは変わらないので，ゲート電圧の極性さえ変えればどちらも電極から注入できるからである．

図3.49に，多重接合単電子トランジスタのドレーン電流-ゲート電圧特性を示す．多重トンネル接合の特徴として，不規則な電流ピークが見られるが，先に述べたように，ゲート電圧に対して周期的に電流のオン，オフが変化

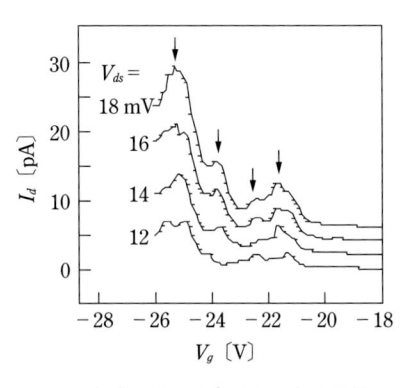

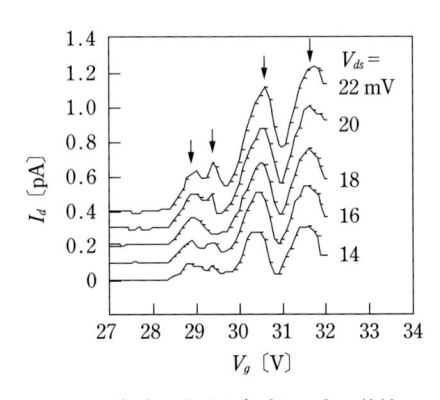

(a) 単正孔多重トンネル特性   (b) 単電子多重トンネル特性

図3.49 多重接合単電子トランジスタのドレーン電流I_d-ゲート電圧V_g特性

している様子がわかる。

　この構造では，周辺のドットのわずかな帯電状態の変化にも敏感に影響を受ける。このある種の不安定性を利用して，単一フォトン検出が試みられている[38]。**図3.50**は，単正孔トンネリングの状態にバイアス状態を設定して，光照射を行ったときの電流値の時間変動を調べたものである。この実験では，入射フォトン数を一定にして可視域の光を分光照射している。電流値がRTSと呼ばれる振舞いを示し，一定レベルの間を行き来することがわかる。先に，トランジスタのRTSノイズの振舞いについて述べたが，この場合は，ランダムに発生するパルス的変化が，単光子の吸収によって発生しており，その発生タイミングはランダムであっても，そのパルスをカウントすれば，それは検出された光子の数を反映している。

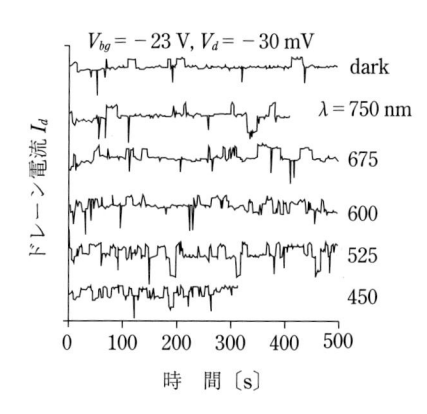

図3.50 多重接合単電子トランジスタへの光照射で発生するRTS

（$V_{bg} = -23$ V, $V_d = -30$ mV; dark, $\lambda = 750$ nm, 675, 600, 525, 450; ドレーン電流 I_d, 時間 [s]）

　なお，図3.48の構造のままでは，フォトン吸収を検出する感度があっても，大部分の光は下地Si基板で吸収され，量子効率はきわめて低い。そこで，基板で吸収された大部分のフォトンも，上部の単電子（単正孔）デバイスの特性変動から検出できるように，ゲートに相当する下地Siに低濃度のエピタキシャルp層と基板のp$^+$層からなる2層構造も試みられている。バックゲートバイアスを負側に印加して表面を空乏化し，基板で発生したキャリヤを集められるようにすることで量子効率が大きく改善される。

4 高エネルギー線による透視撮像

　本章は，高エネルギー線のうち，特に電磁波であるX線，γ線を用いたイメージング技術およびその応用について解説する。X線イメージングは長い研究の歴史を持ち，レントゲン写真やX線CTなど誰もが一度は目にしたことがある不可視光画像の中では代表格ともいえる分野で，医療をはじめ，工業，セキュリティーなど幅広い分野で実用化されている。

　高エネルギー線による透視撮像については例えば文献1）など放射線計測としての参考書があるが，ここでは，はじめに理解に最低必要な放射線の知識を提供したうえで，おもにイメージングに焦点をあて，ナノビジョンサイエンスによる高次情報抽出撮像など，これからのX線イメージングにも触れた。古くて新しいこの分野に取り組む研究者が増えることを期待する。

4.1　高エネルギー線の性質と線源

　高エネルギー線には各種のものがあり，それぞれに特徴を持つ。ここでは，物質を通過するとき，物質中の原子・分子に対して電離作用をする能力を持つ電離放射線について取り扱う。電離放射線は，もともと電離作用を持つ荷電粒子と，原子や原子核と作用して二次的に高速荷電粒子を発生させることで間接的に電離作用を持つ間接電離放射線に分けられる。詳細は専門書に譲るとして，簡単に性質を述べる。図 4.1 にいろいろな放射線の分類を示す。

　放射線は歴史的には1895年のレントゲンによるX線の発見からはじまり，1896年のベクレルによるウランの放射能の発見，1897年のトムソンによる電子線（陰極線）の発見，1898年のキューリー夫妻によるポロニウム，ラジウ

4. 高エネルギー線による透視撮像

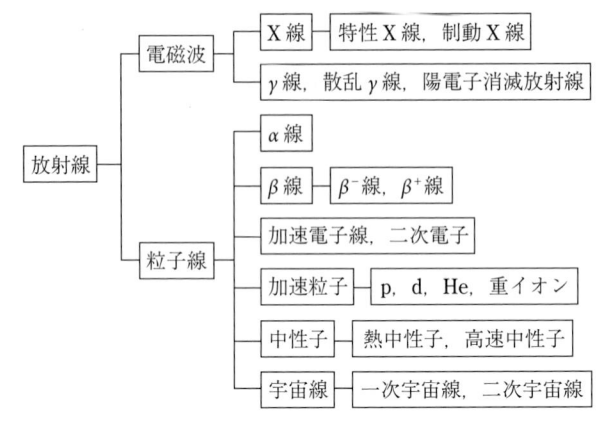

```
                    ┌─ X線 ──┬─ 特性X線, 制動X線
         ┌─ 電磁波 ─┤        └─ γ線, 散乱γ線, 陽電子消滅放射線
         │
         │         ┌─ α線
放射線 ──┤         ├─ β線 ── β⁻線, β⁺線
         │         ├─ 加速電子線, 二次電子
         └─ 粒子線 ┼─ 加速粒子 ── p, d, He, 重イオン
                   ├─ 中性子 ── 熱中性子, 高速中性子
                   └─ 宇宙線 ── 一次宇宙線, 二次宇宙線
```

図 4.1 放射線の分類

ムの発見,ラザフォードによる α 線と β 線の発見と続く.また,1900 年にはヴィラードが γ 線を発見し,1908 年にはラザフォードが α 線はヘリウム原子核であることを発見している.1912 年のヘスによる宇宙線の発見,1932 年のチャドイックによる中性子の発見とアンダーソンによる陽電子の発見というように,およそ 100 年ほど前に相次いで発見されている.これらの性質と線源について以下に述べる.

4.1.1 X 線, γ 線

X 線,γ(ガンマ)線は電磁波であり,広義の光(光子)である.一般の可視光に比べ非常に波長が短く,エネルギーが大きい.このエネルギー領域では光の波動性と粒子性のうち,粒子性の性質が強くなるため通常はエネルギーを使う.

X 線は制動 X 線,特性 X 線という原子や電子のエネルギー状態の変化によって発生する電磁波であり,γ 線は原子核のエネルギー状態の変化から放出される電磁波である.このように X 線と γ 線は,発生原因が異なるだけで,エネルギーの大きさや性質には関係ないため,本章では特に両者を区別することなく取り扱う.

これらは，荷電粒子ではないため直接的には電離作用は持たないが，物質中で原子と光電効果，コンプトン散乱，電子対生成という相互作用により高速二次電子を生成し，間接的に電離作用を行う．図 4.2 に電磁波のエネルギーと名称（用途）を示しており，非常に広い波長範囲（エネルギー範囲）を持っている．通常 X および γ の記号を与え，電荷は 0 e，静止質量も 0 u（原子質量単位　1u = 1.660 539 × 10^{-27} kg）である．

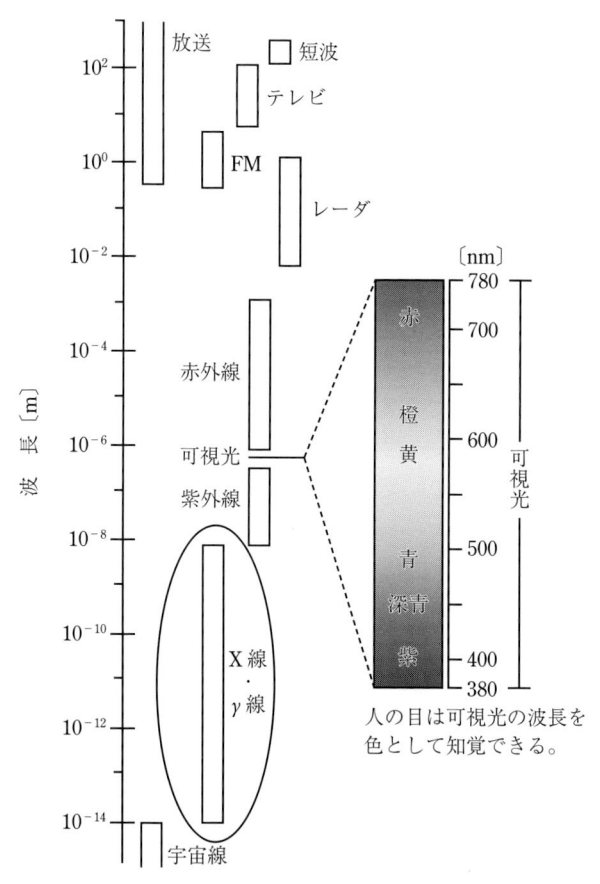

図 4.2 電磁波のエネルギーと名称（用途）

4.1.2 α 線,β 線,荷電粒子放射線

運動エネルギーを持つ粒子が物質中で電離作用を行うものであるため,実は非常に種類が多い。原子核から放出される α 線や加速器でつくられる α 粒子はヘリウム(^{4}He)の原子核(記号 α,電荷 $+2\,\mathrm{e}$,静止質量 $4.00\,\mathrm{u}$)であり,また原子核から放出される高速電子線である β^-(記号 β^-,電荷 $-1\,\mathrm{e}$,静止質量 $0.000\,549\,\mathrm{u}$)線,電子の反粒子,陽電子またはポジトロンである β^+(記号 β^+,電荷 $+1\,\mathrm{e}$,静止質量 $0.000\,549\,\mathrm{u}$)線や加速器でつくられる高速電子線の β 線(光子の相互作用で発生する高速二次電子もこれに相当する)があり,荷電粒子で直接に電離作用を持つ。

このほかに,プロトンと呼ばれる水素(^{1}H)の原子核である陽子線(記号 p,電荷 $+1\,\mathrm{e}$,静止質量 $1.00\,\mathrm{u}$)や重水素(^{2}H)の原子核である重陽子線(記号 d,電荷 $+1\,\mathrm{e}$,静止質量 $2.01\,\mathrm{u}$),種々の重イオン,^{235}U または ^{239}Pu の熱中性子核分裂によって生成する核分裂片(記号 FP,生成率が 1 % 程度以上の粒子の静止質量 80 〜 108,125 〜 155 u)などが挙げられる。なお,粒子の質量はその速度によって異なるため,静止質量で表したが電子線に比べ陽子線がいかに重いかが理解できる。

4.1.3 中 性 子

中性子も電荷をもつ粒子で,核反応や核分裂で生じる。中性子そのものは電離作用を持たないが,核反応により安定な原子核を放射性原子核に変換したり,原子核との核反応により高速の荷電粒子を生成する。

運動エネルギーが大きい中性子を高速中性子と呼び,運動エネルギーがたいへん小さい中性子を熱中性子や冷中性子と呼ぶ。核反応で生じた高速中性子は軽い原子核との反応で運動エネルギーが小さくなり熱中性子となる。記号は n,電荷 $0\,\mathrm{e}$,静止質量は $1.01\,\mathrm{u}$ で β 壊変して陽子になる半減期は 10.6 分である。

4.1.4 宇　宙　線

宇宙線は宇宙から直接やってくる一次宇宙線と，一次宇宙線が大気中の原子と衝突して生じる二次宇宙線があり，いろいろな非常に高いエネルギーを持つ放射線を含んでいるが，これらうちエネルギーの低い放射線の大半は太陽から，高いエネルギーの放射線は銀河や他の宇宙から到達する。二次粒子線がおもに地上に到達するが，7割程度がミューオンと呼ばれるμ粒子で，パイオンと呼ばれるπ中間子のほか，中性子や陽子，光子，高速電子線が含まれている。多種にわたるので詳細は他書に譲るが，μ粒子が壊変してニュートリノと電子が生じる。

なお，本章では特に電磁波であるX線，γ線に焦点を合わせて論じるため，特に断りがない場合はX線，γ線（光子）であると理解していただきたい。

4.1.5 X　線　源

X線源の話をする前に，物理学で習い，ご承知のこととは思うものの，一般にはそのエネルギー範囲が大きすぎてあまり直感的でなかった，エネルギーと質量が等価であることが放射線の分野ではごく普通に取り扱われる。

アインシュタインの相対性理論の結論の一つのエネルギーと等価の公式，$E=mc^2$は通常この分野で普通に使われている。例えば，静止した電子の質量の9.1094×10^{-31} kg は 8.1871×10^{-14} J に等しく，これは 0.5110 MeV に相当する。壊変などを取り扱うとき，これらはよく使われる。これらをγ線源として使う場合もあるが，ここではX線について述べる。一般的なX線源は，制動X線と特性Xが使われており，それぞれの詳細を以下に示す。中性子などについては専門書を参考されたい。

〔1〕 **制動放射線によるX線源**　図 4.3 に示すように，高速の電子が物質に入射するとき，原子の中心にある原子核の近くを高速電子が通過する際に，原子核（正の電荷）がつくるクーロン場によりローレンツ力を受けて進行方向が曲げられるが，運動量とエネルギーの保存則が成り立つようにX線（電

140   4. 高エネルギー線による透視撮像

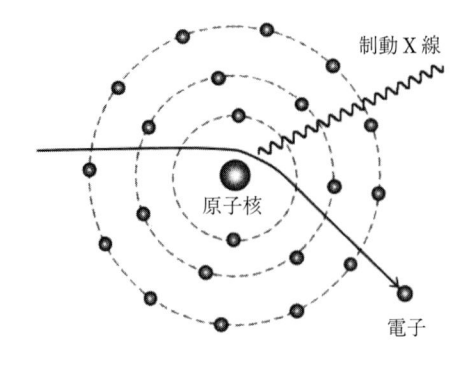

図4.3 制動X線発生の原理

磁波）が発生する。

　エネルギー保存則からX線のエネルギーは高速電子の原子核近傍通過前と通過後のエネルギー差に等しい。したがって，通過する高速電子から原子核までの距離が近ければX線のエネルギーが大きくなる。これによるX線は制動放射線（制動X線）や連続（白色）X線と呼ばれ，レントゲンが1895年に発見したX線はこの制動X線である。制動とは高速電子がクーロン場で制動を受けて減速されエネルギーを失うという意味で，そのエネルギーロスは高速電子と原子核との距離で毎回異なるため，入射高速電子線のエネルギーを最大とした連続したエネルギー分布となる。

　一般にはX線管が多く用いられ，真空中のフィラメントで発生した熱電子を電界で加速し，タングステンやモリブデンなどのターゲットに照射することで制動X線を発生させる。制動放射の確率は原子番号の2乗に比例するため一般に原子番号の高い物質がターゲットとして使われるが，放射効率はあまり高くなく1％以下程度で残りは熱になるため，高融点金属が選択される。一般にターゲットは空冷や水冷の冷却機構を持ち，必要に応じて回転式とされている。印加電圧は数kVから数百kV程度，電流は数μAから数十mA程度が多く使われ，X線の持つ短い波長で詳細な画像を得ることを目的とする場合には焦点径数μm以下の微小焦点形X線源による点線源が用いられることも多い。

　比較的広範囲のエネルギーや線量が選択でき，構造的にも丈夫で取り扱いも容易であるため，X線イメージングの線源として広く用いられている。

一方，白色X線であるため連続したエネルギー分布を持つが，これは場合によってメリット・デメリットの双方になりうる．また，熱電子源にかわって電界放射形電子源（フィールドエミッタ）などの新しい高性能電子源を用いる開発も進んでおり，極短パルス発生などの新しい機能を持ったX線源として期待されている．

〔2〕 **特性X線によるX線源**　特性X線は，高速電子が軌道電子（通常K軌道）にエネルギーを与えて軌道電子を放出させ，外殻の軌道電子（通常L軌道）がその順位を埋めるときに発生するエネルギー差がX線として放出されるX線である．したがって，軌道電子の結合エネルギーそのものは元素によるため，発生するX線のエネルギーは元素固有であり，特性X線といわれる．ただし，いつもL軌道とK軌道で発生するとはかぎらずいろいろな組合せがあるが，それぞれ固有のエネルギー値を持ち不連続であるため線スペクトルとなる．単色に近いその特性は，特にX線回折などに広く使われているが，一般に，そのエネルギーは10 keV程度以下というように小さい場合が多く，医療やセキュリティなどでの透過厚を必要とするイメージングの場合にはあまり多くは利用されない．

その一方で，最近ではエネルギーの高い特性X線源の開発も進んでおり，単色に近いX線源として期待が寄せられている．その一例として鉛の軌道電子のエネルギー順位を**図4.4**に示す．図中の記号のように埋める軌道の名前に基づき遷移元の順位とあわせて記号が定義されている．

〔3〕 **その他のX線源**　高エネルギー電磁波を発生させることのできるX線源はイメージング分野でも広く使われているが，さらに広範囲にエネルギーや線量範囲を変化させたい場合がある．イメージングに限っても，医療機器でのイメージングや，空港でのセキュリティチェック，R&D部門で広く用いられている非破壊検査装置をはじめ，食品検査装置や衣料品の検査や半導体検査などその応用範囲は広く，種々のエネルギー，線量の線源が要求される．

さらに，この範囲を大きく超えた例として，港湾での大形貨物の検査装置[2])があげられる．大形コンテナをトラック丸ごと測定するこの装置では，数cm

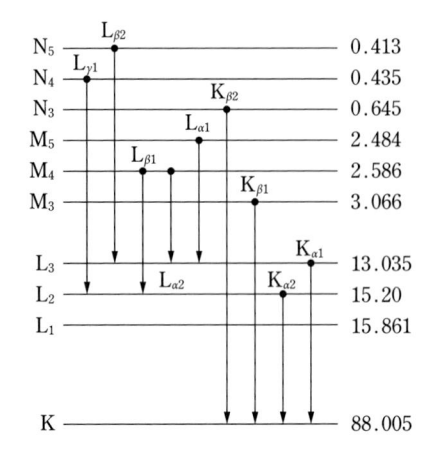

```
N₅ ——— L_{β2} ——————————— 0.413
N₄ ——— L_{γ1} ——————————— 0.435
N₃ ——————— K_{β2} ————————— 0.645
M₅ ——————— L_{α1} ————————— 2.484
M₄ ——— L_{β1} ——————————— 2.586
M₃ ——————————— K_{β1} ——————— 3.066
L₃ ——————————————————————— 13.035
L₂ ——————— L_{α2} ——— K_{α2} ——— 15.20
L₁ ——————————————————————— 15.861
K ——————————————————————— 88.005
```

図 4.4 鉛の軌道電子の
エネルギー順位

以上のコンテナ鉄板を透過させた内部情報を撮影するため，一般に数 MeV 程度の高エネルギーかつ高線量の X 線が用いられる．また，医療における治療用ではエネルギーもさることながら数 Gy/min 以上の高い線量が要求される．こういった目的では加速器が用いられるが，その大きさや使い勝手などから一般には直線加速器が多く用いられている．このように X 線エネルギーと線量の関係はその範囲が数けた以上に及ぶ広い範囲であることを理解していただきたい．

4.1.6 高エネルギー線の利用

高エネルギー線を用いたイメージングである X 線イメージングは医療におけるレントゲンや X 線断層診断（CT），空港などでのセキュリティチェックなど幅広く使われている．このように X 線イメージングは不可視情報のイメージングの中では代表的なものとして，だれでも一度は目にしたことがあるほど広く一般的に使われている．

さらに，最近では非破壊で内部構造を検査できる特長を生かして食品製造現場における異物検査をはじめ，研究開発部門における解析やリバースエンジニアリング，ポジトロン CT（PET），コンテナ丸ごとを検査する大形貨物検査装置，配管の検査装置など広がっている．もちろん，放射線を直接観察する環境

4.1 高エネルギー線の性質と線源

モニタや原子力廃棄物モニタなどの用途も広がっている。

一方で，宇宙の神秘を探る天体衛星やX線の新しい展開を目指すX線自由電子レーザなどの基礎物理学の分野でも重要な技術として発展している。現在のところ，X線イメージングではX線の持つさまざまな性質のうち，特に物質を透過する能力が高いことをおもに利用しており，これはレントゲンがX線を発見したとき以来その性質を利用し続けている。一方，検出器やイメージャーが進展し，他の性質を使うことができるようになれば，その他の性質である非常に短い波長を持つこと，吸収や散乱などさまざまな物質透過過程を持つことなどを利用した新しいイメージングを展開できる可能性を持っている。

なお，X線といえば被曝といった負のイメージがつきまとう。被曝は単に負のイメージだけではなく，実際に放射線を利用することから必ず発生する現象で，X線イメージングを応用する場合には用途による程度の差こそあれ，必ず考慮しなければならない。ただ，一般的な検査用途で用いられているX線はX線発生装置の電源を切りさえすれば切断されるため，適切な設計に基づいた防御や管理区域の設定とインターロックなどの運用に十分気をつければ安全に利用することができる。放射線利用による危険はなんとしても避けなければならないが，適切なリスク管理を逸脱した過剰な反応は，海外で急速に進むこの分野の進展にわが国が大きな遅れをとる可能性が十分にあり「放射線＝原爆＝被曝」ではない適切な危険の理解と注意をはらいたい。

さて，紹介したようにX線イメージングの利用は非常に広い範囲にわたっている。ここでX線とは，高エネルギーの電磁波である。狭いエネルギー範囲を持つ可視光の波長範囲に比べけた違いに広いエネルギー範囲を持つため，それぞれにあわせたイメージセンサやイメージング装置が必要である。本章では特に一般的に医療や工業用途やセキュリティ検査で広く用いられている数十keV程度のエネルギー範囲でよく用いられている例を用いるが，必要に応じてその他のエネルギー範囲についても述べる。

4.2 高エネルギー線撮像デバイスの基礎

4.2.1 高エネルギー線検出の原理

ここでは，高エネルギー線のうち特に電磁波であるX線，γ線について述べる。したがって，X線，γ線である光子と検出器を構成する物質の交互作用を考える必要がある。高エネルギー線はその名のとおり非常にエネルギーが大きいため，可視光の光子と物質の作用に比べて少し異なった作用を行う。光子が物質を通過するとき，光の吸収，散乱が起こり，入射方向と同方向に進む光の強度はしだいに減少する。一般に，任意の振動数の光に対し，光電効果，コンプトン散乱，電子対生成がX線での相互作用であり，すべてのX線検出器の重要な基礎となる。

〔1〕 **光電効果** 光電効果とは光子が原子によって吸収され，そのエネルギーがすべて原子に強く束縛されている軌道電子に与えられ，電子が運動エネルギー，$E = h\nu - I$，で放出される現象を示す。このとき，I は電子が原子の外に飛び出すためのエネルギー，すなわちイオン化エネルギーである。最も強く束縛されている電子が最も断面積が大きいため，K吸収端より高いエネルギーの光子では，約80％がK電子による吸収と考えることができる。この光電効果による吸収は低エネルギーでは，エネルギーの増加に伴って急激に減少するが，高エネルギーではその減少の仕方が緩やかになる。銅（Cu）によるX線吸収の例を**図4.5**に示す[3]。

光電効果において，光電子として放出された電子が占めていた順位には，外側の軌道から電子が落ちてくる。この際，それに伴って特性X線の放出，あるいはオージェ電子の放出（X線を出す代わりに，別の軌道電子にそのエネルギーを与えて電子が放出される現象），あるいは両方が起きる。

〔2〕 **コンプトン散乱** 光子のエネルギーがさらに大きくなり，原子中の電子の束縛エネルギーが無視できるようになると，光子と電子の衝突は，光子と自由な電子との衝突と考えることができる。このとき光子は電子によって

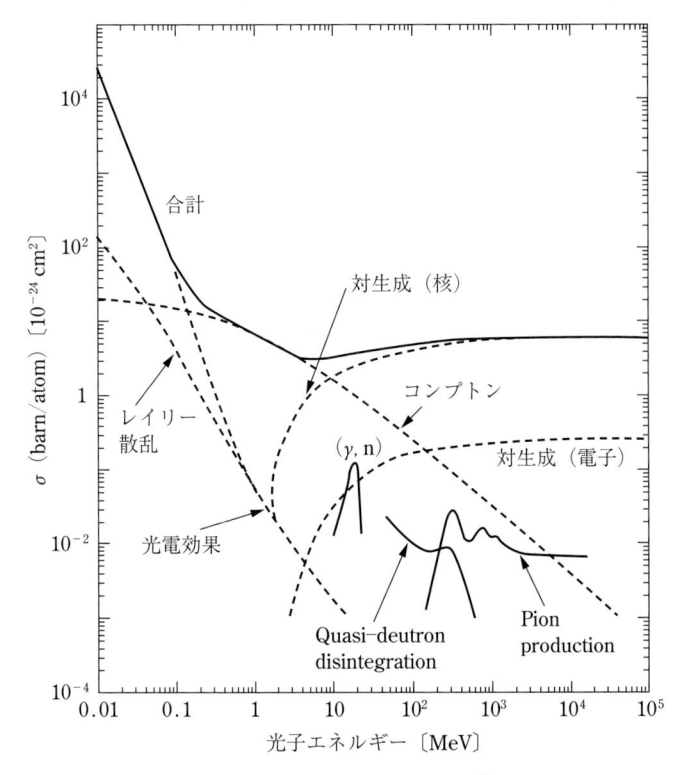

図 4.5 銅による X 線吸収の例[3]

散乱される。これをコンプトン散乱という。

入射エネルギー $h\nu_0$ の光子が,静止している電子に衝突して θ 方向に散乱された過程において,エネルギー保存則および運動量のエネルギー保存則を適用すると,散乱された光子のエネルギー $h\nu$ は次式で表される。

$$h\nu = \frac{h\nu_0}{1+(1-\cos\theta)-\dfrac{h\nu_0}{mc^2}} \tag{4.1}$$

また,衝突によって光子が失ったエネルギーがすべて電子に与えられたと考えると,散乱電子のエネルギー E は

$$E = h\nu_0 - h\nu = \frac{h\nu_0}{1+\dfrac{mc^2}{h\nu_0(1-\cos\theta)}} \tag{4.2}$$

で表される.物質にも依存するが光子のエネルギーが数 10 keV を超える領域になると,光電効果による吸収に対するコンプトン散乱の割合が増える.コンプトン散乱では角度を持った散乱が生じるため,コンプトン散乱を生じた光子や散乱電子が検出器内で再度吸収されたり,イメージャーである場合には他のピクセルで検出されたりするなどの影響を与える.したがって,可視光のデバイスに比較して動作が複雑になる.これはエネルギースペクトルを利用する形の検出器において影響は顕著となるが,エネルギーを取得しないタイプの検出器においても SN 比の劣化,擬輪郭の出現や解像度劣化につながるため,対象とするエネルギーや線源に応じた幾何学的な検出器形状の設計が重要となる.

一方で,コンプトン散乱と前述の光電効果は独立の事象であり,それぞれが物質やエネルギーに依存するため,エネルギースペクトルの取得によりこれらを利用した新しいイメージングの可能性を持っている.さらに高いエネルギーになると次の電子対生成が生じる.

〔3〕 **電子対生成** 原子核のクーロン場によって光子が原子核の近傍で消滅して,一対の電子と陽電子の対を生成することを電子対生成という.エネルギーと運動量の保存則を同時に成立させるためには,原子核または電子が存在して余分の運動量を受け取ることが必要であるため,この電子対生成は光子のエネルギーが電子対の全静止質量を上回る必要がある.

これは $h\nu > 2mc^2$ であることから光子のエネルギーが 1.02 MeV よりも大きい領域で発生する相互作用である.したがって,通常の X 線管を使った 1.02 MeV 未満の領域では考慮する必要はないが,最近増えてきた直線加速器などを用いた高エネルギー線源によるイメージングや医療イメージングなど高エネルギー X 線を利用する場合は考慮する必要がある.このときできた電子対のエネルギーは次式で表される.

$$E = h\nu_0 - 2mc^2 = h\nu_0 - 1.022 \quad [\text{MeV}] \tag{4.3}$$

一方,電子の場においても電子対生成が行われる.電子の場での対生成は,反跳電子も相当のエネルギーを受け取るので 3 個の電子対生成ともいわれる.この電子のクーロン場での電子対生成は,光子のエネルギーが 2.044 MeV 以

上でないと生じない。入射光子のエネルギーが小さい時は電子と陽電子が同じエネルギーを持つ確率が高くなり，エネルギーが高くなるとともにいずれかが多くのエネルギーを持つ確率が高くなる。

電子対の放出される平均角度は $\theta \sim m_e C^2/h\nu$〔rad〕で表される。電子対生成も角度を持った放出を伴うため，検出，特にイメージングにおいてはその再吸収などの影響を大きく受ける。エネルギーが高いため検出しにくい領域ではあるものの，このエネルギー領域を利用する検出器やイメージャーを設計する際には配慮が必要であるが，目的により利用できる形状などが限定されることもあり，排他的条件による最適化を図る場合が多い。

また，電子対生成では陽電子が発生するが，陽電子は電子と結合して消滅する陽電子消滅という現象を生ずる。陽電子の消滅はもちろん飛行中に生じる場合もあるもののその確率は小さく，ほとんどの場合はほぼ静止してから消滅する。消滅する際に2個の光子を180°の方向に放出し，この光子を消滅γ線という。制した状態においてはともに0.511 MeVのエネルギーをもつ。検出，特にイメージングにおいてはこの0.511 MeVの消滅γ線による影響を考慮しなければならない。エネルギーが高い領域であるため，例えば検出器アレーを構成したイメージャーの場合でも数十から数百ピクセル離れたピクセルへ信号を与えることもあり，高エネルギー線源を利用して低エネルギーから高エネルギー全域にわたって信号を利用するイメージャーではその対策も必要である。

また，電子対生成が主要な反応となる領域では，制動放射が主要な反応となり，反応ごとに粒子の数が増大する電磁カスケードと呼ばれる現象を生ずる。反応ごとに粒子の数が増大するが，平均エネルギーは減少してしだいに対生成や制動放射の割合が減少していく。これらも検出器やイメージャーにおいては大きな影響を持つため，電子対生成が中心となる高エネルギー領域の検出器やイメージャーで高性能を実現するためには放射線工学に基づいた工夫が必要であり，現在もその研究が続けられている。

なお，本章で一般的に取り扱う領域は前述のとおり100 keV以下の領域であり，この領域では電子対生成についての考慮は不要である。

〔4〕総　　　論　　X線検出器にしてもX線イメージャーにしても，検出器やイメージャーとX線が相互作用を起こしてはじめてX線を検出することができる。したがって，検出器やイメージャーを構成する物質とX線が相互作用を起こしやすいことが重要である。エネルギー帯によって考慮すべき点は異なるが，可視光のイメージャーと決定的に異なるのはX線を吸収するための厚さである。通常1μm程度のシリコンによる吸収厚さをもつ可視光に対して，高エネルギー線であるX線の減弱（前述のとおり単に吸収だけではないので減弱という）を効率的に起こすために密度が高く原子番号の大きい物質が用い，その厚さもmmからcmのオーダとなる。したがって，後述するが単純な検出器を設計・製作すること自体が簡単ではなく，また，測定対象も多種，広範囲のエネルギーにわたるため概論としてまとめることは容易でないが，本章では数十keV程度においての範囲で進める。

　ここでは少し基礎的な事項としてX線と物体の相互作用の物理を述べたが，より詳細は専門書を参照されたい。一般には，なじみの少ない分野であるため少々わかりにくいのは承知しているが，一方で，撮像においてもこの減弱作用が重要であるため，あえて述べた。撮像物体もおのずからX線を発生する物体を撮像することはPETやSPECT程度であり，一般にはX線源を用い撮像物体を透過したX線を検出，撮像する。したがって，撮像物体ももちろんX線と相互作用してX線を減弱させることが必要であり，上述した各種減弱過程を理解することがX線イメージング，特にX線光子のエネルギー情報を利用した新しい高度なX線のイメージングにおいて重要である。

4.2.2　高エネルギー線撮像デバイス概論

　X線をイメージングする場合には「位置情報」「強度情報」「エネルギー情報」の三つをとらえることで可視光の場合でのフルカラーカメラに相当する情報を得ることができる[†]。これまでにポイントセンサとして位置情報であるイメージはとらえることができないが「強度情報」と「エネルギー情報」の両方またはいずれかを取得できるセンサは広く使われている。例えば，テレビなどで時

折目にするガイガーカウンタや原子力発電所のモニタリングポストなどである。

一方で,「位置情報」と「強度情報」を取得するいわゆるイメージセンサも広く使われている。大きく分けて二つの種類があり,一つはX線の電磁波を直接電荷に変換する直接変換形のイメージセンサ,もう一つはX線をいったん可視光に変換してその光を電荷に変換する間接変換形のイメージセンサである。まずこの二つについて解説する。

〔1〕 **間接変換形X線イメージセンサ**　一般に多く実用となっているのは間接変換形のデバイスである。X線を可視光に変換するシンチレータとしてNaIやCsIなどが多く用いられている。シンチレータで可視光の画像に変換されたのち,CCDや光電子増倍管のアレーで電気信号に変換する。これは,数十keV（ここで取り上げている条件の場合）のX線のエネルギーが数eVの可視光に比べ4けたも大きいため,通常広く用いられているシリコンの光電変換面をもつCCDやフォトダイオードではほとんど透過して検出できないためである。当然,なんらかの形でX線を吸収してはじめて信号に変換することができる。エネルギーの大きいX線を吸収するには高い密度,大きな原子番号,厚い吸収層が必要で,通常のCCDなどではそのままでは対応できない。また,X線の線量,すなわち単位時間当りに検出器に入射する光子数は一般的に可視光の場合に比べかなり少ないため,高い効率でX線から可視光に変換し,高感度に検出,画像化しなければならない。

このため,シンチレータの出力側に光電子増倍管アレーを用いたイメージセンサが使われている。一方で,高感度および優れた対放射線特性をもつ光電子増倍管形イメージセンサであるが,高解像度化（高空間分解能化）およびCCDの進展で,シンチレータの出力側にCCDを用いたイメージセンサが広く実用化され用途に応じて使い分けられている。通常はシンチレータに直接

---

† （前ページの脚注）X線は人間の眼で見ることができない不可視光であることから可視光のような三原色を持つわけではない。エネルギー情報が得られたからといって,そのまま直接意味のあるイメージングにつながるわけではないが,これを活用することにより新しいイメージングが可能となる。

CCD を接続したフラットパネル形が多く用いられている。

　残念ながらX線は，いまのところ一般の可視光の撮像で用いる結像ができない。これは縮小光学系であるいわゆるレンズをX線の領域で実用的に使うことが難しいため，比較的大きなイメージセンサが必要となる。一部においては大形のシンチレータで発光した光をレンズで結合し，可視光のCCDなどで変換する仕組みのイメージセンサも存在する。これは非常に発達した可視光用のCCDやイメージセンサを使うことができるため，高解像度や高感度などの特徴を持たせることができる。しかし，結像光学系の体積を必要とするためにどうしても大形になるが，出力が通常のCCDなどと同一であるため汎用性が高いこと，特殊用途に用いられることが多いX線イメージングの領域では用途によって使い分けられている。

　これらイメージセンサはX線ならでは問題である，漏洩線による劣化が考えられる。現在の可視光イメージセンサには当然のようにMOSゲートが用いられている。高エネルギーの放射線はこのゲートを破壊する[†]。シンチレータを通過したX線が直接CCDなどに入射することによる問題であり，入射するX線のエネルギーに大きく依存する。入射X線のエネルギーが高い，すなわち波長が短いとき，X線の透過力は大きくなる。このため，一般に検出したいX線のエネルギーが大きくなればなるほど厚いシンチレータを用いることになる。この場合シンチレータ内部での可視光の拡散が無視できなくなり，解像度劣化の原因となる。優れた性能を持つ可視光イメージセンサを活用できる方式であるが，間接変換であることによる本質的な問題も持っている。

　一方で，検査機用途など検査物体，または検査装置が移動できる場合が多く，この場合にはラインセンサも多く用いられている。シンチレータとラインCCDを組み合わせたものが広く用いられており，多くの生産現場でインライン検査機用イメージセンサとして広く用いられている。静止した移動物体の撮影ではラインセンサで十分な場合が多く，一般に安価であるため広く用いられ

[†] 専門的には酸化シリコン層の欠陥を生じさせて特性を変化させたり，動作をさせられなくしたりする。

ている．

　また，動画撮像に際しては高感度である X 線イメージインテンシファイアもよく用いられている．これは X 線を CsI などの入力側のシンチレータで電子に変換し，電子を増倍したのち，蛍光体によって電子−可視光光変換をした像を CCD で撮像する方式で，高い解像度と好感度を実現し，特に産業用途で活用されている．

　ここで，X 線イメージングセンサをいくつか紹介してきたが，可視光と同様に感度，解像度に加えエネルギーを測定したいという需要がある．光を一つひとつの粒子としてとらえることができるいわゆるフォトンカウンティング動作をすることができる場合，可視光に比べて格段にエネルギーの大きい X 線フォトンではフォトンエネルギーとシンチレータの発光量が比例する．これを利用して X 線フォトンのエネルギーを測定することができるが，連続して入射しフォトンが測定時間内に重なりを持つ場合は利用できなくなる．シンチレータの残光特性，可視入力デバイスの性能に大きくかかわっており，エネルギー弁別のできる X 線イメージセンサがこれからのセンサとして望まれている．

　一方，X 線撮像の世界は残念ながら被曝の問題を避けて通ることができない．これは人体に対して用いる医療現場だけでなく，放射線に強くない半導体デバイス検査や，法的に照射量制限のある食品に至るまで幅広く影響する問題である．この意味において高感度は可視光での高感度以上の意味を持つ．したがって，高感度デバイスが強く求められこれまで開発が進められてきた．最近になり，高強度線源のモニタや X 線自由電子レーザといったこれまで考えられなかった高強度の線源によるイメージングも求められるようになってきており，複雑多岐に需要が広がっている．この場合においても，入力側のシンチレータと変換デバイスを自由に構築できる間接変換形 X 線イメージセンサは対応しやすいという特徴を持つ．例えば，前節で述べたとおり，高エネルギー帯での検出器は特別な配慮が必要となるが，それ以前に検出器材質と高エネルギー X 線が相互作用することが最低限必要である．

　一般に，高密度，高原子番号の物質が作用を起こしやすくなるが，これらを

後述の直接変換形，特に半導体検出器で実現するのは困難である。元素の周期表からわかるとおり，高密度で，原子番号の大きい物質は一般に半導体の領域をはずれるため，相互作用が起きても電気信号として信号を取り出すことが難しく，直接変換形の検出器やイメージャーを作製することが難しい。

これに対し間接変換形では，これはこれで困難な点はあるものの，例えばCdWOなどの高エネルギー対応形のシンチレータが開発されており，直接変換形に比べはるかに自由度が大きい。したがって，後述の直接変換形とはそれぞれの特長を生かして使い分けが進められるとともに，それぞれの領域を広げるためたがいに切磋琢磨して研究が進められている。

〔2〕 **直接変換形X線イメージセンサ**　光学的な常識に立って考えると，間接変換形の場合に直接変換形のX線イメージセンサの紹介をすべきであるが，原理はともかく実際には間接変換形が広く使われているため先に紹介した。直接変換形X線イメージセンサはその名のとおり，X線光子を直接に電荷（電流）に変換する形式のイメージセンサである。

これまで一口でX線と一くくりにして論じてきたが，実際にはX線と呼ばれる範囲だけで数けた以上のエネルギー範囲があり，非常に広い範囲を対象にしている。しかし，いずれにしても可視光に比べ格段に大きいエネルギーであるだけに，可視光イメージセンサと同一原理で動作するとはかぎらず，実際には動作しないといって過言ではない。これは，前述のとおりなんらかの形でX線を吸収してはじめて変換ができるわけで，ほとんどの場合に可視光に設計対応したデバイスではほとんどX線を吸収せず，そのためにイメージングセンサとはなり得ない。また，高エネルギー線であるX線はシリコンデバイスで重要なMOS構造の酸化シリコン層に欠陥を生じさせてトラップ準位を生成してしまうため，数nmの酸化シリコン層が動作特性を決定しているMOSデバイスにおいて致命的なダメージを与える。したがって，そのまま利用することは難しく，なんらかの工夫や新しい設計が必要となる。

X線の直接変換形検出器としては，半導体または気体を用いたものがある。ただし，多くは特殊な条件下である，例えば液体窒素冷却や冷凍機冷却による

極低温でしか用いることができない場合が多い。例えばシリコンやゲルマニウムの検出器がこれに相当するが，半導体検出器の場合では半導体内部で発生する熱雑音の影響が大きいためである。これは，可視光に比べて一般にけた違いに少ない光子数で撮像することが多く，熱雑音が大きく影響すること，検出器容積が大きく熱によって発生する電子が多くなることによる。したがって，熱雑音を減少させるため液体窒素やペルチエ素子で冷却して用いられる。

例えば，電子顕微鏡でのエネルギー分析に多く用いられているシリコン検出器においては，最近まではLiドリフト形検出器が多く用いられており，Liの移動拡散を防ぐため使用時以外も液体窒素冷却が必要であったが，最近では表面障壁形が普及し，通電時のみの冷却で対応可能となった。

一方で，非常に高いエネルギー分解能（X線フォトンのエネルギーを判別する能力）をもつGe検出器は大形高純度結晶が作成できることから高性能検出器として用いられているが，液体窒素冷却は不可欠である。その他，化合物半導体でInSbなどは高エネルギー分解能検出器として有望視されているが，高いエネルギー分解能を得るためにはどうしても半導体のバンドギャップを小さい方向へ持っていき，1電子を発生させるために必要な光子のエネルギーを小さくする必要があり，熱雑音発生の関係で常温動作デバイス実現は困難である。

常温デバイスとするためには大きなバンドギャップを持つ半導体で熱雑音を小さく抑える必要がある。一方で，X線を効率よく吸収するためには，一般に高密度で，原子番号の大きい物質である必要がある。原子番号の大きい物質は，原理的にバンドギャップが小さくなる傾向にあり，両者を満足することは実際には難しい。しかし，イメージセンサ，特に一般の工業や医療で使う用途のセンサには常温動作が強く望まれている。現在ではイオン結合性が強くなるとバンドギャップが大きくなる傾向にある化合物半導体であるCdTeやCdZnTeを中心にSe[4]，TlIやTlBr[5]なども出現し始めている。

一方，直接変換であることからシンチレータ内での光の拡散は原理的に存在せず，このため高い空間分解能（解像度）が期待できる。また，直接電荷を観

察できるため，高いエネルギー分解能も期待できる。こう述べるといいことずくめに聞こえるが実際は簡単ではない。まず，縮小光学系を使うことが困難なX線領域では撮像物体サイズに見合った大きさのデバイスが必要である。多結晶で作製することが多いシンチレータは比較的大形化が容易であるが，半導体単結晶，それもX線吸収のために厚い吸収層を持つデバイスを大面積で作製することは難しい。特に化合物半導体をイメージセンサとして満足のいく画質を得ることのできる均質さでデバイス化することは非常に困難である。また，標準プロセスでプロセスを進めることのできるシリコンに対して，ほとんどなにもできないといってよいほど，プロセスに関してはこれからの進展が必要な半導体でもある。もちろん，結晶の質おいてもシリコンのそれには及ばない。したがって，X線イメージセンサとしてはこれからの進展が望まれる。

　CdTeは筆者らが採用している半導体で，原子番号，密度が大きいうえ，バンドギャップが大きく熱雑音が小さいため室温動作が可能で，筆者らの研究室では長年取り扱ってきているⅡ-Ⅵ族化合物半導体で多少はプロセスを確立しているなどの特徴を持っている。詳細は専門論文に譲るがCdTeをショットキー形ダイオード構造[6]やpinダイオード構造[7]として検出器を作製できるようになり急速にその特性が進展した。図 4.6 はこうして作製したpinダイオード構造を持つ集積化した64ピクセルCdTeイメージセンサ素子部[8]である。

　CdTe検出器を採用した1 mmピッチの64ピクセルラインセンサもマイク

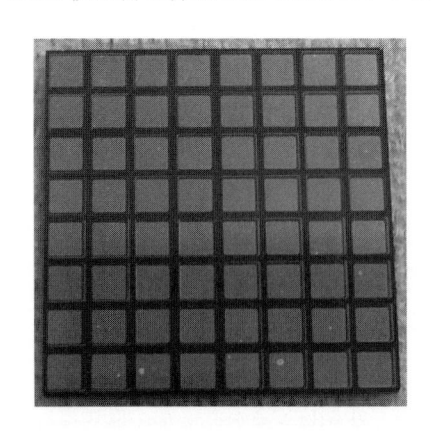

図 4.6　pin 構造 64 ピクセル CdTe イメージセンサ素子部[8]

ロフォーカスX線源と組み合わせたX線検査装置向けとして販売される[9]）に至っている。このイメージセンサのバリエーションとして長尺のラインセンサ，解像度0.5 mmピッチラインセンサ，二次元形イメージセンサ（カメラ）などさまざまな携帯のセンサを開発している[10),11)]。現在のところ，その動作速度の関係でダイナミックレンジがまだ小さく，R&D向け解析用途としては実用的であるものの，インライン検査での高い処理能力のイメージングには工夫が必要な段階で，価格の低価格化とともに対応が望まれている。また，この種のイメージセンサを用いたポジトロンCT装置も試作がはじまっている。

また，大面積撮像向けにアモルファスSeを用いた光電変換面と大面積液晶テレビ用のアクティブマトリクスTFTによる読出し回路を備えた検出器も出現し[12)]，医療機器への搭載が試みられている。また，違った形の直接変換形X線イメージセンサとしてHAPR光電面をフィールドエミッタアレーで読み出すイメージセンサ[13)]も研究されており，医療用となどで試験が開始されている。

このようにまだ研究開発が進む段階である直接変換形であるが，間接変換形とそれぞれの特長を生かして棲み分けが進むと考えられる。

4.2.3　X線のエネルギー検出

ここでは，直接変換形X線検出器を用いた高次情報抽出画像をナノビジョンサイエンスにおける高エネルギー線イメージングの一つとして後述する。X線のエネルギー情報を用いたイメージングを取り上げるためその原理を簡単に説明する。

可視光や紫外光などの場合は光子のエネルギーが検出器物質のバンドギャップエネルギーに近い。したがって，吸収された光子のエネルギーは1組の電子－正孔対を発生させ電荷として取り出すことによって，光の信号を電気信号へと変換する。この際，検出器のバンドギャップエネルギーより光子エネルギーが小さければ電子－正孔対は発生せず，逆に光子エネルギーが大きければ電子－正孔対が発生する。したがって，検出したい光子エネルギーより小さいバンド

ギャップエネルギーを持つ物質を検出器材料とし，単位時間当りに発生する電子－正孔対量，すなわち電荷量を一般的には電流としてカウントすることで入射光子の量を測定する．ここでは，エネルギー情報は検出器材料のバンドギャップエネルギーに比べ大きいか小さいかのしきい値のみで得ることができるが，一般には光子の量，すなわち入射光の強度だけを検出することになる．

　これに対し，X線の領域は光子エネルギーが極端に大きい．X線と物質との相互作用の項でも述べたが，エネルギーの一番小さい最外殻電子の励起で電荷が発生する可視光領域と異なり，原子に吸収された全エネルギーが原子に強く束縛されている軌道電子に与えられるX線の領域では，最終的にX線光子1個に対し1組の電子－正孔対が発生するわけではなく，複数個発生する．この電荷数がある程度の範囲内では光子エネルギーに比例することから，これを用いてエネルギーを求めることができる．もちろん，間接変換形の検出器の場合には，入射したX線光子のエネルギーに応じた可視光光子が発生するため，光の強度としてこれを求めることができる．

　例えば，Siでは常温で3.61 eV当り1組の電子－正孔対が発生し，高エネルギー分解能検出器としてよく用いられるGeでは77 Kで2.96 eVで1組である．室温動作検出器で用いられつつあるCdTeでは4.43 eVであるため，例えば100 keVのX線光子一つがCdTe検出器に入射すると約22 600組の電子－正孔対が発生することになる．

　しかし，一つのX線光子のみを測定する場合はこの原理でエネルギー判別ができるが，複数個のX線光子で同時に電荷を発生した場合にはエネルギーを求めることができなくなる．つぎのX線光子が入射する前に，光電変換を終了し電荷を取り出してエネルギーを求め，これを単位時間当り測定を繰り返してヒストグラムを求めればエネルギー分布図（スペクトル）を得ることができる．

　これには光子と光子が分離できる速度ですべての処理をすることが要求され，光子一つをカウントする必要があることからフォトンカウンティング動作と呼ばれる．これに対し，発生電荷を一定時間蓄積してから読み出す，一般的

な可視光のデバイスと同様な原理を持ちエネルギーを光子レベルで判別することのない検出は「蓄積動作」と呼ばれている．フォトンカウンティング動作はその信号処理が光子一つで発生した電荷を電流として処理する際にパルス信号であることからパルスモード，蓄積した電荷を取り出すときは電流となることから電流モードと呼ばれることも多い．

　もし，無限に小さい時間に無限小の場所（すなわち 0）であれば，数学的に同時に X 線光子が検出器に飛び込む確率は，発生源において相関性がない場合は 0 となるが，実際には検出には時間がかかる（すなわち有限時間）ため，複数の X 線光子が同時に検出器に飛び込む確率が存在する．複数同時に飛び込むことをパイルアップと呼ぶが，パイルアップを減少させるため，X 線強度におけるダイナミックレンジ拡大のためには検出器の高速化，信号処理の高速化，実装技術にいたるまで細部にわたって検討され，高い入射レートに至ってもパイルアップが生じないための研究が続けられている．

　一方で，エネルギー分解能を高くする努力も続けられている．原理的には先に述べた電子 - 正孔対を発生するのに必要な平均のエネルギー[†]は物質で決まるため，検出器の物質が真の意味でのボトルネックとなる．そのため，よりこのエネルギーの小さい物質，例えば InSb を用いた検出器開発が続けられている[14]．

　個々の電離過程が完全な独立な統計的事象であれば完全なポアソン分布を持つ揺らぎであるが，実際には完全に独立な統計的事象でないためポアソン分布にし従わない成分を持つ．したがって，原理的に理想値より低いエネルギー分解能を持つことになるが，現在，同軸形 Ge 検出器など一部の検出器を除いては，まだこの揺らぎ以前の低いエネルギー分解能であり，多くの研究者が切磋琢磨して研究開発を続けているのが現状である．

[†] ここで，平均のエネルギーと述べたのは電離過程において生成される電子 - 正孔対の数は統計的な揺らぎを持つためである．

4.2.4 X線撮像システムの基礎

基本的にはX線撮像システムは

・X線源, ・X線イメージングデバイス（検出器）, ・被写体

から構成される。可視光のシステムでの光源，カメラ，被写体とほぼ同じであるが，大きく異なるのは可視光ではほとんどの場合に被写体からの反射光を撮像することになるのに対し，X線ではほとんどの場合に被写体の透過光を撮像することになるため，一般にはX線源とイメージングデバイス（イメージャー）の間に被写体が配置される。

また，前述のとおり，X線は可視光と異なり，レンズ系，すなわち縮小光学系を用いることが一般には難しいために，可視光では被写体より小さいイメージャーを用いることが一般的な撮像であるのに対し，X線では被写体より大きいイメージャーを用いることが多い。これはX線撮像が等倍ないしは拡大光学系を用いることになるためである。

可視光におけるスキャナを想定すればおよそのイメージが想像できると思われるが，被写体と同等以上のサイズをイメージャーに要求されるため，規模，価格等を考慮しスキャナと同様のラインセンサを用いることが多い。これは，工場でのインライン検査においてベルトコンベアなどで被写体が移動する場合も多く，この場合もラインセンサで撮像が可能なため，どうしても大規模・光学になりがちなX線撮像システムではラインセンサが広く用いられている。もちろん二次元センサ（カメラ）も移動が難しい領域，例えば歯医者などの医療や被写体が動く場合などでは用いられている。また，波長が短いX線の特長を生かした拡大撮像による高解像度撮像では，X線源として微小焦点を持つ点線源（通称マイクロフォーカスX線源と呼ばれる）を用いることが多い。

これらはもちろん用途によってさまざまな形態が存在するが，可視光と異なり自然界にほとんどバックグラウンドとして存在せず，ほとんどが透過撮像となるX線ではX線源が可視光以上に重要となる。また，X線ではCTが実現しやすいことから，医療やインライン検査以外のいわゆるR&D検査装置ではX線源とイメージャーを固定し，被写体を上下左右前後と回転させることができ

るステージ（XYZθステージ）を搭載している場合が多い．医療の場合は人体を動かすことはできないため，線源やイメージャーを移動する構造を搭載することとなる．

一方で，可視光と異なり忘れてはならないものの一つにX線を外部に漏洩させないための防御システムである．一般には，X線の吸収能力の高い鉛が用いられるが，鉛は柔らかく重量があるため，そのままでは用いにくい．鉄板などで鉛をサンドイッチした構造を用いる．また，のぞき窓を必要とする場合，直接X線が照射されない場所に窓を設けるが，散乱線の漏洩を防ぐため，一般にはX線吸収能力を持つ鉛ガラスを用いる．医療検査装置や向上でのインライン検査装置ではX線源側にX線の絞り（コリメータと呼ぶ）を設け，できるかぎり照射面積を小さくしてイメージャーのみに照射されるようにして漏洩を減らしたり，線源を上部に設置して漏洩を大地に向けるなど工夫がなされている．

なお，高エネルギーになればなるほど防御は難しくなり，1MeVを超えるエネルギーでは数メートルに及ぶ壁を設けたり，さらに高エネルギーでは物体の放射化を考慮したりする必要があるなど防御は難しくなるが，重要な問題である．前述のとおりX線はバックグラウンドノイズは非常に小さいため，非常に高感度のイメージャーが実現できれば線源も小さくでき，簡易な防御での撮像の可能性を持つ．現在，筆者らの研究室ではフォトンカウンティングによりそのレベルに近くなりつつあり，可視光と同様のショットノイズが問題となるレベルになりつつある．

防御については種々の法令で規制されるとともに，一つの学問領域でもあるため，これ以上の詳細は専門書に譲るが，いずれにしても被曝という危険性を避けて通ることのできないX線では重要である．

また，撮像システムでは，その撮像精度，例えば空間分解能（可視光でのいわゆる解像度に相当する）やエネルギー分解能のほかに撮像の処理能力が要求される．被曝の問題もあり一般にX線源の強度は可視光に比べけた違いに小さいため，撮像のための光子数を確保するためには時間を必要とする．低線量

ではショットノイズが問題となってくるため，光子数を確保することでSN比を向上させたいが，そのためには時間が必要で全体としての撮像の処理能力が減少する。特にエネルギー情報を得るためのフォトンカウンティング動作を用いる場合にはこれまで実用的な撮像速度で撮像することができないとされてきた。これはいわゆる実用的なX線撮像システムではエネルギー弁別をした撮像ができない，ということにつながるが，筆者らはエネルギー弁別による高次情報抽出撮像を実用システムに取り入れるべくイメージャー開発を行ってきた。図4.7にこうして開発したCdTe放射線ラインセンサのブロック図を示す[15]。室温動作のできるCdTe検出器において高バイアス印加（電荷の高速取出しにつながる）が可能なようにレーザドーピング法を用いたpin構造ダイオードを作製し，完全空乏化による小容量検出器を開発した。高速化のためコンパレータとカウンタを用いたLSIを開発し，データを圧縮することによる高速に対応したデータ転送を実現することで実用システム搭載を可能とした。もちろん，そのためにはブロック図には示していない，例えば高度実装技術による浮遊容量の低下，ノイズ減少などのさまざまな工夫がなされ，現有の検査装置のイメージャーと測定条件のみを置き換えることで実用的な検査装置での活

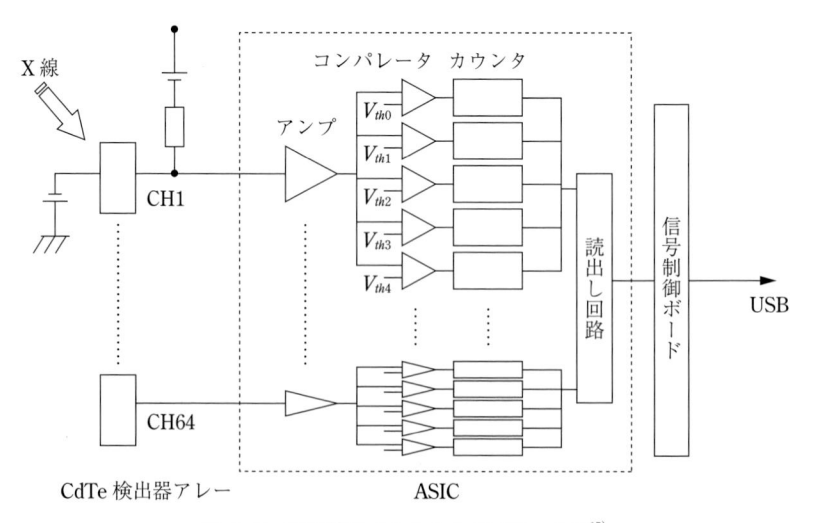

図4.7 放射線ラインセンサのブロック図[15]

用が可能なように設計されている．実際には，まだまだ実用機でのインライン検査では不足している部分もあり現在も研究が続けられている．

4.3 高エネルギー線での高次情報抽出撮像

まず，高次情報の定義があげられるが，可視光の場合と比較した場合は物体内部情報の抽出ということでX線透過像自体もその一つである．X線撮像の利用としては当たり前に近いものであるが，これは目には直接に見えないものを見る，特に透かして内部構造を見ることができるX線ならではの特長を生かして非常に広い範囲で使われている．

例えば，医療応用ではレントゲンや歯科観察用，工業応用ではR&Dセクションでの非破壊検査，微小クラック検査や配管検査，食品異物検査など，セキュリティ対策として，空港や港湾での手荷物やコンテナ，郵便物の検査などがその代表例である．図4.8に500円玉と10円玉のX線透過像を示しており，表裏が透けた状態で撮像[16]されていることがわかる．

図4.8 500円玉と10円玉のX線透過像[16]

また，イメージングとしての応用まで範囲を広げると，原子力発電所でのモニタ用途や宇宙天文学での衛星搭載，素粒子物理学での学術利用などその範囲は広大である．

一方で，X線イメージングは，断層写真，すなわちX線コンピュータトモグラフィー（computed tomography：CT）を実現しやすい特徴がある．他の波長の光では難しい断層写真は，物体を切断することなく内部構造を知るとことができ，複数枚を連続して重ねることにより物体内部の三次元構造を知ること

もできるため，X線イメージングならではの用法として広く用いられている。医療でのX線CTをはじめ非破壊検査用でも広く使われつつあり，またセキュリティ現場でも使われ始めた。なお，PET（positron emission tomography）と呼ばれるポジトロンCTやSPECTなどもこの一種である。

ここでCTは物体内部の断面の像を得ることができる手法であり，医療現場ではMRI（magnetic resonance imaging）と並んでよく知られているが，前述のとおり，この断層像を複数枚連続して撮像することにより，内部構造を含んだ完全三次元のボクセルデータを得ることができる。非常に高次の情報を抽出することのできるたいへん強力な手法である。一方で，このX線CTの断層像はX線の減弱係数の二次元マッピング像であり，測定時には物理的にX線減弱量（減弱係数と減弱長の積）しか測定することができないが，CT再構成を行うことで，減弱係数と減弱長を分離した二次元像とすることができる。物理的にはパラメータが一次元減少したこととなり，さらに新しい高次情報抽出の可能性が広がる。

このようにX線イメージングは形状の検出が得意であるが，材質の識別ができないといわれてきた。ここでは，最近の筆者の研究室で進めているX線の複数のエネルギー情報を用いた材質識別型のX線CTについて紹介する。これは前述のX線のエネルギー情報を用いた新しいX線撮像の一つで，高度情報抽出イメージングの一つである[17]。

X線CTでは材質（原子番号と電子密度）によって決まる減弱係数と厚さの積である減弱量を測定する。これはCTに限らず一般の透過像でもこの減弱量を測定することになるが，透過厚さの不明な透過像ではここから減弱係数を求めることはできない。CTにおいては画像再構成により減弱係数マッピング像を得るため厚さの項が一次元減少する。ここへ二色X線CTの手法[18],[19]を用いて電子密度と原子番号を分離することにより，材質を識別したCT像を得ることができる。詳細は論文などに譲るとして，以下簡単に原理を説明する。X線での減弱は前述のとおり次式で表すことができる。

$$\mu(E, Z, \rho_e) = \rho_e \left[{}_e\sigma^{\mathrm{coh}}(E, Z) + {}_e\sigma^{\mathrm{incoh}}(E, Z) + {}_e\sigma^{\mathrm{Ph}}(E, Z) \right] \quad (4.4)$$

ここで，μ：減弱係数，E：X線エネルギー，Z：原子番号，ρ_e：電子密度，σ：断面積，coh：コヒーレント散乱，ihcoh：インコヒーレント散乱，ph：光電吸収

また，光電吸収とコンプトン散乱がおもに生じる領域では

$$\mu(E, Z, \rho_e) = \rho_e \left[Z^4 F(E, Z) + G(E, Z) \right] \quad (4.5)$$

ここで，F：光電吸収項，G：コンプトン散乱項

のように表される．これらは以下のように書き換えることができる．

$$Z^4 = \frac{\mu(E_2) G(E_1, Z) - \mu(E_1) G(E_2, Z)}{\mu(E_1) F(E_2, Z) - \mu(E_2) F(E_1, Z)} \quad (4.6)$$

$$\rho_e = \frac{\mu(E_1) F(E_2, Z) - \mu(E_2) F(E_1, Z)}{F(E_2, Z) G(E_1, Z) - F(E_1, Z) G(E_2, Z)} \quad (4.7)$$

こうして E_1，E_2 の2種類のエネルギーを用いることで原子番号と電子密度を分離することができる．ここでは，前述のイメージャーを用いるため，正確には E_1，E_2 の2種類の単色のエネルギーではなく，エネルギー幅を持った2種類のエネルギーバンドとなるため，この影響を含めた補正が必要であるが，ここでは省略する．

したがって，これを用いることによりX線CT像において，これまでの減弱係数マッピングから一つ高次の情報である原子番号マッピングと電子密度マッピングを得ることができる．もちろん，原子一つひとつの空間分解能を持つものではないため，それぞれ実効原子番号，実効電子密度となる．これにより実用的には骨と肉を区別したり，スーツケース中の危険物質を判別したりなど，これまでの形状検出能力に加え，原子番号と電子密度という材質の識別能力が加わり，新しいX線CTによる高次情報抽出撮像として期待できる．

図4.9に，炭素，マグネシウム，アルミニウム，チタンの原子番号マッピングを示す．炭素の透過量が大きいことによるコントラスト低下が観察されるものの，原子番号精度としては±0.3以下に収まる精度を得ている．材質が識別できることで，例えば肉と骨の分離や，危険物だけの特定など従来のX線

図 4.9 炭素，マグネシウム，アルミニウム，チタンの原子番号マッピング

では不可能とされてきた領域に用途が広がる。現状で，測定速度を除けばかなり高精度な材質識別画像の再構成が可能となってきており，高速化や解像度の向上とあわせて研究を進めている。一方，これは完全な内部構造情報を持つ三次元 CT において，注目したい情報のみを取り出す手法としても期待され，新しい CT の活用法につながる可能性を秘めている。

　一方，物質により減弱係数には大きな差がある。例えば炭素では高エネルギー帯ではほぼすべて X 線を透過してしまうのに対し，チタンでは低エネルギー帯ではほぼすべての X 線を吸収してしまう。医療応用のように原子番号や電子密度が比較的に近い元素で構成される人体の場合はあまり問題とならないが，リバースエンジニアリング用途やスーツケース内などの生活用品の場合は原子番号や電子密度が比較的離れた元素で構成されるため，この点についての考慮が必要である。

　また，単純に 2 種類のエネルギー値（エネルギーバンド）を用いただけでは，離れた原子番号が想定される用途，例えばスーツケース内の検査などでは対応が難しい。特に，実用的な測定速度を求められる際は長時間測定によるフォトン数確保をすることが困難であるため，画像として高い画質にすることが難しくなる。画像検出をすることで単体でエネルギースペクトルを測定する以上に空間内での揺らぎが問題となるため，画像検出では格段に難しさが増す。単に高性能単素子検出器が開発できたとしても高性能画像検出器がなかなか実現しない理由でもある（高性能単素子検出器が開発できなければ画像検出器もできないので，単素子検出器開発が重要であることはいうまでもない）。

4.3 高エネルギー線での高次情報抽出撮像　　　165

そこで，図 **4.10** に，炭素，アルミ，チタンを，異なったエネルギーバンドで測定し，異なったエネルギーバンド間で前述の原子番号算出演算を行った結果を示す。左下側の数値はこの図より求めた平均原子番号である。これより，炭素（軽元素）の場合には低エネルギーバンドどうしでの演算が，チタン（重元素）の場合には高エネルギーバンドどうしでの演算が高精度な算出に有効であることがわかる。ただし，実際にはこの例のような単体で大きな物体を用いることはほとんどなく，複合材料で場所による異なる材質の場合が多いことから，2種類のエネルギーバンドのみで有効な画像を得ることは困難である。したがって，2種類の単色X線で効果を上げている医療応用とは異なり，X線源は連続（白色）でイメージャー側で複数のエネルギーバンドを取得でき

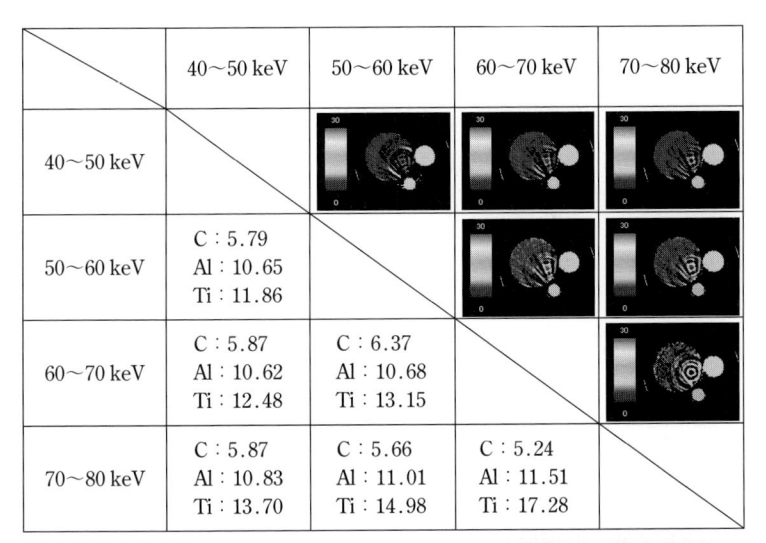

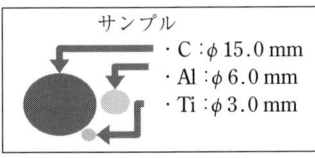

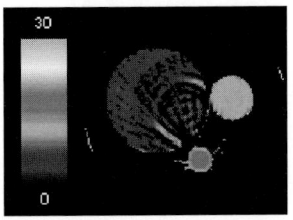

	40〜50 keV	50〜60 keV	60〜70 keV	70〜80 keV
40〜50 keV		[image]	[image]	[image]
50〜60 keV	C : 5.79 Al : 10.65 Ti : 11.86		[image]	[image]
60〜70 keV	C : 5.87 Al : 10.62 Ti : 12.48	C : 6.37 Al : 10.68 Ti : 13.15		[image]
70〜80 keV	C : 5.87 Al : 10.83 Ti : 13.70	C : 5.66 Al : 11.01 Ti : 14.98	C : 5.24 Al : 11.51 Ti : 17.28	

サンプル
・C : φ15.0 mm
・Al : φ6.0 mm
・Ti : φ3.0 mm

図 4.10 異なるエネルギーバンドを用いた原子番号マッピング像

るイメージャーの特性を利用して，取得画像の各ピクセルごとにすべての点で最適なエネルギーバンドを選択し演算することで，図 4.10 に示すような全体にわたって高精度な原子番号マッピング像の取得を可能とした．

なお，複数のエネルギーバンドを用いる場合は多変量解析などの高精度化手段も考えられるが，物理的に正しい値が測定できていることが前提であり，それが大きく外れる領域が存在すると考えられること，演算ステップ増大による演算時間の増加が想定されるため，あえて 2 エネルギーバンド情報利用とした．後者は，画像演算では現状考慮が必要な点で，例えば XGA クラスの画像の場合でも演算はおよそ 100 万点を計算する必要があるため，単純な四則演算レベルと複雑な演算では大きな差が出る．このあたりは可視光と同様であるが，通常，単素子検出器（ポイントディテクタ）がエネルギー情報取得に多く用いられている X 線領域では忘れられがちな要点である．実用的な画像計測用とではこの点も十分考慮する必要があることを忘れてはいけない．

この例と異なり，被写体を構成する原子番号が近い場合も分離精度の向上が必要である．特に，有機物を対象とした場合は平均の原子番号は非常に近いものが多くなるため，さらに高精度の原子番号分離が必要となる．また，CdTe はそのエネルギー分解特性の時間経過（内部の分極効果で時間とエネルギー分解能，ピーク位置が変動する）も重要な問題であり，その利用方法も含めてまだまだ研究が必要である．

さらに，撮像時間の減少は実際の応用においては非常に重要で，単に実用的なための処理能力の向上のみならず，X 線ならではの問題である被曝を減少させるためにも今後とも進展させる必要がある．

4.4 撮像システムの実際と応用

前述した撮像システムは実験用に開発したエネルギー弁別型のフォトンカウンティング形 X 線 CT 装置である．最大 150 keV，110 μA のマイクロフォーカス X 線源，最大 512 ピクセル 0.5 mm ピッチ，5 エネルギーしきい値を持つ X

線イメージャーを搭載し，XYZθの4軸自動制御ステージに被写体を固定し撮像が可能となっている．最大の検出器の入射レートは2Mcpsである．

一方で，実際の撮像システムはその用途により大きく異なる．以下にその概略を述べる．

〔1〕 **非破壊検査用X線CT装置（R&D向け）** 　数十〜数百keVの比較的エネルギーの高いX線源を搭載し，検出器には多くの場合，シンチレータ＋CCDまたはX線イメージインテンシファイヤー（X-ray I.I.），が用いられている．最近ではフラットパネルCCDと呼ばれるシンチレータと大面積CCDを一体化した検出器が用いられることもある．

一般に，被写体を移動して撮像することが多く，自動移動ステージやX線CT撮像のための回転ステージが搭載され，この上に被写体を固定する．多用途に設計されたものが多く，高解像度画像を得るために微小焦点X線管と高解像度イメージャーを搭載した機種が多い．

小形のものでは，テーブルトップタイプから，大形のものでは床面設置タイプまで各種あるが，X線防護の可能な鉛シールドケースに一式が納められ，外部のPCから自動制御するものが多く，放射線の管理区域が装置内に限定されるため，届け出および検査許可のみで使用できる，放射線取扱主任者を法的に必要としない装置が多いため，広く導入され利用されるに至っている．

多くの装置で自動的に三次元CTを測定するソフトウェアが搭載されており，自動でボクセルデータの取得が可能となっている．放射線防護の関係でエネルギーの高い線源を搭載した装置は大形となる傾向にあるが，大きな試料の測定のためにエネルギーの高い線源を搭載することが多いため大きな問題とはなっていない．比較的大形のシステムでは，装置全体が2m角程度，重量数トンに及ぶことがあり，どうしても設置場所に制限されることも多い．測定時間の高速化が図られてきており，1時間程度で三次元ボクセルデータが得られる機種が出てきているが，夕方に試料を装置にセットし，翌朝に三次元画像を含むデータを得る程度の時間をかけて測定することが多い．今後の応用展開のためには処理能力を向上することとともに，前述の材質識別機能の搭載，さら

なる高解像度の実現などが期待されている。

〔2〕 **食品検査用X線透過像測定装置**　食品内の異物検査用に広く活用されているX線透過像測定装置は，一般の工業用X線管とラインセンサを用いてベルトコンベアを流れる食品の透過像を撮像し，金属片などの異物検査を行っている。一口に食品といっても，その大きさ，形状，密度が大きく異なるため，食品の種類に合わせてX線管のエネルギーやラインセンサの長さなどが選択されている。一般に，低コストを求められるこの用途では，高速性も重要であり，数十keVの通常のX線管とシンチレータ＋シリコンラインCCDが多く用いられている。最近では，金属片のみならず変形や，死骸や糞(ふん)などの有機物異物の検出が望まれている。

〔3〕 **セキュリティ検査用X線透過像測定装置**　最近の世界情勢の不安を受けて，空港での検査装置として広く用いられているX線透過像装置は，スーツケース内の生活物資を撮像するため，比較的高エネルギーで透過性の高いX線が用いられている。対象が対象だけに詳細は公表できないが，一般に複数の波長を用いた擬似カラー撮像による擬似材質識別をすることで検査の高精度化を図っている。ここであえて「擬似」とうたっているのはX線CTではないので，透過像ではX線の減弱量（係数ではない）のエネルギー依存のみが得られるためで正確な材質識別とはならないからである。

　検査対象客の待ち時間をなくすため，高速撮像が求められるうえ，複雑な電子機器などが内包されることが多いので，高度なシステムが要求されている。そのため，最近では反射X線撮像を同時に行う装置や多方向からの同時透過撮像をする装置が発表されている。反射X線撮像は海外では人体に対しても適用がはじまっているが，日本においては医師以外の人体への放射線照射が認められていないこともあり適用されていない。

　また，バックヤードではさらなる高性能化を目的にX線CTを用いた検査が広く始まっている。このようにしだいに高性能X線撮像装置が導入され安全性が高まっているが，処理能力の向上やより一層の材質識別機能の向上による利便性の向上が強く望まれている分野である。航空機を利用した人であれば感

4.4 撮像システムの実際と応用

じられたように，保安検査のたびにラップトップパソコンや電子機器を鞄(かばん)から取り出してトレイに出す，といった作業も，乗り継ぎなどで連続するときはたいへん面倒なもので，これが原因で保安検査場が長蛇の列となっているのはご存じのとおりである．処理能力を大幅に向上できればこの解消のみならず，鉄道などの他のセキュリティにも展開できるなど大きく期待されている．

〔4〕 **医療用X線撮像装置（レントゲン）** だれでも知っているレントゲンも100年の歴史のうちに進展を遂げている．フィルムで撮像して現像処理をしていたレントゲンから，記録後レーザで読み出すシステムにほぼ変わりつつある．最近では，コンピューター技術の進展にあわせて撮像から読み出し，データ蓄積，データ検索に至るまでディジタルでオンライン処理できるシステムが導入されつつあり，その利便性は一気に広がった．

画像としてはコントラストの向上，解像度の向上が，また，システムとしては低被曝化などが求められているが，医師の前で自身のレントゲン写真を見たことがある人であれば，最近のその性能進化に気づかれておられると思う．従来の離れ部屋でX線技師がリモートコントロールで撮像していたのを覚えている人も多いと思うが，現在では患者のかなり近くで撮像をしている．これは検出器の高感度化や線源のスポット化で漏洩X線が非常に低く抑えられていることよるもので，同時に患者被曝も小さくなっている．

現在でも必要に応じてフィルムに焼き付けて透写板状で観察することがあるが，高階調白黒液晶モニタで観察することが多い．これには単にX線撮像の技術の進展だけでなく，映像モニタやそのドライバ，さらには画像保存フォーマットに至るまで医療にターゲットをあわせた設計が行われていることによる．また，最近では歯科用にフラットパネル検出器を用いることが多くなってきた．これも医療X線撮像でのディジタル化を大きく進展させている．

このように，X線撮像の応用ではその用途で必要な性能は大きく異なり，汎用設計は検出器でもX線源でも，その先のモニタやデータフォーマットに至るまで困難となる．また，一般に画像処理に関しては可視光を基準としているため目に見えないX線では可視光と同様とはいかない場合も多く，その用途

にターゲットを絞った設計が必要となる。今後，研究開発者が連携してこのあたりの開発および標準化を進めていくことが重要になると考えられる。

〔5〕 **医療用X線CT装置**　医療では工業用途と異なり，被曝による危険性を伴う人体を取り扱う。また，人体は工業用の検査被写体と異なり全方向自由に動かすことができない。そのため，CTではX線源と検出器が共に回転する構造になっている。最近ではX線源や検出器の小形化が進み，体周を回転させて観察できる装置が普及し始めている。ここでも，高速撮像や高解像度化や低被曝化が従来から求められているが，材質識別の要求もあり，最近では学会レベルでは大手医療検査装置メーカからも原子番号識別を目的とした基礎研究成果の発表がなされている。

また，観察から治療へX線の利用も進みつつあり，検査装置としては開発されつくされた感があり，リプレイス以外の市場も少なく感じられている分野であるが，実際には新たな展開が求められている分野でもあり，直接人類の幸福につながるだけに今後の進展が期待されている。

〔6〕 **その他の装置**　上述のほかには電子回路基板の検査装置をはじめ，自動車丸ごとやコンテナ丸ごとを測定する高エネルギー利用の透過像装置，非常に小さい物体を観察する超高解像度装置など多岐にわたった応用がある。このなかで共に求められていることに，高速撮像による処理能力の向上，透過像撮像からCT化による完全三次元ボクセルデータ取得などが挙げられる。バッチ処理から連続処理にCTを適用するためには大きなブレークスルーが必要であるが，高速連続処理（インライン検査）でX線CTが利用できるようになれば，すべての検査で大幅な高精度化が期待できるうえ，将来的な動画CTへの展開を期待できるようになる。現在いくつかの研究機関から各種の方式が提案されており，実現に向けてそれぞれ研究が進んでいる段階である。

〔7〕 **物体の抽出**　また，実際に不可視光の完全三次元ボクセルデータを取り扱うと発生する問題に，物体の抽出という点がある。すべてが見えてしまうため，うまく取り扱わないと，このボクセルデータは単に黒い（白い）固まりとして表示されてしまう。例えば，肉と骨を同時に表示すると内部になる

骨は三次元像では観察されず,二次元断層像を観察せざるを得ず,せっかくの立体情報が生かされない。このため,密度差を利用して抽出する方法などが提案されているが,上述のエネルギー弁別による材質識別を用いることで,これを物理的に行うことができる[20]。

図 4.11 に鶏肉における材質識別による肉と骨の抽出例を示しており,こうして抽出することで骨の立体形状を観察することができるようになる。また,図 4.12 に小形モータで材質識別による三次元抽出を行った例を示すが,すべてが重なった状態では結局のところほぼ外装写真と変わらない情報を表示せざるを得ないが,抽出により,スピンドル,コイル,マグネットを別個に取り出して立体観察が可能となる。なお,図ではあえて内部構造を見られるようにするためにスライス数を減らし,スライス間の補間を行わずに表示した。通常のスライス数で,連続的に表示した場合は内部構造はまったく見えない。

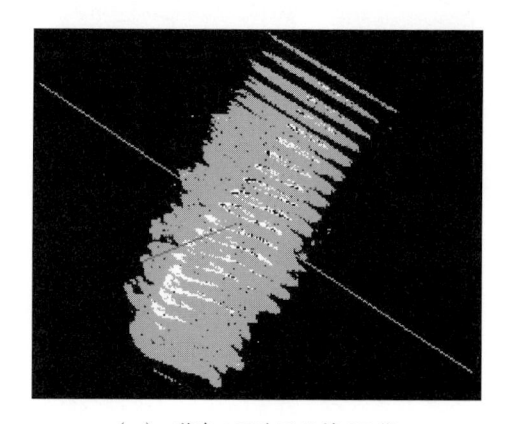

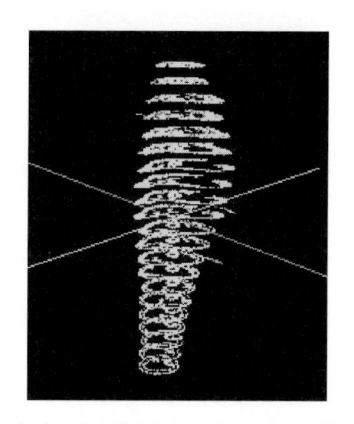

(a) 鶏肉の三次元X線CT像　　　(b) 骨を抽出した三次元X線CT像

図 4.11 鶏肉における材質識別による肉と骨の抽出例

不可視光の三次元データの取扱いは,この抽出がキーポイントであるともいえ,可視光画像処理研究者らとともに研究を進めていく必要がある。さらに,三次元ボクセルデータは巨大なデータサイズをもつ。不可視光であるため現状の画像圧縮法の適用が適切であるかどうか議論が必要である(非可逆画像圧縮のほとんどが人間の目の特性を利用しているため)が,かりに非圧縮で XGA

172   4. 高エネルギー線による透視撮像

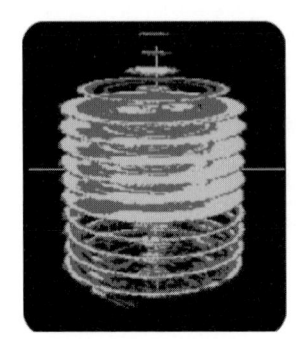

モータ全体の三次元X線CT像

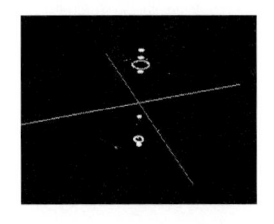

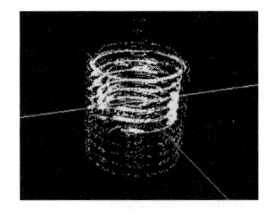

スピンドル抽出像　　　コイル抽出像　　　マグネット抽出像

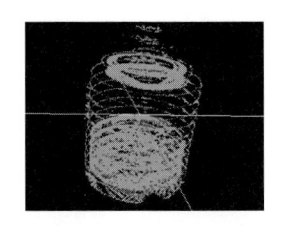

図4.12　小形モータの材質識別による三次元抽出写真

クラスの画像でのボクセルデータだとすると1 024 pixel×1 024 pixel×1 024 pixel×8 bit×5 energyで1データ5 GBにも及び，現在の計算機の能力ではその取扱いにさえ問題が生じる。時が解決する問題だとは考えられるが，抽出により1パーツ当りのデータ量を抑えることが，自由な観察をするためには必要なことは想像に難しくないだろう。100万画素ディジタルカメラ写真を1 000枚ほど同時に取り扱う必要があると考えると，外表情報だけを持つ可視光の三次元データと異なり，この抽出は大きな意味を持つものと考えられる。

4.5　高エネルギー線撮像とナノビジョンサイエンス

最後にこれらのX線の撮像とナノビジョンサイエンスの関係について述べておきたい。ナノビジョンサイエンスの中心が，画像工学の分野で光子や電子を集団統計的にではなくナノ領域で個々に取り扱うことにあると考えると，

4.5 高エネルギー線撮像とナノビジョンサイエンス

フォトンカウンティング法では光子一つひとつを取り扱い，そこで発生する電子-正孔対をカウントすることでエネルギーを得るこの方法は，ナノビジョンサイエンスそのものともいえる。現段階では電子の数を一つひとつカウントするまでには至っていないこと，電子の発生過程に統計的分布が存在する確率事象であること，ナノ領域という小さなサイズの検出エリアでないことなど，まだ到達に至らない点もあるが，ナノビジョンサイエンスであることから実現できている高次情報抽出撮像といっても過言ではない。これにより，従来の高エネルギー線撮像は単に撮像から「画像計測」といった不可視画像の定量的取り扱いへ引き上げられ，新しい情報を抽出する画像取得へと展開している。

一方で，現在はまだまだX線といった高エネルギー線の物理的特長を十分生かしきれているとはいえず，ほぼX線の持つ高い透過力という特徴を引き出しているにすぎない。X線はその非常に短い波長からこれまでの常識をはるかに越えた原子レベルを越える超高解像度撮像の可能性を原理的に持つ。また，光としてコヒーレント光が実現されていないため，被写体が結晶でない場合はほとんど利用されていない干渉の利用，前述のエネルギー情報の利用も非常に広い波長範囲を生かした展開，散乱線などX線ならではの特徴を用いた新機能性イメージングなどの展開の可能性を持っている。これらの進展により位相情報が取得できるようになれば物質の原子レベルでの干渉によるホログラム撮像が可能となり，直接三次元情報を含む撮像が可能となる。これらに関して，X線源としてはX線自由電子レーザが日・欧・米の三つのグループで精力的に開発されつつあり，コヒーレントX線による新しい光学イメージング，超強力パルスX線の実現による生体分子への適用など大きく夢が広がる。

しかし，現状ではX線イメージャーはこれらのX線のもつ物理特性の引出からほど遠いところにあるのも事実で，ナノビジョンサイエンスによるブレークスルーとともに一層発展させるべく研究が続けられている。X線は一般に広く用いられていること，大きな信頼を各所で得ていることから完成された技術と錯覚されがちであるが，前述のとおりX線の持つ物理特性を少しでも活用できるようナノビジョンサイエンスによる展開を期待する。

5 テラヘルツイメージング

　本章は，周波数がテラヘルツ（terahertz：THz），すなわち1兆Hz（10^{12} Hz）の電磁波を用いるセンシング技術について，イメージング（画像取得）を中心に解説する。この分野は，現在，テラヘルツテクノロジー（terahertz technology）や，テラヘルツセンシングテクノロジー（terahertz sensing technology）と呼ばれている。

　テラヘルツテクノロジーは，近年いくつかの技術的なブレークスルーによって，現在急速に発展している分野である。この分野の良い参考書はまだ少ないが，より深く勉強したい人や，研究開発を始めようとされている人には，参考文献1）が大いに役に立つと思われる。従来技術から最新のものまで，テラヘルツテクノロジーのほぼすべてを網羅して解説されている。また，文献2）～4）は，近年のオプトエレクトロニクス（optoelectronics）によるテラヘルツテクノロジーについての良い総説である。

5.1　テラヘルツテクノロジーの基礎

　テラヘルツ波（terahertz wave）は，1 THzを中心として，0.1～10 THzの周波数（frequency）の電磁波（electromagnetic wave）を指すことが多いが（図 5.1），もっと高い30 THzまで含めて用いられることもある。THz帯の電磁波は，場合によりテラヘルツ波といわれたり，テラヘルツ光と呼ばれたりする。これは，電波と光（可視光）の境界にあるため，その異なる二つの性質がさまざまな場面で現れるからである（本章でも，その両方の用語を適宜用いるが，基本的には同じものである）。

5.1 テラヘルツテクノロジーの基礎

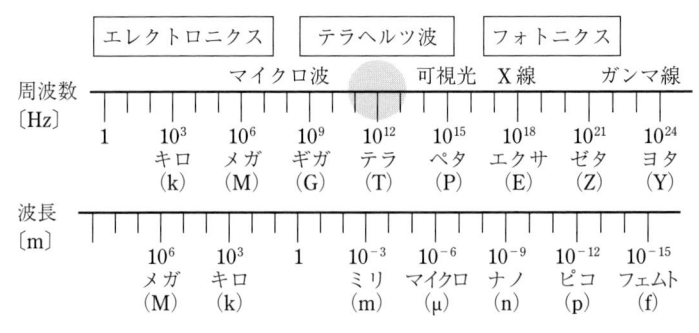

図 5.1 電波〜テラヘルツ波〜光の周波数と波長

テラヘルツ波（以降，THz 波と呼ぶ）を光子（photon）として扱う場合，あるエネルギーをもった量子（量子力学的な粒子）としてとらえる。一方，THz 波を電波（radio wave）として扱う場合は，ある振幅（amplitude）と位相（phase）を持った電界（または磁界）の波動としてとらえている。また，3 番目のとらえ方として，光子と電波に共通に，THz 波を単なるエネルギー（energy），すなわち熱として扱うこともできる。

したがって，テラヘルツテクノロジーでは，THz 波/THz 光の発生，検出，伝搬などの制御に，光子，電波としての性質およびエネルギーが用いられている。以下では，THz 波の性質とそれに基づいた THz 波の発生，検出，分光，イメージングなどのテラヘルツテクノロジーについて述べる。

電磁波は光子と電波の二つの性質を合わせ持つが，基本的に伝搬中は波であり，物質の量子と相互作用したときに光子となると考えられる。ここで，電磁波のエネルギー密度と，電界強度および光子数密度との関係を明らかにしておくことは有意義である。

マクスウェル方程式（Maxwell's equations）から導かれるとおり，真空中の電磁波のエネルギー密度 w 〔J/m^3〕は，電界強度 E_0〔V/m〕と真空の誘電率 $\varepsilon_0 = 8.854 \times 10^{-12}$ F/m を用いて表されるとともに，プランク定数（Planck's constant）$h = 6.626 \times 10^{-34}$ J・s と電磁波の周波数 ν〔Hz〕により，1 個の光子のエネルギーが $h\nu$〔J〕であることを考慮し，光子数密度 n〔photons/m^3〕を用いても計算できる。すなわち，電磁波のエネルギー密度，電界強度，光子数

密度の関係は,式(5.1)で表される。

$$w = \frac{1}{2}\varepsilon_0 E_0^2 = nh\nu \quad [\text{J/m}^3] \quad (5.1)$$

この単位体積当りの電磁波のエネルギーは光速($c=2.998\times10^8$ m/s)で伝搬するので,単位面積を通過する電磁波のエネルギー流(ポインティングベクトル(poynting vector)の時間平均)S [W/m^2] は,それぞれ電界強度と光子数流 $P_n = cn$ [photons/(s·m^2)] を用いて,次式で表すことができる。

$$S = cw = \frac{1}{2}c\varepsilon_0 E_0^2 = P_n h\nu \quad [\text{W/m}^2] \quad (5.2)$$

5.1.1 テラヘルツ波,テラヘルツ光

THz波(THz光)は,周波数 1 THz = 10^{12} Hz を中心とした2けた程度の周波数領域の電磁波である。電磁波の周波数 ν と波長 λ は,光速 c を用いて,$c = \nu\lambda$ の関係がある。THz波はマイクロ波(microwave)と可視光(visible light)の間にあるので,THz波の多くの特性は,周波数の非常に高い電波,または波長の非常に長い光という性質に起因する。

表5.1に,THz帯の周波数と波長,波数,光子のエネルギー,ボルツマン(Boltzmann)温度の関係を示す。ここで,波数 k_ν は $1/\lambda$ であり,5.1.4項で述べるフーリエ分光法で用いられるもので,単位は [cm^{-1}] である。

表5.1 THz帯の周波数と波長,波数,光子のエネルギー,ボルツマン温度の関係

周波数 ν [THz]	波長 λ [μm]	波数 k_ν [cm^{-1}]	光子のエネルギー E_ν [J]	[meV]	ボルツマン温度 T_B [K]
0.1	3 000	3.3	6.6×10^{-23}	0.41	4.8
0.3	1 000	10	2.0×10^{-22}	1.2	14
1	300	33	6.6×10^{-22}	4.1	48
3	100	100	2.0×10^{-21}	12	140
10	30	330	6.6×10^{-21}	41	480

ここで,1 THz = 10^{12} Hz,波数は $k_\nu = 1/\lambda$,1 eV = 1.602×10^{-19} J である。

電磁波の周波数に対応する光子のエネルギーは,プランク定数 h を用いて,$E_\nu = h\nu$ により求められる。1 THzの光子のエネルギーは,電子のエネルギー

に換算して4.1 meVであり，エレクトロニクス（electronics）やオプトロニクス（optronics）/フォトニクス（photonics）でよく用いられるシリコン（Si），ゲルマニウム（Ge）やガリウムひ素（GaAs）などの半導体のバンドギャップ（band gap）エネルギー（E_g）に比べ，数百分の1の大きさしかなく，むしろ半導体中の不純物準位のエネルギーに対応する（ちなみに，Si，GeおよびGaAsのバンドギャップエネルギーは，それぞれ1.12 eV，0.66 eVおよび1.42 eVであり，不純物の準位は10 meV程度である[5]）。

また，周波数νに対応するボルツマン温度T_Bは，ボルツマン定数（Boltzmann's constant）k_B（$=1.381\times10^{-23}$ J/K，Kは絶対温度で0 K$=-273.16$℃）を用いて，$k_B T_B = h\nu$より計算され，1 THzでは48 Kとなり，常温の300 Kに比べて非常に低温で，液体窒素の沸点77.4 Kよりも低い。

THz波の特性を**表5.2**に示す。THz波は，電波より周波数が高いため，超高速無線通信や情報処理に用いられるとともに，波長が短いため，サブミリ（submillimeter）に対応する高い空間分解能のイメージングに利用できる。またTHz波は，可視光や赤外線（near-infrared）よりも波長が長く，細かい粒子によって散乱されにくいため，粉体を容易に透過する。これは波長に比べ小さいサイズの粒子による電磁波の散乱強度が，$1/\lambda^4$に比例するレイリー散乱（Rayleigh scattering）に従うためである。

表5.2 THz波の特性

・超高速無線通信の搬送波や超高速信号処理の周波数
・可視域で不透明な多くの物質（プラスチック，紙，布，脂肪，半導体，誘電体など）を透過
・粉体を透過（近赤外線よりもレイリー散乱の影響を受けない）
・電波によるイメージングよりも高い空間分解能
・X線に比べて人体への安全性が高い
・水分に敏感（水分子による吸収大）
・DNA，たんぱく質，糖などに高分子固有の吸収特性（指紋スペクトル）

THz波の光子のエネルギーは，生物のDNAなどの生体物質を壊すエネルギーよりもずっと小さいため，人体への安全性が高い。また，可視域で不透明な多くの物質（プラスチック，紙，布，脂肪，半導体，誘電体など）を透過す

る性質があり，これらを透過してセンシングすることが可能である。

さらに，赤外周波数がおもに分子中の原子間の伸縮振動に対応するのに対し，THz 帯は，大きい分子の変角振動，ねじれ振動の周波数に対応するため，DNA，たんぱく質，糖などの高分子に固有の指紋スペクトルが存在する。

水分子は THz 帯に非常に多くの吸収スペクトルを持つため，THz 波を強く吸収する。図 5.2 に電磁波の大気減衰を示す。大気伝搬での水蒸気による吸収が大きいため，地上での THz 通信やセンシングは近距離に限られる。大気の吸収係数 α 〔m^{-1}〕は，図の大気減衰〔dB/km〕に係数 2.3×10^{-4} を乗して求められる。大気減衰が 1 000 dB/km であるとすると，$\alpha = 0.23$ m^{-1} であるので，約 4 m 伝搬するだけで強度が e^{-1}（$e = 2.71828$）に減衰する。

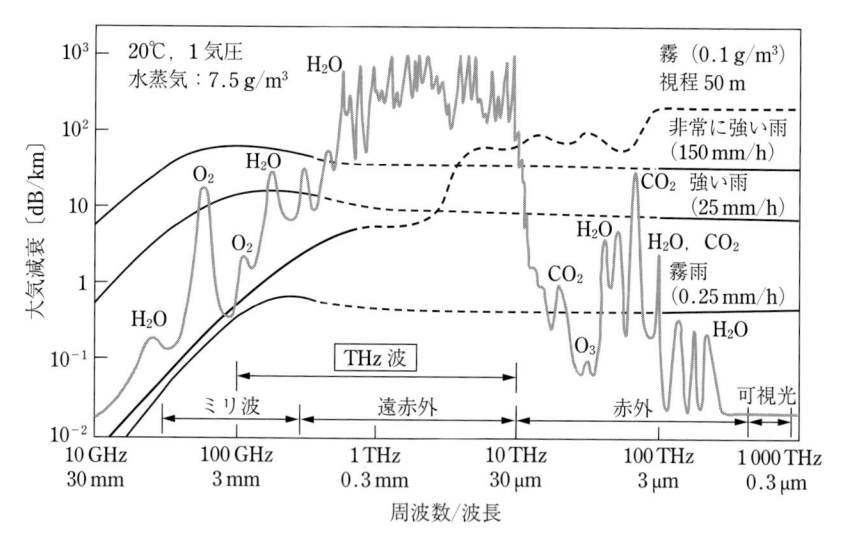

図 5.2　電磁波の大気減衰。大気減衰は，CCIR Doc. Rep. 719-3, "Attenuation by atmospheric gases," ITU 1990，CCIR Doc. Rep. 721-3, "Attenuation by hydrometers, in particular precipitation and other atmospheric particles," ITU 1990 などによる。

特に，液体の水は THz 波を非常に強く吸収し，1 THz での吸収係数は 240 cm^{-1} で[6]，その光学的厚さ（e^{-1} に減衰する長さ）はわずかに 40 μm である。しかし，興味深いことに固体の水（氷）になると吸収係数が $1 \sim 1.5$ cm^{-1} に大幅に減少する[7), 8)]。

5.1.2 テラヘルツ光源

THz波は，デバイス技術，システム技術が成熟した電波と可視光の間にあって，これらの技術がまだ十分に発展しきれていない電磁波の領域である。そのため電波領域や光・赤外領域に比べ，光源や検出器など基本的な要素技術の性能が低く，利用が容易でないことを指して，テラヘルツギャップ（terahertz gap）という用語が用いられている。

図 5.3におもなTHz光源（THz source）の平均出力と周波数の関係を示す。また，**表 5.3**にフォトニクス，エレクトロニクスおよび熱放射を用いるおもなTHz光源について，発生方法，連続波（CW）かパルスか，周波数および出力をまとめて示す。

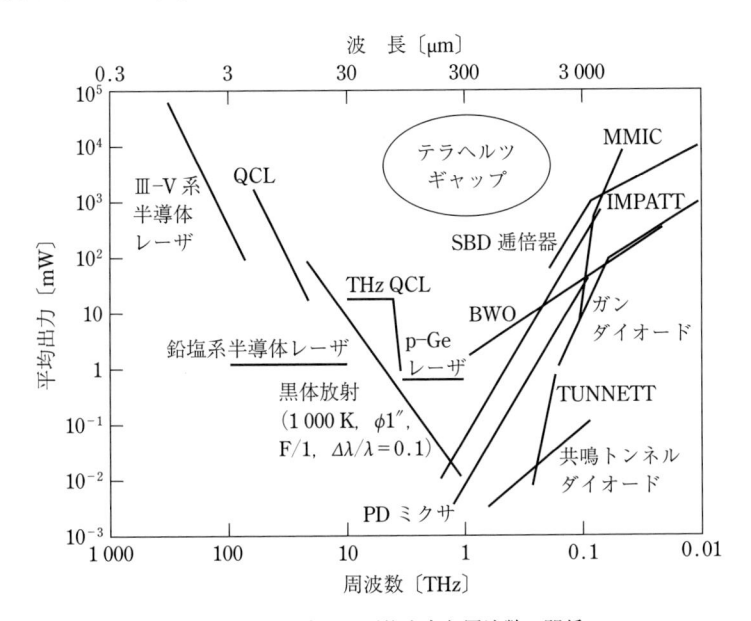

図 5.3 THz光源の平均出力と周波数の関係

図5.3からテラヘルツギャップの問題が読者にもわかると思う。なお，相対論的な高いエネルギーの電子を用いるジャイロトロン（Gyrotron）[9]，電子バンチ（electron bunch）によるコヒーレント放射（coherent radiation）[10,11]や自由電子レーザ（free electron laser）[12,13]の出力は図の縦軸範囲の上にあるた

表5.3 THz光源のまとめ

技術分野	発生方法	デバイス	CW/パルス	周波数	出力
フォトニクス	フェムト秒レーザ励起	光伝導半導体アンテナ(LT-GaAs PCA)	超短パルス(サブps)	0.1〜3.5 THz 最大 30 THz	平均 μW (サブμJ, 10 Hz繰返し)
		非線形光学結晶(無機:ZnTe, 有機:DAST, BNA)	超短パルス(サブps)	0.1〜6 THz 最大 60 THz	平均 μW 程度 (サブμJ, 10 Hz繰返し)
	光パラメトリック	非線形光学結晶(LiNbO$_3$ など)	パルス(1ns)	0.65〜2.6 THz(可変)	平均 3 nW (ピーク 300 mW, 10 Hz繰返し)
	光混合差周波	非線形光学結晶(GaP, GaSe)	パルス(20ns)	2〜6 THz(可変)	平均 58 nW (ピーク 100 mW, 10 Hz繰返し)
		フォトダイオード(PIN-PD, UTC-PD)	CW	0.01〜1 THz(レーザの周波数差で選択)	1 μW@1 THz
	変調光電気変換	フォトダイオード(PIN-PD, UTC-PD)	CW	0.001〜0.3 THz(変調波の周波数で選択)	300 μW@0.3 THz
	半導体レーザ	THz-QCL(100 K程度以下の冷却)	CW およびパルス	1.2〜4.8 THz(素子を選択)	CW 数 10 mW
		p-Ge レーザ(4.2 K, liq. He 冷却)	パルス(μs)	1.2〜1.8 THz, 2.4〜4 THz	平均 100 μW〜1 mW
エレクトロニクス	固体デバイス	ガンダイオード IMPATT, TUNNETT,	CW	0.01〜0.3 THz	1 mW@0.3 THz
		共鳴トンネルダイオード (RTD)	CW	0.1〜0.3 THz, 1THz@三次高調波(素子を選択)	10 μW@0.3 THz 0.6 μW@1 THz
		SBD 逓倍器	CW	0.05〜1.4 THz(素子を選択)	10 mW@0.3 THz 0.1 mW@1 THz
	電子管	後進波管 (BWO)	CW	0.036〜1.4 THz(素子を選択)	10 mW@0.4 THz 1 mW@1 THz
	相対論的高エネルギー電子	ジャイロトロン	CW およびパルス	0.06〜1 THz(二次高調波含む,可変)	CW で 100 W@0.89 THz
		コヒーレント放射	パルス(500 fs)	0.15〜2.5 THz	平均 20 W
		自由電子レーザ	パルス(1〜10 μs)	0.1〜10 THz(可変)	平均 100 W, ピーク 1 MW
熱放射	黒体放射	黒体放射光源	CW	0.15〜300 THz	10 μW(1 000 K, ϕ1", F/1, $\Delta\lambda/\lambda = 0.1$)
	プラズマ放射	高圧水銀ランプ	CW	0.15〜300 THz	30 μW 程度 (1 000 K, ϕ1", F/1, $\Delta\lambda/\lambda = 0.1$)

め示していない。また、フェムト秒レーザ励起の低温成長 GaAs 光伝導アンテナ（LT‐GaAs PC Antenna）[14)~16)]，非線形光学結晶（nonlinear optical crystal：無機材料の ZnTe および有機材料の DAST，BNA など）を用いた超短パルス THz 光源[17),18)]，光パラメトリック[19)]，光混合による差周波発生[20)] などの THz パルス光源の出力は図の縦軸範囲の下にあるため示していない。

　THz 波の困難は，物理的な理由に起源があるため，その克服は容易ではない。すなわち，電波の側から，発振器（oscillator）や逓倍器（multiplier）をマイクロ波やミリ波よりさらに高周波化しようとすると，固体デバイス中の電子速度の限界が発振器の出力を著しく低下させる。ガンダイオード（Gunn diode）[21),22)]，およびインパット（impact avalanche transit-time：IMPATT），TUNNETT（tunnel injection transit-time）発振器[23)] やショットキーダイオード（Schottky barrier diode：SBD）逓倍器[24),25)]，共鳴トンネルダイオード（resonant tunnel diode：RTD）発振器[26),27)] などの電子デバイスの THz 波出力は周波数 ν に対して，$\nu^{-2}\sim\nu^{-4}$ で急激に減少している。

　また，光の側から，赤外線よりも低周波化しようとすると，レーザ発振の反転準位にかかわる半導体のエネルギー間隔が，室温に相当するエネルギーよりもずっと小さくなり，電子の熱励起がレーザ発振を困難にする。

　フォトニクス分野には，PIN フォトダイオード（PIN photodiode），単一走行キャリアフォトダイオード（uni-traveling-carrier photodiode：UTC-PD）を用いた，2 周波レーザのフォトミクシング（photo-mixing）による差周波発生，および THz 周波数で変調されたレーザ光の光電変換による THz 波発生が含まれる[28),29)]。

　また，半導体超格子を用いる THz 量子カスケードレーザ[30),31)] および p 形 Ge 半導体結晶を用いる p‐Ge レーザなどの mW クラスの出力の THz 光源も開発されてきた[32)~35)]。

　エレクトロニクス分野では，電子管で THz 波を発生する後進波管（backward-wave oscillator：BWO）[36),37)] が 1.4 THz 以下の卓上サイズで高出力な光源として用いられている。

熱放射光源である．数百～1 473 Kの黒体放射光源（blackbody radiator）[38]，3 000 Kに近い輝度温度を持つ高圧水銀灯（high-pressure mercury lamp）[39]は，出力は小さいが非常に広い周波数範囲の電磁波を発生するため標準光源や分光器の光源に用いられる．

5.1.3　テラヘルツ検出器

科学・技術における電磁波の検出とは，その強度（エネルギーまたは光子数），振幅，位相を電気信号に変換して出力すること，と定義される．したがって，THz検出器もTHz波を電気信号に変換して出力するものと定義する．

検出器は，その使い方により，直接検出器（direct detector）とミクサ（mixer）に分けられる．前者は電磁波を受信して直接に電気信号に変換するもの，後者は信号波に局発波を混合して受信し，差周波成分（中間周波数）を電気信号として出力するもので，ヘテロダイン検波（heterodyne detection）などに用いる．

直接検出器の性能は，一般に，以下の指標で与えられる．まず，感度は電気信号と入射光エネルギーの比で与えられる．信号電流をi_s，信号電圧をv_s，入力光エネルギーをP_s，検出器のインピーダンスをZ_fとすると，電流感度R_iおよび電圧感度R_vはそれぞれ

$$R_i = \frac{i_s}{P_s} \; [\mathrm{A/W}], \quad R_v = \frac{v_s}{P_s} = \frac{i_s Z_f}{P_s} \; [\mathrm{V/W}] \tag{5.3}$$

で表される．

雑音等価エネルギー（noise-equivalent power：NEP）は，雑音に等価な電気信号を発生する入射光エネルギーである．NEPは，電気雑音と感度の比で与えられる．雑音電流i_nおよび雑音電圧v_nに対するNEPを次式に示す．

$$\mathrm{NEP} = \frac{i_n}{R_i} = \frac{v_n}{R_v} \; [\mathrm{W/Hz^{1/2}}] \tag{5.4}$$

検出器の雑音[40]には，熱雑音（ジョンソン雑音またはナイキスト雑音）（thermal noise, Johnson noise, Nyquist noise），誘電損雑音（dielectric loss noise),熱伝導揺らぎ雑音(フォノン雑音)(thermal conductance fluctuation noise, phonon noise),ショット雑音(shot noise),生成・再結合雑音(generation-recombination noise:GR noise),1/f雑音またはフリッカ雑音(f^{-1} noise, Flicker noise)[41],光子雑音(photon noise)がある。雑音の振幅がガウス分布(Gauss distribution)していると仮定すると,雑音は2乗で足し合わせることができるので,NEPも2乗で足し合わせることができる。

NEPから検出器の信号のバンド幅 B〔Hz〕を用いて,検出能(detectivity)Dが次式で定義される。

$$D = \frac{1}{\text{NEP}\sqrt{B}} \quad [\text{W}^{-1}] \tag{5.5}$$

ミクサの性能は,THz波の信号と局発波のミクシングにより中間周波数(intermediate frequency:IF)信号にダウンコンバージョンする効率である,変換損(conversion loss)L_C(またはその逆数である変換効率 G_C,conversion efficiency)と雑音温度 T_M〔K〕で表される。T_Mとミクサのバンド幅 B_M〔Hz〕から,最小検出電力 P_M〔W〕が $P_M = k_B T_M B_M$(k_B:ボルツマン定数)により与えられ,ミクサのヘテロダイン検出のNEP$_h$が次式で表される。

$$\text{NEP}_h = \frac{P_M}{B_M} = k_B T_M \quad [\text{W/Hz}] \tag{5.6}$$

ミクサの雑音温度にIF増幅器の雑音温度 T_{IF} を加えると,システム雑音温度 T_{SYS} は次式で与えられる。

$$T_{SYS} = T_M + L_C T_{IF} \quad [\text{K}] \tag{5.7}$$

表5.4にテラヘルツ検出器を示す。まずTHz波を検出する方法(電界検出,光子検出,熱的検出)により分類して,おもな検出デバイスを示し,直接検出に用いるかヘテロダイン検出(5.2節参照)で使うミクサに用いるか,冷却が必要か常温使用か,利用周波数帯,検出能が高いか低いか,およびアレー化の状況について示している。検出能における「高」は,室温での背景放射限界のNEP(測定条件によるが $10^{-13} \sim 10^{-14}$ W/Hz$^{1/2}$ が目安)実現できることを示し,「低」はそれに比べ3~4けた検出能が低いことを示している。ア

表5.4　テラヘルツ検出器のまとめ

検出方法	デバイス	直接検出/ミクサ	冷却/非冷却	周波数	検出能	アレー化
フェムト秒レーザプローブ電界検出	光伝導半導体アンテナ（LT-GaAs PCA）	直接検出	非冷却	0.1～3.5 THz 最大60 THz	高（繰返し超短パルス）	一次元アレー（小）
	電気光学結晶-光バランス検出器（ZnTe など）	直接検出	非冷却	0.1～6 THz 最大60 THz	高（繰返し超短パルス）	（CCDカメラを用いた二次元撮像可）
電界検出	ショットキーバリヤダイオード（GaAs-SBD）	直接検出, ミクサ	非冷却, 冷却（<4.2 K）	0.01～2.5 THz	低（直接）高（ミクサ）	二次元アレー（小）
光子検出	不純物半導体検出器（Ge:Ga, 圧縮形 Ge:Ga）	直接検出	冷却（<4.2 K）	2.8～6 THz（Ge:Ga）1.5～4 THz（圧縮形 Ge:Ga）	高	二次元アレー（小）
	半導体量子井戸検出器	直接検出	冷却（<4.2 K）	3～60 THz（素子を選択）	高	—
	超伝導 SIS 検出器（Nb, NbN）	ミクサ	冷却（<4.2 K）	0.1～0.7 THz（Nb）0.1～1.4 THz（NbN）	高	二次元アレー（小）
	超伝導 STJ 検出器（Nb など）	直接検出	冷却（<4.2 K）	0.75 THz 以上（Nb）	高	二次元アレー（小）
熱的検出	ゴーレイセル	直接検出	非冷却	0.15～10 THz	低	—
	焦電形（パイロ）検出器	直接検出	非冷却	0.5～30 THz	低	二次元アレー（中）
	赤外マイクロボロメータ（VOx, α-Si, Si-diode サーミスタ）	直接検出	非冷却	3～60 THz	低	二次元アレー（中）
	コンポジット半導体ボロメータ（Si, Ge）	直接検出	冷却（Si:4.2 K, Ge:1.6 K）	0.06～10 THz	高	二次元アレー（小）
	半導体ホットエレクトロンボロメータ（InSb）	直接検出	冷却（<4.2 K）	0.06～3 THz	高	—
	超伝導 TES 検出器（超伝導 HEB）（Nb など）	直接検出, ミクサ	冷却（転移温度, Nb:9.25 K）	0.1～0.7 THz（Nb）	高	二次元アレー（小）

レー化における「小」は1 000素子以下のフォーマット,「中」はそれ以上100 000素子以下のフォーマットが実現されていることを意味している。

まず,THz波の検出には,フェムト秒レーザ光をプローブとして,THz電界を時間領域でサンプリングすることによりサブpsの分解能でその振幅と位相を検出するものがある。LT-GaAsなどの光伝導半導体アンテナにより電流として検出するもの[42],ZnTeなどの電気光学結晶(electro-optic crystal)によりTHz波の電界をプローブ光の偏光(polarization)の変移に換え,それをフォトダイオードの光バランス検出器(balanced photodetector)で検出するものがある[43]。

ショットキーバリアダイオードは,電流－電圧特性の非線形性により,THz波電界を整流して検出する[25],[44],[45]。

光子検出には,Ge:Ga検出器[46],[47]や6 000 kg/cm^{2}程度の応力を加え,感度周波数帯を低いほうに伸ばした圧縮形Ge:Ga検出器(stressed Ge:Ga detector)[48],[49]などの不純物半導体検出器(extrinsic-semiconductor photoconductive detector),量子井戸のサブバンド間準位をTHz周波数に合わせて感度を持たせた量子井戸検出器(quantum-well photoconductive detector)[50],超伝導体を用いたSIS(superconductor-insulator-superconductor)検出器[51],[52]やSTJ(superconducting tunnel junction)検出器[53]がある。

熱形検出は,基本的にTHz波エネルギーの吸収による温度変化を検出するもので,温度上昇による気体の膨張を光学的に検出するゴーレイセル(Golay cell)[54],極性結晶(DLaTGSなど)の分極変化を検出する焦電形(パイロ)検出器(pyroelectric detector)[54],[55],赤外だけでなくTHz波も吸収して温度変化の感度を持つことを利用したマイクロボロメータ(micro-bolometer)など[56],[57]の非冷却の検出器と液体ヘリウム温度に冷却する,SiまたはGe半導体のコンポジット形ボロメータ(composite bolometer)[58],半導体自由キャリヤによるTHz波吸収を用いるInSbホットエレクトロンボロメータ(hot electron bolometer)[59],および転移温度付近の急峻な抵抗変化を利用する超伝導体のTES(transition edge sensor)検出器[60]がある。

図 5.4 に直接検出について，フォトニクス領域の光‐赤外半導体検出器（フォトダイオード，photodiode：PD）[61]とともに，THz 検出器の検出能×バンド幅の平方根（$DB^{1/2}$〔$Hz^{1/2}$/W〕，NEP の逆数に対応）を示した．室温動作の THz 検出器の検出能は低く，高い性能を得るためには液体ヘリウム冷却をしなければならないというのが，検出技術におけるテラヘルツギャップの実際である．

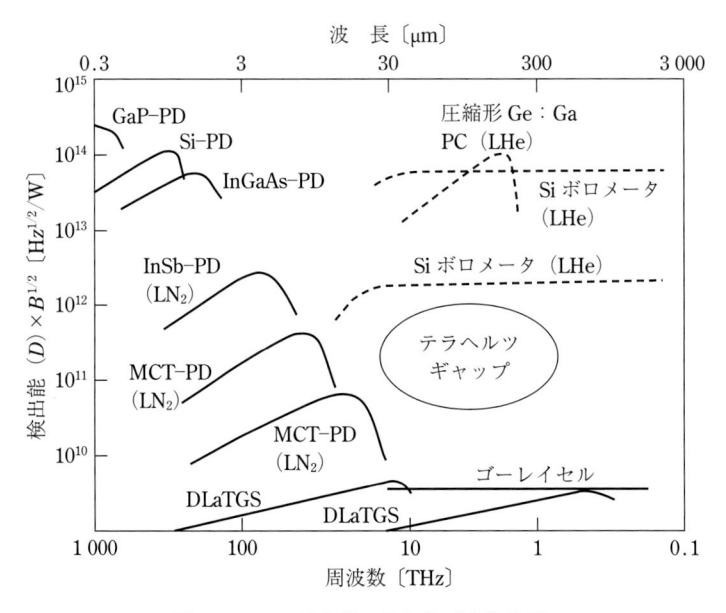

図 5.4　THz 検出器の検出能（直接検出）

5.1.4　テラヘルツ分光法

分光（spectroscopy）とは，電磁波の強度，振幅または位相を周波数（または波長，光子エネルギー）ごとに分解して測定することである．また，分光の結果得られるデータのことをスペクトル（spectrum）といい，横軸を周波数（または波長，光子エネルギー）に取り，縦軸を電磁波の強度，振幅または位相に取って図に表す．分光によって，対象とする物体・物質の光学的/電磁的特性を知ることができ，その対象を特定することが可能になる．

表5.5にTHz分光法を示す。フェムト秒レーザをTHz光源/検出器のポンプ/プローブに用いるTHz時間領域分光法（THz - time domain spectroscopy：THz-TDS）[2]は，広帯域の分光が可能で，繰返し現象について超高速分光が可能である。THz時間領域分光法については，5.3.1項で述べる。

表5.5 THz分光法のまとめ

分光法	光源	検出器	重要な技術要素
THz時間領域分光法	フェムト秒レーザ励起THz光源（LT-GaAs PCアンテナ，ZnTeなど）	フェムト秒レーザプローブTHz検出器（LT-GaAs PCアンテナ，ZnTeなど）	フェムト秒レーザTHz光源およびTHz検出器材料
周波数可変光源による分光法	光パラメトリックTHz発振器（LiNbO$_3$など）光混合差周波発生THz発振器（GaPなど）	冷却Siボロメータ 焦電（パイロ）検出器	ポンプ用パルスレーザ 非線形光学結晶
フーリエ分光法	高圧水銀ランプ	冷却Siボロメータ 焦電（パイロ）検出器	ビームスプリッタ
グレーティング分光法	高圧水銀ランプ	冷却Siボロメータ 焦電（パイロ）検出器	回折格子 コリメート・集光光学系
ファブリ・ペロー分光法	高圧水銀ランプ	冷却Siボロメータ 焦電（パイロ）検出器	反射膜，ファブリ・ペローフィルタ
ヘテロダイン分光法	対象物からの熱放射など（パッシブ）	ショットキーバリヤダイオード	局発用発振器 ミクサ 高周波増幅器

周波数可変光源（frequency-tunable THz oscillator）による分光法は，光源の研究と切り離せず，周波数可変範囲が広く，光源の線スペクトル幅が狭く，高輝度の光源の開発が重要である。5.3.2項において光パラメトリックTHz発振器（LiNbO$_3$）と光混合差周波発生THz発振器（GaPなど）について述べる。

フーリエ分光法（Fourier transform spectroscopy）は，二光束干渉計（マイケルソン干渉計 Michelson interferometer）（図5.5）において，固定鏡に対し移動鏡の光路長を変化させたときの出力信号（インタフェログラム interferogram）をフーリエ変換（Fourier transform）して，波数k_ν〔cm^{-1}〕に

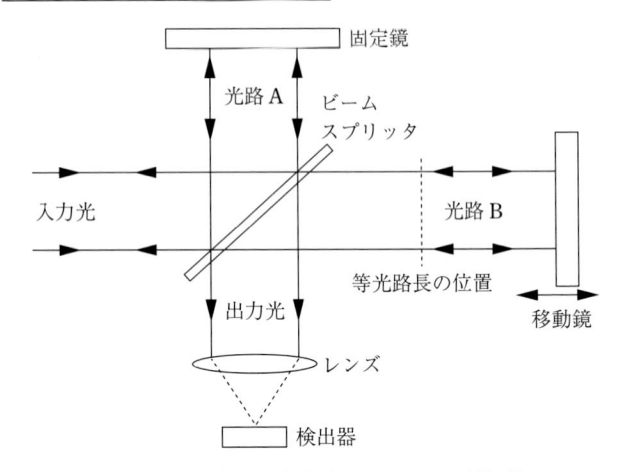

```
         固定鏡
          │
      光路A  ビーム
          │ スプリッタ
入力光 ────────────── 光路B ──── 移動鏡
          │ 等光路長の位置
      出力光
          │
         レンズ
          │
         検出器
```

図5.5 二光束干渉計（マイケルソン干渉計）

関するスペクトルを得る方法である[62]。二光束を分けて合波するビームスプリッタによって分光の帯域が制限される。THz帯では，ポリエチレンテレフタレート（PET）であるマイラーのフィルムがおもに用いられている。フーリエ分光法の波数の分解能 Δk_ν 〔cm^{-1}〕は，最大の光路長差 L 〔cm〕（すなわち移動鏡の最大移動距離の2倍）で決まり

$$\Delta k_\nu = \frac{1}{L} \tag{5.8}$$

となる。また，スペクトルの最大波数 k_{max} は，信号をサンプリングする移動鏡の位置の間隔 Δx 〔cm〕の逆数から，$k_{max} = 1/(4\Delta x)$ 〔cm^{-1}〕で与えられる。ここで，分母の係数4は，移動鏡による光路の折り返しにより光路長でのサンプリング間隔が $2\Delta x$ であること，ナイキストのサンプリング定理（Nyquist's sampling theorem）により再生できる信号の最大周波数がサンプリング周波数の1/2になるためである。

　グレーティング分光器（grating spectrometer）は，グレーティング（回折格子）による光の回折による分散を用いる。透過形と反射形があるが，THz帯では良い透過材料がないため，おもに反射形が用いられる（**図5.6**）。各ピッチの反射面からの回折光の光路差が，波長 λ の整数倍となる回折角 β で

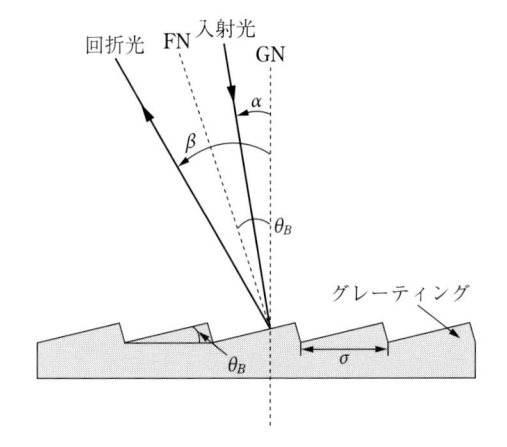

5.1 テラヘルツテクノロジーの基礎

θ_B：ブレーズ角，σ：グレーティング定数（格子のピッチの長さ），GN：グレーティング素子に垂直な方向，FN：各ピッチのみぞの反射面に垂直な方向，α：入射角，β：回折角

図5.6 反射形グレーティングの断面図とパラメータの定義

回折光が干渉により強め合い，波長 λ の光はその方向に回折され，波長分散が生じる．波長に対応した回折角の光を検出することにより分光を行う．

ファブリ・ペロー分光器（Fabry-Perot spectrometer）は，ある間隔で置かれた反射率の高い半透明の2枚の反射膜の干渉による，フィルタ（ファブリ・ペローフィルタ）の狭帯域の透過を用いる．波長（周波数）の走査は，2枚の反射膜の間隔を変えて行う．反射膜は金属メッシュなどが用いられる．

ヘテロダイン分光法（heterodyne spectroscopy）は，信号光をコヒーレントな局発光とミクサで混合（ミクシング，mixing）し（**図5.7**），信号光と局発

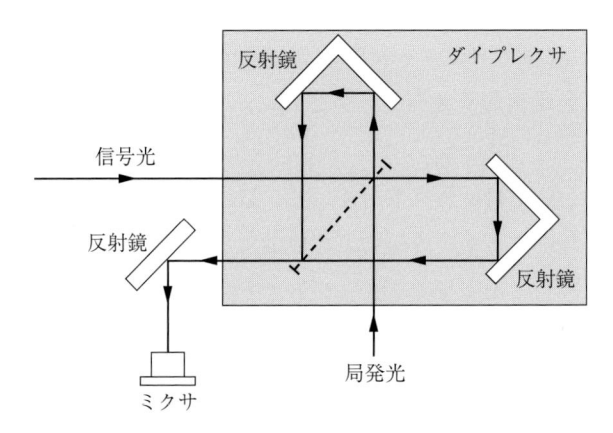

図5.7 ヘテロダイン分光器での信号光と局発光のミクシング

光の周波数の差の周波数である,中間周波数(IF)の信号をフィルタで取り出して,周波数解析を行う分光法である。ヘテロダイン分光の周波数分解能は,局発光のスペクトル線幅で決まり,測定帯域幅は中間周波数増幅器の帯域で決まる。他の分光法に比べ,周波数分解能は高いが,測定帯域幅は狭い。

5.1.5 テラヘルツイメージング

THzイメージング(THz imaging)は物体のTHz情報に関する画像を取得するものである。THz波の検出に直接検出を用いる場合は,THz強度(THz power, THz intensity)または振幅に関する画像情報が得られる。これらには,THz放射源の強度分布や物体によるTHz波の減衰率(attenuation)の分布などの情報が含まれる。

フェムト秒レーザ励起プローブによる電界検出やミクサによるコヒーレント検出の場合は,THz強度または振幅の情報に加えて,THz波の位相変移(phase shift)の分布に関する情報が得られる。

イメージングには,対象物自体が放射するTHz波を検出するパッシブイメージング(passive imaging)と,別の光源から対象物にTHz波を照射し,透過または反射したTHz波を検出するアクティブイメージング(active imaging)がある。透過波を用いるものを透過イメージング(transmission imaging),反射波を用いるものを反射イメージング(reflection imaging)と呼ぶ。

〔1〕 **二次元走査形イメージングとアレー形イメージング** THz領域では,センシングに一次元あるいは二次元の検出器アレーを利用することが困難であるため,1個のTHz検出器を用いて,THzビームを集束させた焦点に置いた対象物を移動するか,対象物上で検出する視野(field of view)を移動するかして,二次元に走査してイメージングを行う。図5.8に二次元走査形イメージングの構成を示す。軸はずし放物面鏡で対象物にTHzビームの焦点を結んで透過させ,透過ビームを再び集光して検出し,対象物をx方向,y方向に二次元に移動することによりイメージングを行う。

これに対し,一次元アレー検出器を用いる場合は,図5.9(a)のように

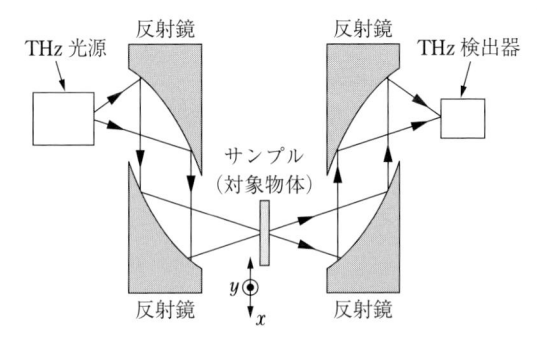

図 5.8 二次元走査形イメージング（透過測定）の構成
（サンプルを x 方向, y 方向に走査）

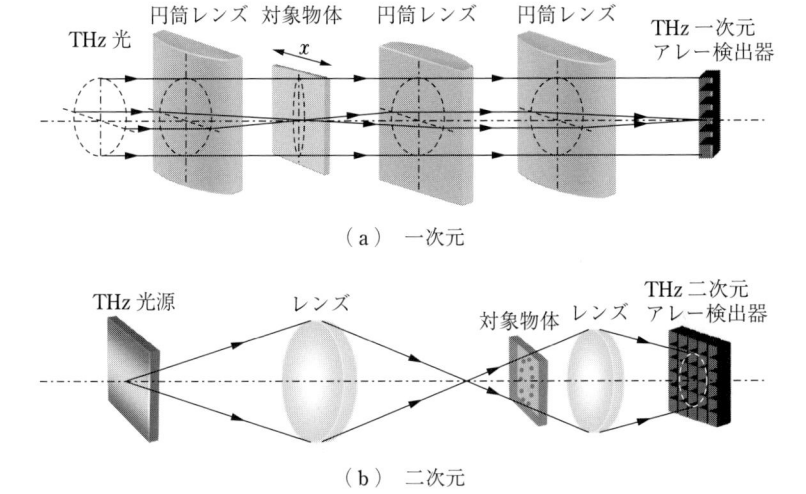

（a） 一次元

（b） 二次元

図 5.9 一次元および二次元アレー検出器形イメージング（透過測定）

THz ビームを円筒レンズにより一方向のみに集光し，対象物上に細長いビーム形で焦点を結んで透過させ，一方向に広がった透過ビームを円筒レンズで再び一次元アレー検出器上に細長く焦点を結ばせて検出する。対象物体を x 方向に移動して操作することによりイメージングを行う。

二次元アレー検出器を使う場合は，THz ビームを対象物体に広げて照射し，透過した THz ビームを二次元アレー検出器上に広げて当てることによりイメージングを行う（図（b））。

イメージングにおいて，検出器1素子のNEPが同じで，空間分解能が変わらず，1素子上に集光されるTHz強度が等しいとすると，同じ信号対雑音比（signal-to-noise ratio：SN比）の画像を得るのに要する時間は，n素子のアレー検出器で測定することにより，$1/n$に短縮される．実際には，アレー検出器を用いるイメージングは，測定装置，対象物および環境のさまざまな時間変動の影響や$1/f$雑音の存在により，測定時間の短縮に加え，得られる画像データの精度の向上に大きな効果がある．

〔2〕 **イメージングの分解能**　ある面積Aから放射される波長λの電磁波の遠方での広がり角Ω（立体角 solid angle）（図 **5.10**（a））は，フラウンホーファー回折（Fraunhofer diffraction）によって決まり，次式で与えられる．

$$A\Omega \fallingdotseq \lambda^2 \tag{5.9}$$

この関係式は，放射とは逆に，波長λの電磁波を立体角Ωの光学系で集光する場合には，位相がそろう範囲の面積Aの大きさを表す（図（b））．

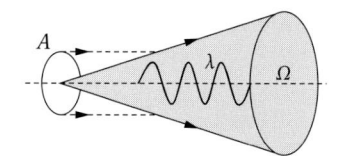

（a）面積Aから波長λの電磁波が放射される場合の広がり立体角Ω

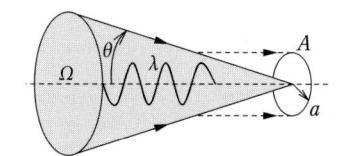

（b）波長λの電磁波を立体角Ω（半角θ）で集光する場合の焦点の広がり面積A（半径a）

図 **5.10**　放射源とイメージングの分解能

また，この関係式は，波動光学でガウスビームを光軸に対し角度θで集束させた場合のビームウェストの半径aとθの間の関係式と一致する．

$$a\theta \fallingdotseq \lambda \tag{5.10}$$

さらに，式（5.9）は，ヘテロダイン検出などのときに，ミクサ上に集光した電磁波の位相が打ち消し合わずに足し合わされる$A\Omega$の大きさを表す，アンテナ定理（antenna theorem）そのものである．

したがって，図5.8の二次元走査形イメージングの構成のようにTHzビームを対象物上に集光して，イメージングする場合の分解能は，式（5.10）より

$a ≒ λ/θ$ で求められる。口径 D，焦点距離 f の光学系で集光する場合，$θ = \arctan(D/2f)$ であるので，$a = λ/\arctan(D/2f)$ から計算される。

レンズや反射鏡などの集光光学系では，光学系の明るさを示す指標として，F 値（F-value，$F = f/D$）が用いられる（明るいほど F 値が小さい）が，これを用いると $θ = \arctan(1/2F)$ で，$a = λ/\arctan(1/2F)$ となる。

当然のことながら，イメージングの空間分解能は，波長が短いほど高くなる。また，大きい口径のビームを焦点距離の短い光学系（明るい光学系）で集光するほど，空間分解能が高くなる。

イメージングの分解能の評価は，フーコーナイフエッジテスト（Foucault knife-edge test）により行うことができる。ナイフエッジテストは，ビームの焦点面においた，薄いナイフの刃のエッジを平行移動してビームを遮へいし，そのうしろでプロファイルを観察して，ビームの大きさを評価する。

5.2　テラヘルツパッシブイメージング

パッシブイメージングでは，対象自体が放射する THz 波を検出し，強度分布を測定する。物体からの放射が温度 T の熱放射である場合，その放射エネルギーは物体の放射率 $ε(ν)$ と黒体放射 $b_ν(ν, T)$ の積となる。地上の測定では対象物の温度は $T = 300$ K 程度であるが，周囲には同じ温度 $T = 300$ K の背景放射が存在する。したがって，パッシブイメージングによる対象の検出には，少なくとも背景放射限界の NEP での測定が必要で，そのような高感度なイメージングシステムは，直接検出では液体ヘリウム温度（4K）冷却検出器（図 5.11）か，ヘテロダイン検出ミクサのシステム（図 5.12）[63] である。

ここで，直接検出器によるシステムの NEP と比較できるように，ヘテロダインミクサシステムの NEP_h を，IF 信号出力の後段の積分出力を含めて表すと次式となる[64]。

$$\mathrm{NEP}_h = \frac{2k_B T_{SYS} B_{IF}^{1/2}}{\sqrt{B_0 τ}} \quad [\mathrm{W/Hz^{1/2}}] \tag{5.11}$$

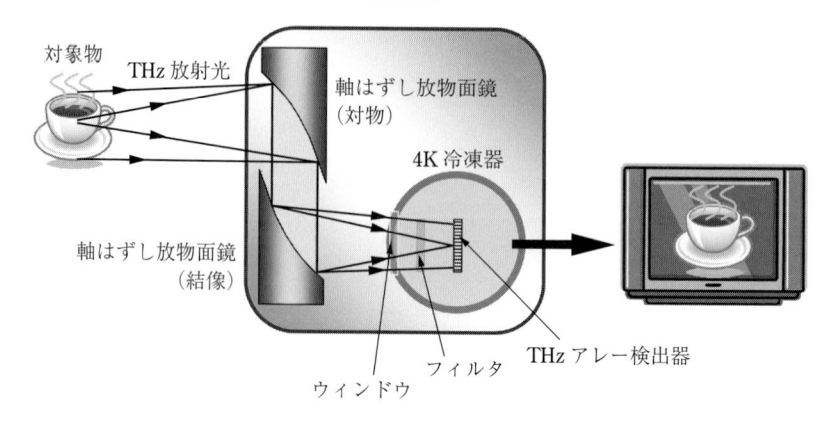

図 5.11 直接検出型パッシブ THz アレーイメージャーのシステム例

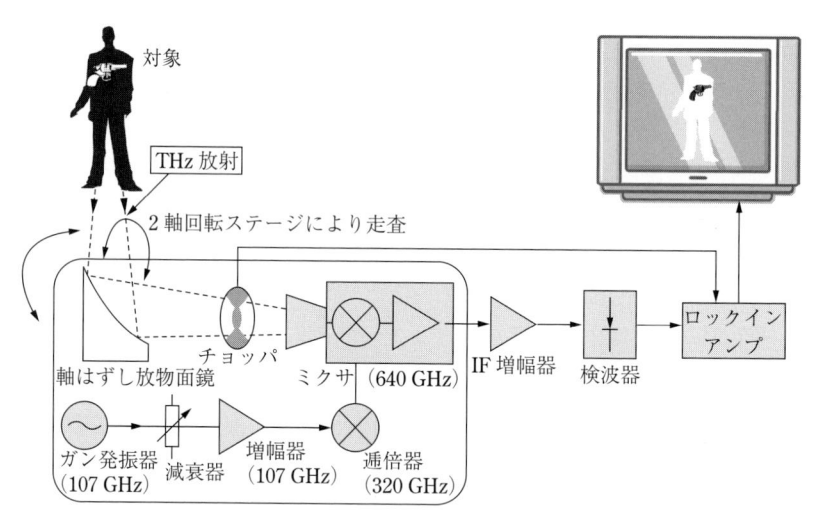

図 5.12 パッシブヘテロダインイメージャーのシステム例[63]

ここで，B_{IF} は中間周波数のバンド幅，B_O，τ は出力のバンド幅および積分回路の時間定数である。また，直接検出器の NEP_d を T_{SYS} により，$\text{NEP}_d = k_B T_{SYS} B_{IN}^{1/2} / \sqrt{B_O \tau}$ と表すことができる。ここで，B_{IN} は検出器に入射する THz 波の帯域幅である。

熱放射を測定するシステムの性能評価では，そのシステム雑音に等しい入射電力信号を与える放射温度差である，雑音等価温度差（NE$\varDelta T$；noise equivalent temperature difference) が用いられる。直接検出およびヘテロダイン検出のNEΔTは，次式で表される[64]。

$$\mathrm{NE}\Delta T = \frac{\mathrm{NEP}_d \cdot B_O^{1/2}}{2k_B B_{IN}} \quad [\mathrm{K}] \quad \text{直接検出} \tag{5.12}$$

$$\mathrm{NE}\Delta T = \frac{\mathrm{NEP}_h \cdot B_O^{1/2}}{2k_B B_{IF}} \quad [\mathrm{K}] \quad \text{ヘテロダイン検出} \tag{5.13}$$

ここでは，ヘテロダイン検出ではアンテナ定理で決まる空間分解能を取り，また同様に直接検出器では回折限界の空間分解能を仮定している。

表5.6に典型的な直接検出器とミクサのNEPとNEΔTを示す。4Kボロメータと300Kミクサのシステムで，NEΔT≒0.1Kが実現できる。

表5.6 THz帯の直接検出器システムおよびヘテロダイン検出ミクサシステムのNEPとNEΔT[64]

検出器の種類	B_{IN} [THz]	B_O [Hz]	NEP [W/Hz$^{1/2}$]	NEΔT [K]
4Kボロメータ	0.1	1	4×10^{-13}	0.15
300Kボロメータ	0.1	1	1×10^{-11}	3.6

ミクサの種類	B_{IN} [GHz]	B_{IF} [GHz]	T_{SYS} [K]	NEP [W/Hz$^{1/2}$]	NEΔT [K]
4Kミクサ	1	1	670	7.6×10^{-16}	0.023
300Kミクサ	1	1	2960	2.8×10^{-15}	0.10

5.3 フェムト秒レーザ励起超短テラヘルツパルスによるイメージング

フェムト秒レーザを用いて，物質内のキャリヤ（電子，正孔）を励起して超高速の電流変化を誘起したり，急激に誘電分極を変化させると，サブピコ秒（サブps）で振動する電界が発生し，THz波が放射される。この過程は，マクスウェル方程式から導かれる電磁波の電気双極子放射（electric dipole radiation）の式により，次式で表される。

$$E_{THz}(t) \propto \frac{\partial i(t)}{\partial t} \propto \frac{\partial^2 P(t)}{\partial t^2} \tag{5.14}$$

ここで，$E_{THz}(t)$ は放射電界，$i(t)$，$P(t)$ はそれぞれ物質中の電流および分極である。THz波電界の振幅が，電流の時間微分に依存するので，強いTHz波を発生させるためには，電流の急激な変動が重要である。また，分極の時間変化は分極電流になるので，電流の変化により，THz波が発生するということでは同じである。

このフェムト秒レーザによって発生させた超短THzパルスを対象に照射し，透過波または反射波を測定することによって，対象のTHzに関する性質を反映した情報を得て，イメージを作成することができる。

5.3.1 テラヘルツ時間領域分光イメージング

フェムト秒レーザによる超短THzパルス発生と，同じフェムト秒レーザをプローブに用いたTHzパルスの同期検出によって，THz波電界の振幅と位相を測定できる。得られた時間の関数である電界波形をフーリエ変換して，周波数の関数として表すことにより，電界の振幅と位相のスペクトルが得られる。この方法は現在テラヘルツ (THz) 時間領域分光法と呼ばれ，フェムト秒レーザの高性能化・普及に伴い，広く利用されるようになった[2]。

〔1〕 **低温成長 GaAs 光伝導アンテナを用いた THz 時間領域分光** THz時間領域分光イメージングの構成を**図 5.13** に示す。ここでは，THz 光源，THz 検出器に，低温成長 GaAs 光伝導アンテナ (low-temperature-grown GaAs photoconductive antenna，LT-GaAs PC アンテナ) を用いている。

LT-GaAs PC アンテナは，半絶縁 GaAs 基板上に低温 (180〜250℃) で積層した GaAs 膜を用い，その上に金属のアンテナ/電極パターンを蒸着したものである。**図 5.14** にアンテナパターンの例を示す。THz 光源の場合，二つのアンテナ-電極間に電圧を掛けた状態で，電極間のギャップにフェムト秒レーザのポンプ光パルスを照射し，キャリヤを励起して電流を流して超短 THz パルスを発生する。

5.3 フェムト秒レーザ励起超短テラヘルツパルスによるイメージング 197

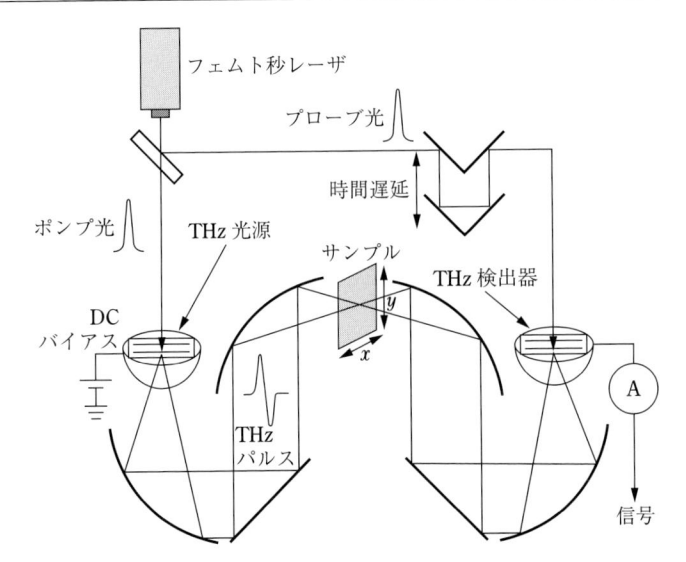

図 5.13 THz 光源・検出器に LT-GaAs PC アンテナを用いた THz-TDS イメージングの構成[15]。© Springer 2004

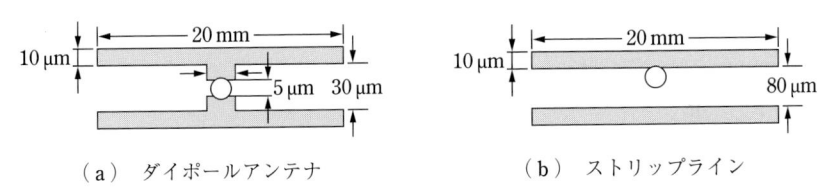

図 5.14 LT-GaAs PC アンテナパターンの例。白丸は励起フェムト秒レーザのスポットを示す[15]。© Springer 2004

(a) ダイポールアンテナ　(b) ストリップライン

THz 検出器の場合は，THz 波の電界により，プローブ光パルスにより励起されたキャリヤが運動し，アンテナ-電極間に生じた電流を信号として検出する。これらの THz 波の発生・検出法を光伝導スイッチ（photoconductive switching, optoelectronic switching）と呼ぶ。

LT-GaAs 膜は，ブレークダウン電界が大きい（500 kV/cm），キャリヤの移動度が高い（200 cm^2/(V·s)），キャリヤ寿命が短い（サブ ps）という，光伝導スイッチとして優れた性質を持っている[15), 16)]。

〔2〕 非線形光学結晶（ZnTe）を用いた THz 時間領域分光　　図 5.15

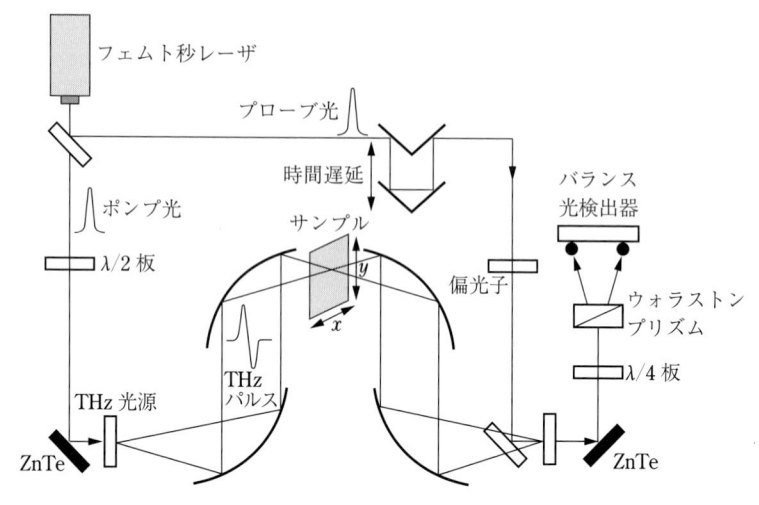

図 5.15 THz 光源および THz 検出器に非線形光学結晶（ZnTe）を用いた THz 時間領域分光イメージングの構成[15]。© Springer 2004

に，THz 光源および THz 検出器に，非線形光学結晶（ZnTe）を用いた THz 時間領域分光イメージングの構成を示す．THz 波は，フェムト秒レーザパルスの光周波数で振動する強い電界が，ZnTe 結晶の二次非線形性により光整流（optical rectification）されることによって発生する．

ポンプ光による非線形効果が最大になるのは，ポンプ光の電界方向とそれによる非線形分極の方向が一致したときで，ZnTe のような閃亜鉛鉱形結晶の場合，プローブ光を結晶の（110）面に入射させ，プローブ光の電界方向と結晶の [001] 軸の間の角 θ が，$\tan(\theta) = \pm\sqrt{2}$，すなわち $\theta = 54.74$ deg になるときである（固体の結晶方向の表記は，面についてそれに垂直の方向を (m_x, m_y, m_z)，軸についてはその方向を $[m_x, m_y, m_z]$ と空間周波数ベクトル k の x 成分，y 成分，z 成分を整数の比で表記したミラー指数で表す．ここで，空間周波数ベクトル k は，結晶実空間の長さの逆数で x 成分 $k_x = 1/x$，y 成分 $k_y = 1/y$，z 成分 $k_z = 1/z$ である）．

THz 波の検出は，THz 波電界が電気光学効果（ポッケルス効果：Pockels effect）を通じて ZnTe 結晶に複屈折（屈折率の異方性）変化を生じさせ，こ

5.3 フェムト秒レーザ励起超短テラヘルツパルスによるイメージング

れにより結晶を透過したプローブ光（入射時は直線偏光）の楕円偏光成分が変化するのを検出する。だ円偏光成分を検出するため，1/4波長板を通して直線偏光に変換し，ウォラストンプリズム（Wollaston prism）により，直線偏光の異なる二つのビームに分けてバランス光検出器で電気信号に変換する（**図 5.16**）。ポッケルス効果は，一次の電気光学効果であるので，信号はTHz電界に比例する。

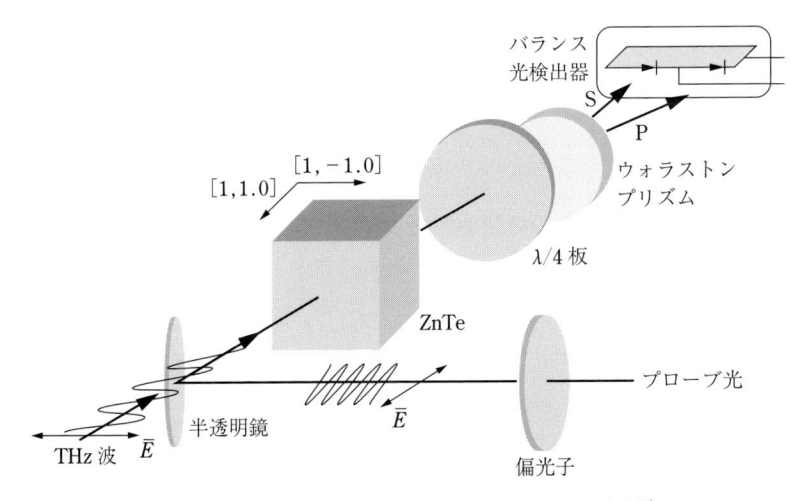

図 5.16 ZnTe結晶を用いたTHz光の電気光学検出[65]

信号を最も大きく検出するためには，THz電界，ZnTeの結晶軸およびプローブ光電界の方向が，図5.16の関係を満たす必要がある。ただし，プローブ光電界の方向はTHz光電界に直交してもよい。

電気光学効果によって，THz発生，THz検出を効果的に行うには，結晶中でレーザ光とTHz波の速度が等しく，結晶中を進む間，位相関係が変わらないことが必要である。これを位相整合条件（phase matching condition）といい，この条件が満たされる長さをコヒーレント長（coherent length）と呼ぶ。

図 5.17に，周波数2THzのTHz波のコヒーレント長とレーザ光の波長との関係を示す。ZnTe結晶では，波長 $0.8\,\mu m$ 当りのレーザを用いるのがよいことがわかる。

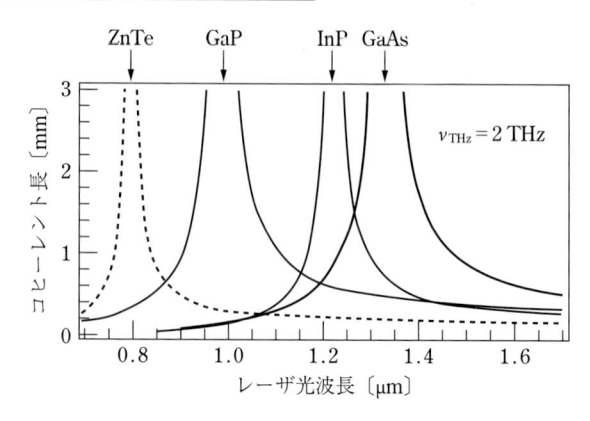

200　5. テラヘルツイメージング

図5.17　非線形光学結晶中のTHz波（2 THz）のコヒーレント長とレーザ光の波長との関係[66]。© AIP 2004

〔3〕THz電界パルスの時間波形とフーリエ変換　THz電界の時間波形の測定は，時間遅延路の距離を変えて，THz光とプローブ光パルスが検出器に到着するタイミングをずらすことによって行う（図5.13，図5.15）。測定されたTHz電界の時間波形の例を**図5.18**に示す。LT-GaAs PCアンテナとZnTe結晶をTHz光源と検出器として，4通りに組み合わせることにより，波形に多少違いがあるが，ps幅の超短THzパルスの電界波形が測定されている。

サンプルなし（リファレンス）の場合と，サンプルあり（サンプル）の場合

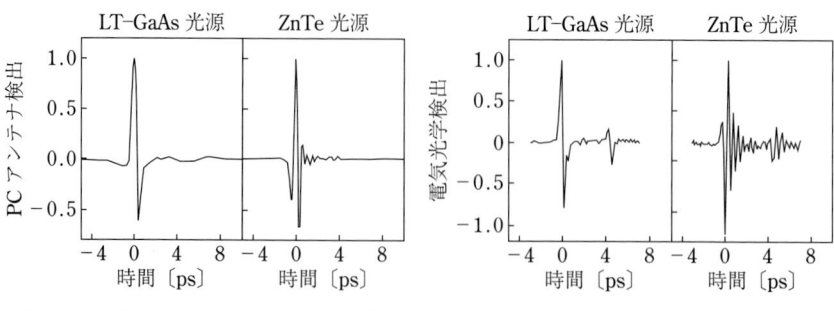

（a）LT-GaAs PCアンテナ（Siレンズ付き）による電流検出
（b）ZnTeによる電気光学検出

図5.18　THz-TDSにおけるテラヘルツパルスの時間波形の検出[67]。© AIP 1998。図（a）の検出波形は，図（b）のテラヘルツパルス波形にLT-GaAs PCアンテナの周波数応答を乗じたものとして説明される。

5.3 フェムト秒レーザ励起超短テラヘルツパルスによるイメージング

の THz 電界の時間波形を比較すると，サンプル表面での反射と内部での吸収による振幅の減衰と，サンプルの屈折率による時間遅延が起こっていることがわかる（図 5.19）。

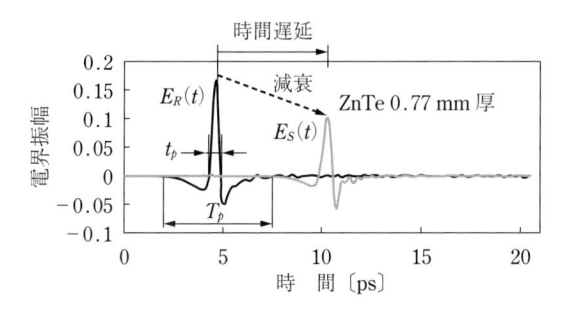

図 5.19　THzパルス光の時間波形。サンプルなし（リファレンス）とサンプルありの場合。サンプルにより，THzパルス光が時間遅延し，減衰する。t_p はピークパルスの時間幅，T_p はパルスの包絡線の時間幅

リファレンスとサンプルそれぞれの電界時間波形をフーリエ変換すると，電界振幅（または2乗したエネルギー強度，intensity）と位相のスペクトルが求められる（図 5.20）。

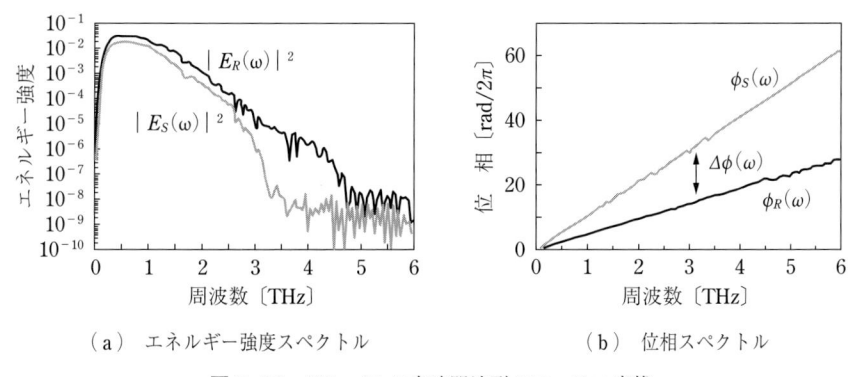

（a）エネルギー強度スペクトル　　　　　（b）位相スペクトル

図 5.20　THzパルス光時間波形のフーリエ変換

ここで，複素フーリエ変換の角周波数（$\omega = 2\pi\nu$〔rad/s〕，νは周波数）表示を定義する。$g(t)$ は $-\infty < t < \infty$ で定義されているものとする。フーリエ変換と逆フーリエ変換は，それぞれ次式となる。

$$G(\omega) = \frac{1}{\sqrt{2\pi}} \int_{-\infty}^{\infty} g(t) e^{-j\omega t} dt, \quad g(t) = \frac{1}{\sqrt{2\pi}} \int_{-\infty}^{\infty} G(\omega) e^{j\omega t} d\omega \quad (5.15)$$

角周波数表示で，$\widetilde{E}_R(\omega)$，$\widetilde{E}_S(\omega)$ をそれぞれリファレンス，サンプルの電界時間波形のフーリエ変換とすると，その比 $\widetilde{E}_S(\omega)/\widetilde{E}_R(\omega)$ は電界の複素透過率（complex transmittance）と定義されるもので，次式で表される。

$$\frac{\widetilde{E}_S(\omega)}{\widetilde{E}_R(\omega)} = \sqrt{T(\omega)} \exp(j\Delta\phi(\omega))$$

$$T(\omega) = \left|\frac{\widetilde{E}_S(\omega)}{\widetilde{E}_R(\omega)}\right|^2 : \text{エネルギー強度の透過率} \quad (5.16)$$

ここで，リファレンス，サンプルの位相を，$\phi_S(\omega)$，$\phi_R(\omega)$ としたとき，$\Delta\phi(\omega) = \phi_S(\omega) - \phi_R(\omega)$ は位相差である。

〔4〕 **複素屈折率，複素誘電率および吸収係数の導出** $\widetilde{E}_S(\omega)/\widetilde{E}_R(\omega)$ は，複素屈折率（complex refractive index）$\widetilde{n}(\omega)$〔無次元〕と次式で関係づけられる。

$$\frac{\widetilde{E}_S(\omega)}{\widetilde{E}_R(\omega)} = \widetilde{t}(\omega)^2 \exp\left\{j(\widetilde{n}(\omega)-1)\frac{d\omega}{c}\right\} \quad (5.17)$$

ここで，$\widetilde{t}(\omega) = 2\sqrt{\widetilde{n}(\omega)}/(\widetilde{n}(\omega)+1)$ は複素屈折率 $\widetilde{n}(\omega)$ のサンプルと空気の間のフレネル（Fresnel）電界透過率，d はサンプルの厚さである。

式（5.16）と式（5.17）を等しいとおいて，イテレーション（iteration）計算を行うことにより，サンプルの複素屈折率 $\widetilde{n}(\omega) = n(\omega) + j\kappa(\omega)$ が求められる。また複素屈折率より，複素誘電率（complex dielectric constant）$\widetilde{\varepsilon}(\omega) = \varepsilon_1(\omega) + j\varepsilon_2(\omega)$〔無次元〕が次式で求められる。

$$\varepsilon_1 = n^2 - \kappa^2, \quad \varepsilon_2 = 2n\kappa \quad (5.18)$$

さらに，吸収係数 α〔cm^{-1}〕は次式で求められる。

$$\alpha = \frac{2\omega\kappa}{c} \quad (5.19)$$

〔5〕 **周波数分解能，最大周波数，信号周波数帯域および位相スペクトル**
THz時間領域分光法で得られる周波数の分解能 $\Delta\nu$〔Hz〕は，フーリエ分

光法と同様に，最大の光路長差 L 〔cm〕で決まり

$$\Delta\nu = \frac{c}{L} \tag{5.20}$$

となる。c は光速である。また，同様に THz 波形をサンプリングする移動鏡の位置の間隔 Δx 〔cm〕の逆数から，フーリエ変換後のスペクトルの最大周波数が $\nu_{\max}=1/(4\Delta x)$ 〔Hz〕で与えられる。

 THz 時間領域分光法が，フーリエ分光法と異なるのは，コヒーレントな超短 THz パルスが光源である点である。そのため，パルスの時間幅が信号の周波数帯域を決定する。すなわち，図 5.19 に示したように，THz パルスは高いピークのパルスとその周りに低い高さの振動するパルスが広がっているが，THz パルスのピークの山の時間幅 t_p を取ると，その逆数の周波数 $\nu_{\text{THz}}=1/t_p$ が信号の周波数帯域の最大値を決めることになる。

 また，超短 THz パルスは周波数の異なる波のコヒーレントな重ね合わせで形成されているので，周波数が異なる波の位相は THz パルスの包絡線の時間幅 T_p の端で見ると周波数によって異なる。そのため位相スペクトルはサンプルなしでも周波数に比例して増加する関数となる。位相が 2π 増加する周波数幅は $\Delta\nu_{2\pi}=2/T_p$ で表され，そのためフーリエ変換での位相の導出では，だいたいこの周波数幅ごとに位相のアンラッピング（巻戻し）が必要である。

 一方，フーリエ分光法では，周波数帯域が十分に広い連続波光源からの波を分けた二つのビームの干渉を測定するので，信号の周波数帯域は原理的には光源の周波数帯域で制限される。実際はそれより狭いビームスプリッタの反射率/透過率の周波数特性で決まっている。また，もともと同じ波の干渉を取っているので，理想的には位相スペクトルに周波数依存性はなく，ビームスプリッタの特性が反映するだけであるので，位相スペクトルの周波数による変化もやはり小さい。

〔6〕 **THz 時間領域分光イメージングの情報**　　THz 時間領域分光法を用いたイメージングは，THz ビームを収束させた焦点部にサンプルを置き，XY ステージで走査することによって行う。このため，一般にイメージングには非

常に長い時間を要する．例えば，1点の分光データ取得を 0.1 秒で行うとして，480×640 フォーマット（ATS ノーマル規格）の画像を 1 枚取るためには，8.5 時間を要する．そのため，イメージング時間の短縮には，次項で述べる CCD カメラなどの二次元アレー検出器を用いる測定システムが重要である．

　THz 時間領域分光イメージングでは，THz パルスの振幅と位相を測定できることに対応して，THz パルスピークの減衰と遅延時間の両方でイメージングすることができる．図 5.21 に，THz パルスの減衰および時間遅延によるイメージの比較を示す．

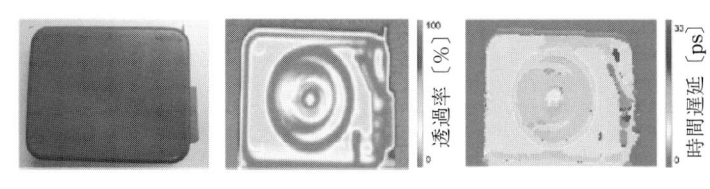

図 5.21　THz パルスによる二つのイメージング（テープメジャー）。THz パルスの減衰（中）と時間遅延（右）。左はテープメジャーの写真[68]。Ⓒ OSA 2007

　また，フーリエ変換後のスペクトルデータを用いて，ある周波数におけるサンプルの透過率や吸収係数のスペクトル，屈折率・誘電率（実部）のスペクトルなどのイメージ，いくつかの周波数でのイメージを重ねたマルチスペクトル（擬似カラー）のイメージも作成できる．

5.3.2　テラヘルツ電気光学検出 – CCD カメライメージング

　THz 波で誘起される電気光学効果を CCD カメラで二次元に撮像して検出するシステムの構成（図 5.22）は，前節で述べた，時間領域分光イメージングの THz 検出器に，電気光学結晶（ZnTe）を用い，THz 電界によるポッケルス効果で生じる屈折率異方性の変化をプローブ光の偏光に転写して，最終的には，その偏光変位を光検出器で電気信号として取り出すというものと基本的に同じである．ただし，THz 波，プローブ光とも広がったビームを用いるところが異なっており，THz 波ビームを広げてサンプルに照射し，その後広がったビームのまま ZnTe 結晶に入射することで，サンプルにより減衰，時間遅延

5.3 フェムト秒レーザ励起超短テラヘルツパルスによるイメージング　　205

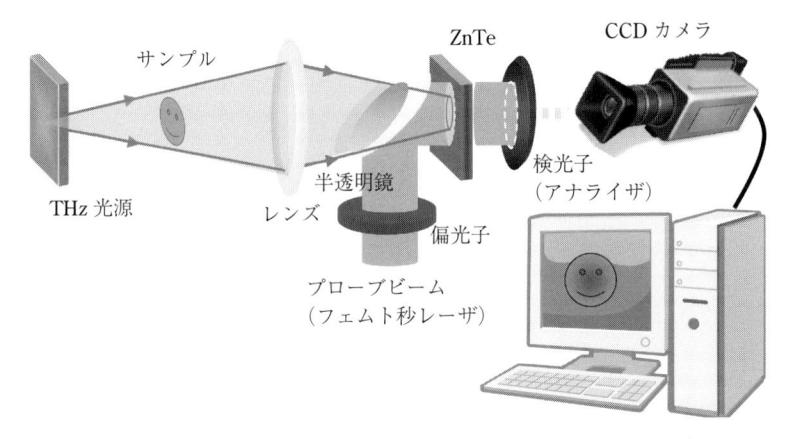

図 5.22　THz 電気光学検出 - CCD カメライメージングの構成[65]

を受けた THz 波が誘起する複屈折の 2 次元像を ZnTe 内に形成する。

　このうえにやはり直線偏光のプローブ光パルスを広げて照射することにより，だ円偏光成分の分布としてプローブ光に二次元で転写し，検光子（アナライザ）を通すことにより，光強度の二次元分布として CCD カメラで撮像する。

　CCD を用いて二次元撮像を行うことにより，リアルタイムの THz イメージングが可能となる。**図 5.23** は，蠅取草が動く様子を 10 フレーム / 秒の速度で動画を撮像した例である。また，ポンプ光とプローブ光との間の時間遅延の

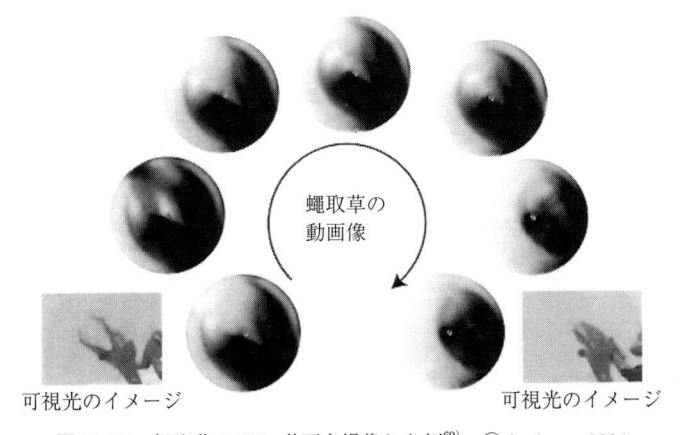

図 5.23　蠅取草の THz 動画を撮像した例[69]。Ⓒ Springer 2004

スキャンとCCDカメラの撮像のタイミングを同期させることにより，超高速繰り返し現象を，サブpsの時間分解能でイメージングすることも可能である．

5.4 パルス/連続テラヘルツ光源イメージング

本節では，近年研究されて利用できるようになった，非線形光学結晶を用いた周波数可変THzパルス光源と連続発振のTHz量子カスケードレーザを用いた，THzイメージングおよびTHz分光イメージングシステムについて述べる．パルス光源と組み合わせて用いられる検出器は，おもに単素子の液体ヘリウム冷却Siボロメータや焦電（パイロ）検出器であるが，THz量子カスケードレーザ光源ではマイクロボロメータ二次元アレー赤外カメラを組み合わせたイメージングシステムが実演・実証されている．

5.4.1 周波数可変固体テラヘルツパルス光源分光イメージング

非線形光学結晶を用いた，一つのレーザ光励起による光パラメトリック過程（optical parametric process）あるいは周波数が少し異なる二つのレーザ光による差周波発生（difference-frequency generation）を用いて，比較的強度の強い波長可変のTHz光源を作ることができる．

THzパラメトリック発振器では，MgOドープ$LiNbO_3$結晶を用い，レーザ光でポンプして，二次の非線形光学過程である光パラメトリック過程により，ポンプ（pump）光の波長に近いアイドラー（idler）光とTHz周波数のシグナル（signal）光を発生増幅させる．ポンプ光P，アイドラー光iおよびTHz光Tの間には，エネルギー保存則（角周波数：$\omega_P = \omega_T + \omega_i$）および運動量保存則（波数：$\bm{k}_P = \bm{k}_T + \bm{k}_i$）が成立しなければならない．後者の関係式から，可視‐近赤外光のポンプ光とアイドラー光の間の角度は1°程度と小さいが，THz光とアイドラー光の間の角度は65°程度になる．結晶に対するポンプ光の入射角により，THz波の周波数を変えることができる（**図5.24**）．

非線形光学結晶（GaP）に，波長の近い二つのレーザ光（ポンプ光とシグナ

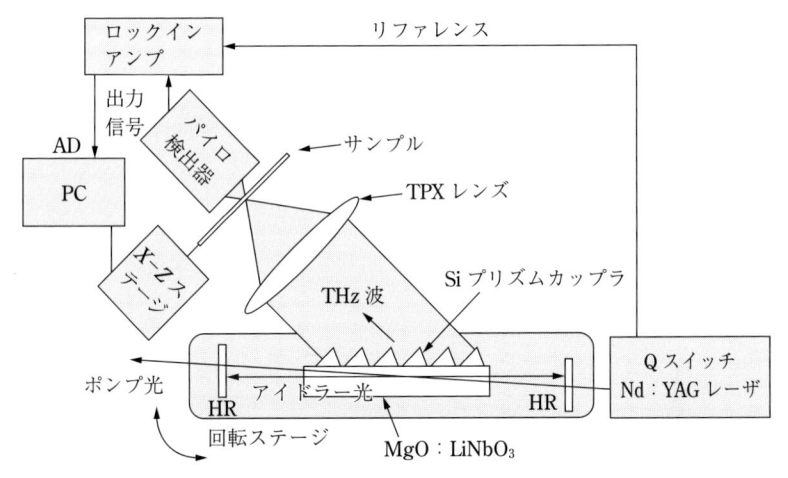

図 5.24 THzパラメトリック発振器（TPO）を用いた分光イメージングシステムの構成[70]。© OSA 2003

ル光）を少し角度 θ をつけて入射すると，二次の非線形光学効果により THz 光が発生する．この場合も，三つの光の間にはエネルギー保存則と運動量保存則が成り立つ．THz 光の周波数を変えるには，θ を変えることにより行う．**図**

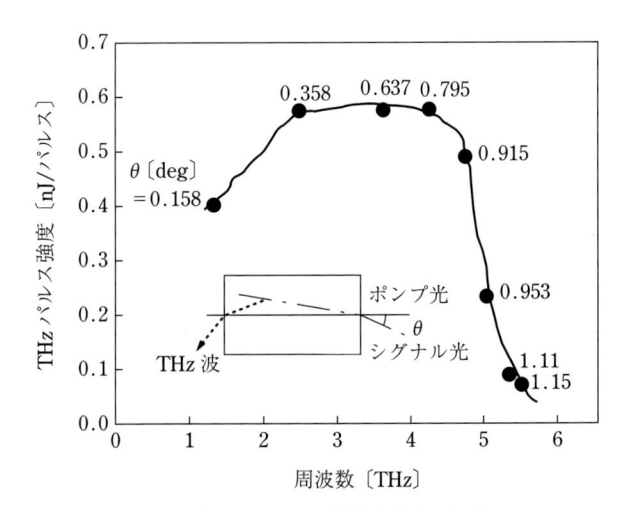

図 5.25 GaP 結晶を用いた THz 差周波発生における THz パルス強度と周波数の関係．θ〔deg〕は，ポンプ光ビーム（OPO）とシグナル光ビーム（YAG）の間の角度[72]。© AIP 2003

5.25 に GaP 結晶を用いた差周波発生において，θ を変えたときの THz パルス強度と周波数の関係を示す．

表 5.7 に，二つの周波数可変固体パルス THz 光源の特性を示す．

周波数可変固体パルス THz 光源を用いた分光イメージングシステム（図 5.24 参照）では，発生した THz 光をレンズで集光してサンプル上に焦点を結ばせて透過光を検出する．周波数を変え，サンプルを走査することによって，分光イメージングを行う．

表 5.7 非線形光学結晶を用いた周波数可変固体パルス THz 光源の特性[70)〜72)]

発生過程	THz パラメトリック発生	THz 差周波発生
非線形結晶	MgO ドープ $LiNbO_3$	GaP
周波数	0.9 〜 2.1 THz* 0.7 〜 2.4 THz**	2.5 〜 4.3 THz（5 mm 長結晶） 5.5 〜 7 THz（2.6 mm 長結晶）
パルスエネルギー（最大）	0.2 nJ/パルス* 1.3 nJ/パルス**	0.6 nJ/パルス（5 mm 長結晶） 0.02 nJ/パルス（2.6 mm 長結晶）
パルス時間幅	10 ns* 4 ns**	6 ns
ピーク強度（最大）	20 mW* 200 mW**	100 mW（5 mm 長結晶） 3.3 mW（2.6 mm 長結晶）
スペクトル幅	20 GHz* 100 MHz**	6 GHz
パルス繰返し	16 Hz	10 Hz
ポンプレーザ	Q スイッチ動作 Nd：YAG レーザ（波長 1.064 μm，30 mJ/パルス，パルス幅 25 ns）	Q スイッチ動作 Nd：YAG レーザ励起光パラメトリック発振器（波長 1.035 〜 1.062 μm，3 mJ/パルス，パルス幅 6 ns） シグナルレーザ：Q スイッチ動作 Nd：YAG レーザ（波長 1.064 μm，3 mJ/パルス，パルス幅 11 ns）

*THz パラメトリック発振器，**シーズ光注入形 THz パラメトリック発生器

5.4.2 テラヘルツ量子カスケードレーザと赤外ボロメータアレーカメラによるイメージング

テラヘルツ量子カスケードレーザ（THz quantum cascade laser：THz-QCL）は，赤外域の量子カスケードレーザと同様に，半導体超格子（semiconductor super lattice) のサブバンド (subband) 間に反転準位を作ることよってレーザ発振を実現している．おもな THz-QCL の半導体超格子は GaAs の井戸 (well) と AlGaAs の障壁 (バリヤ, barrier) からなるキャリヤ注入層 - 活性層を多周期積層している．多周期の構造により，超格子内を走行する間に一つの電子が各周期の活性層ごとに光子をつぎつぎに発生し，結果として一つの電子が多数の光子を発生するため，レーザ発振の効率が向上している（**図 5.26**）．

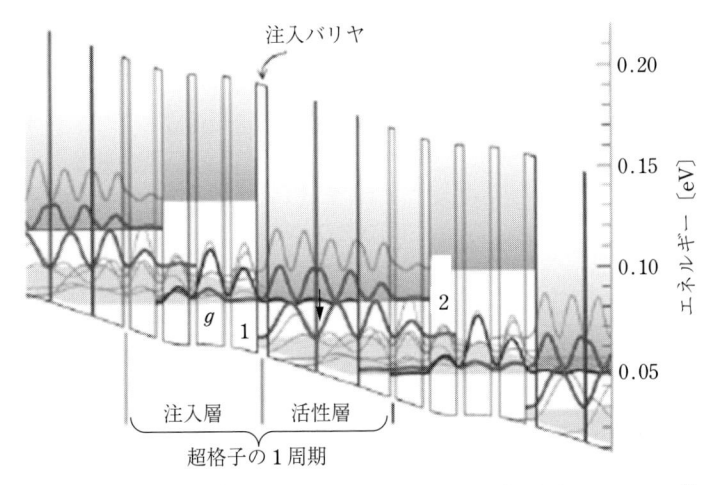

図 5.26 THz 量子カスケードレーザ（QCL）の半導体超格子のバンド構造図．キャリヤ（電子）は注入層の準位 g から共鳴トンネル効果により活性層の準位 2 に注入され，準位 2 → 準位 1（エネルギー差 18 meV）と遷移することにより 4.4 THz で発振する[30]．ⓒ Nature 2002

THz-QCL は，単体では波長可変性がほとんどないが，1.2～4.8 THz で発振するものがすでに開発されており，連続波発振，室温発振も可能で，サイズが数 mm，入力電力が数 W で，～100 mW の THz 出力が得られるため，THz イメージングの光源として有用である．

THz-QCL は出力の大きい光源であるので，これと THz 光にも感度を持つ非冷却の赤外ボロメータアレーカメラを組み合わせることにより，簡単な構成で THz イメージングが可能となる（**図 5.27**）．THz-QCL の照射時間とカメラの画像読出し時間の同期を取り，画像から背景放射の画像を差し引くことによ

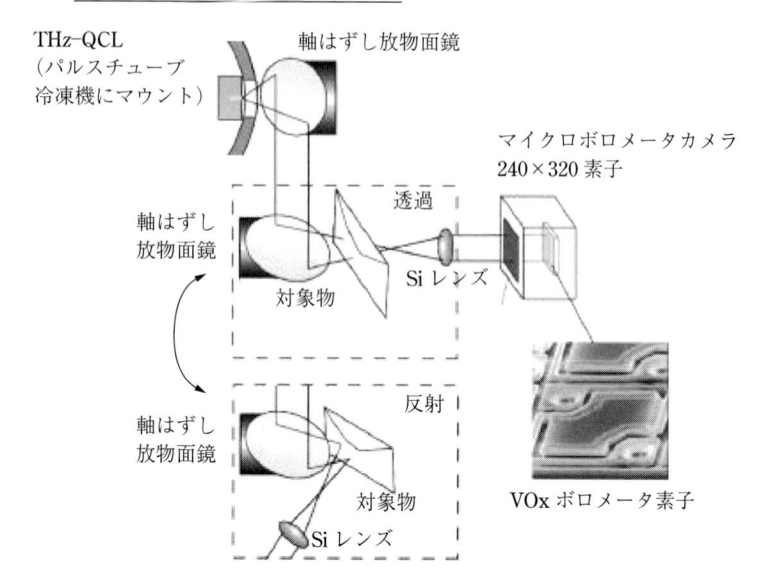

図 5.27 THz-QCL を光源とした赤外マイクロボロメータアレーによるイメージングシステム[73]。© IEEE 2006

り，SN 比を改善したイメージを取得できる。

5.5 三次元テラヘルツイメージング

　テラヘルツ波は，プラスチック，紙，布，脂肪，半導体，誘電体や粉体を透過するため，対象を回転させて透過光を測定することにより得られる投影データから，X 線 CT などと同様に，断層画像を復元することができる。
　図 5.28 に，ZnTe を用いた THz 時間領域分光法による THz コンピュータトモグラフィー（THz computer tomography：THz-CT）の測定法の構成を示す。対象物に細く絞った THz ビームを照射し，対象を y 軸の回りに少しずつ回転させながら，それぞれの角度で x 軸方向にスキャンして x-z 面内の透過データを取得し，1 回転させることにより得られた全投影データから断層画像を復元する。さらに対象を y 軸方向に移動させて測定し，断層画像を積層することによって三次元イメージが得られる。

5.5 三次元テラヘルツイメージング 211

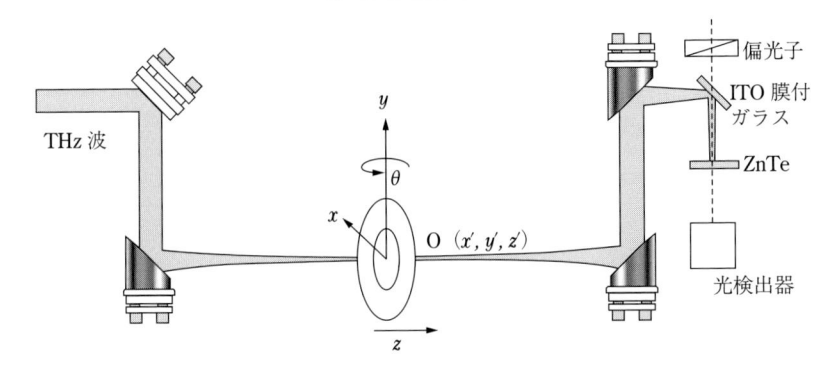

図 5.28 THz コンピュータトモグラフィーの測定法の構成[74]。ⓒ IOP 2004

また,広がった平面波を対象物に照射して,散乱,回折された波の投影データから,フーリエ変換を行って,対象物の空間分布に対応した,空間周波数上での二次元分布が得られる。それを逆フーリエ変換することにより,対象物の断層画像を復元する方法が,THz 回折トモグラフィー(THz diffraction tomography)である。

しかし,これらの方法で,分解能の高い断層画像得るためには,対象の回転角 θ の刻みを細かくして測定する必要があるため,測定に長時間を要する。

THz コンピュータトモグラフィーの測定時間を短縮する方法として,チャー

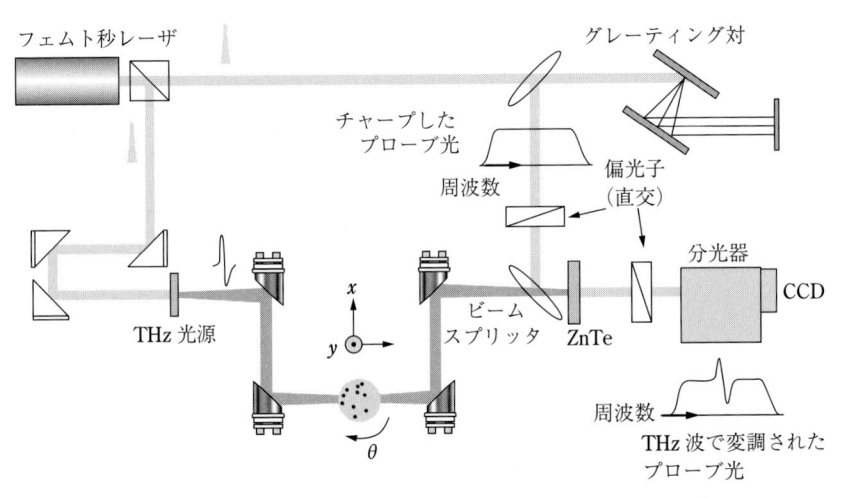

図 5.29 チャープしたプローブ光を用いた THz-CT イメージングシステム[74]。ⓒ IOP 2004

プしたプローブ光を用いた THz-CT イメージングシステム（図 5.29）が考えられ実証されている．このシステムでは，プローブパルス光に周波数分散を掛けて時間的に広がったパルスを作り，テラヘルツ電気光学検出 - CCD カメライメージングの手法を用い，ZnTe 検出器を透過したプローブ光の偏光変化成分を，分光器で周波数に分けて CCD カメラで撮像して，THz パルスの時間波形を一度に取得する[75]．このシステムを用いて得られた三次元 THz-CT イメージの例を図 5.30 に示す．

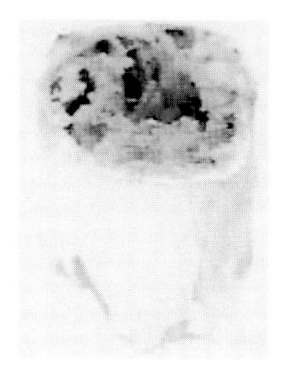

（a）写　真　　　　　（b）イメージング

図 5.30　七面鳥の足骨の三次元 THz-CT イメージング[74]
（図 5.29 のシステムによる三次元イメージング）．© IOP 2004

フェムト秒レーザを用いた THz 時間領域分光法の反射測定において，THz 電界パルスの時間波形には，深さ方向の屈折率不連続面からの THz パルスエコーが含まれ，この THz パルスエコーの測定から，対象の屈折率の異なる層の深さ分布の情報を得ることができる．THz パルスを用いた飛行時間法（time-of-flight method：TOF）を利用するものであり，反射形 THz トモグラフィーと呼ばれる．対象を二次元に走査し，深さ情報と合わせることにより，三次元イメージを取得することができる（図 5.31）．

この反射形 THz トモグラフィーイメージングシステムにおいて，テラヘルツ電気光学検出 - CCD カメライメージングの手法を用いることにより，THz パルスエコーの時間波形を一度に取得することができるようになり，高速測定

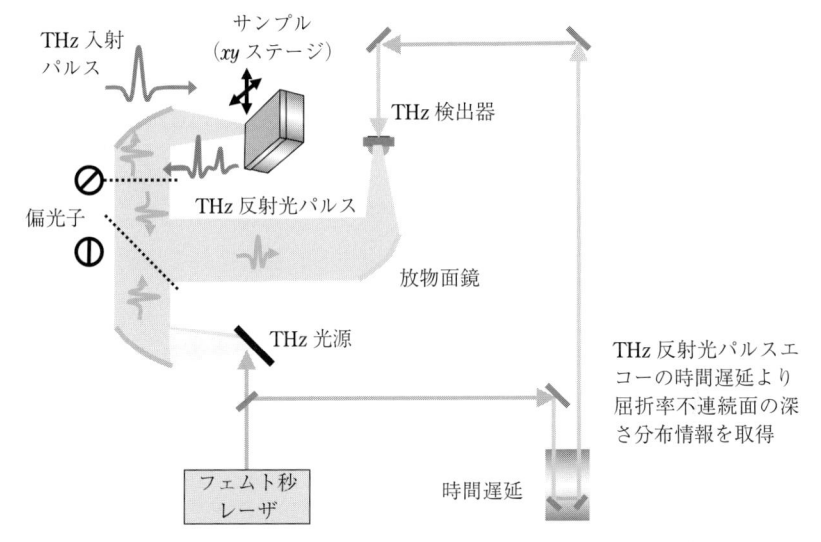

図 5.31 反射形THzトモグラフィーイメージングシステム[76]

や移動物体の実時間測定も可能となる[77]。

5.6 テラヘルツ近接場イメージング

　通常のイメージングにおける空間分解能は，ビームを強く絞って収束させたとしても，THz波の回折によって最小で波長程度までが限界である。回折限界を越えて，空間分解能を小さくするために，近接場（near field）光を用いる。近接場はエバネッセント場（evanescent field）とも呼ばれる。
　電磁波が屈折率の高い物質から低い物質へ入射するとき，臨界角以上では全反射して透過せず，屈折率が低い物質中で減衰する波となり，波長程度ににじみ出す。これが近接場である。同様に，波長よりも小さい開口の場合も透過波は存在せず，近接場が波長程度ににじみ出る。近接場は，伝搬する波でないため，局在波と呼ばれる。近接場を利用することにより，反射した物質の表面近傍の光学的性質を波長以下の分解能で測定することが可能である。
　近接場光でイメージングする方法に，近接場（走査）光学顕微鏡（near-field

scanning optical microscopy：NSOM）があり，先のとがった金属探針（metal tip）をプローブ（probe）に用いるものと，微小な波長以下の開口（sub-wavelength aperture）を用いるものがある[78]。前者は無開口（apertureless）プローブと呼ばれる．

金属探針を用いたTHz近接場光学顕微鏡では，金属探針先端に近いサンプル上の近接場から散乱されたTHz波を測定する．金属探針を振動させて，その周波数に同期したTHz信号のみを検出することにより，近接場成分を抽出する（図5.32）．

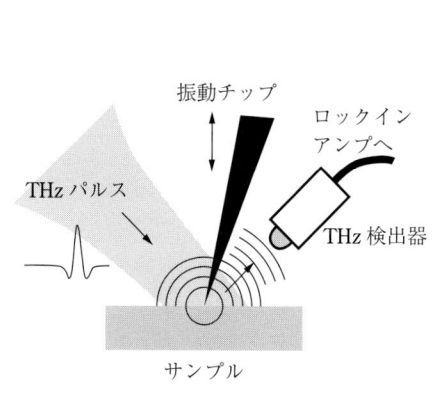

図5.32　金属探針を用いたTHz近接場光学顕微鏡の構成[79]。©AIP 2004

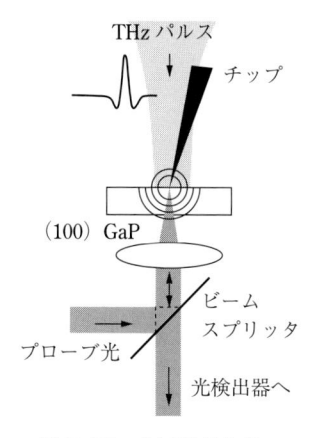

図5.33　金属探針を用いたTHz近接場光学顕微鏡で近接場を電気光学結晶により直接測定する方法[79]。©AIP 2004

同じく金属探針を用いたTHz近接場光学顕微鏡のサンプルを電気光学結晶に置き換えると，近接場をプローブレーザ光で直接検出できる（図5.33）．

図5.34は，金属探針を用いたTHz近接場光学顕微鏡において，THzパルスの入射電界波形と近接場の波形の測定結果である．また，それらの電力強度スペクトルの比較を図5.35に示す．近接場のスペクトルは，入射電界と異なり，高周波成分が減衰していることがわかる[79]。

金属探針とサンプルとの距離を変えたときの，THz電界強度の分布（スポッ

5.6 テラヘルツ近接場イメージング

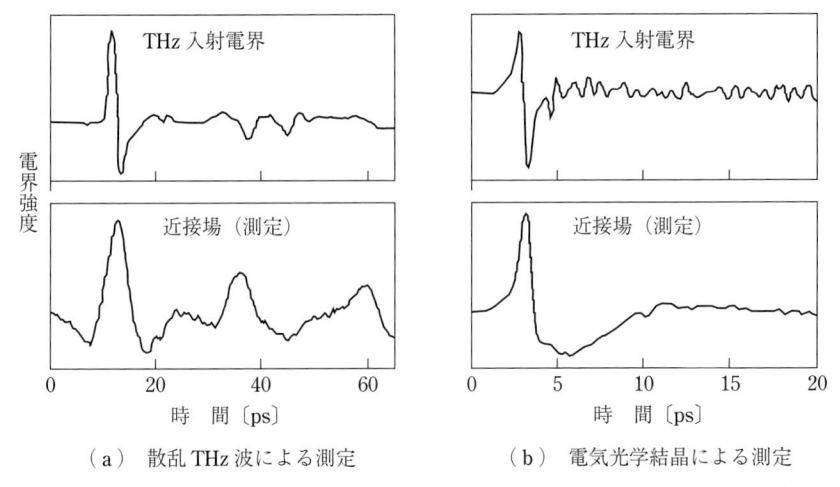

(a) 散乱THz波による測定

(b) 電気光学結晶による測定

図5.34 THz近接場光学顕微鏡のTHzパルスの入射電界と近接場の波形の比較[79]。© AIP 2004

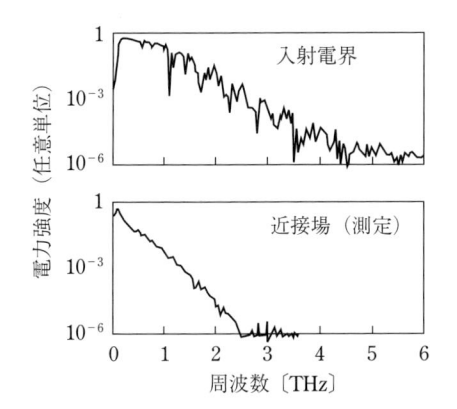

図5.35 THz近接場光学顕微鏡におけるTHzパルス入射電界と近接場の電力強度スペクトルの比較[79]。© AIP 2004

トサイズ) イメージングを**図5.36**に示す。金属探針とサンプルの距離が離れるに伴い,THz電界強度が減衰しスポットサイズが大きくなる。この図で,金属探針とサンプルがほとんど接した状態で,THzパルス(ピークの周波数 0.15 THz, 波長2 mm)のスポットサイズが最小になり,その径の半値全幅 (full width of half maximum: FWHM) は18 μmである[80]。

　THz近接場光学顕微鏡に用いるプローブとして,**図5.37**のような半導体膜上に微小な波長以下の開口とTHz波近接場を検出するLT-GaAs PCアンテ

図 5.36 金属探針とサンプルとの距離を変えたときの THz 近接場電界強度分布のイメージング（スポットサイズ）。図の金属探針とサンプルとの距離は，a：0 μm, b：10 μm, c：20 μm, d：30 μm[80]。ⓒ AIP 2002

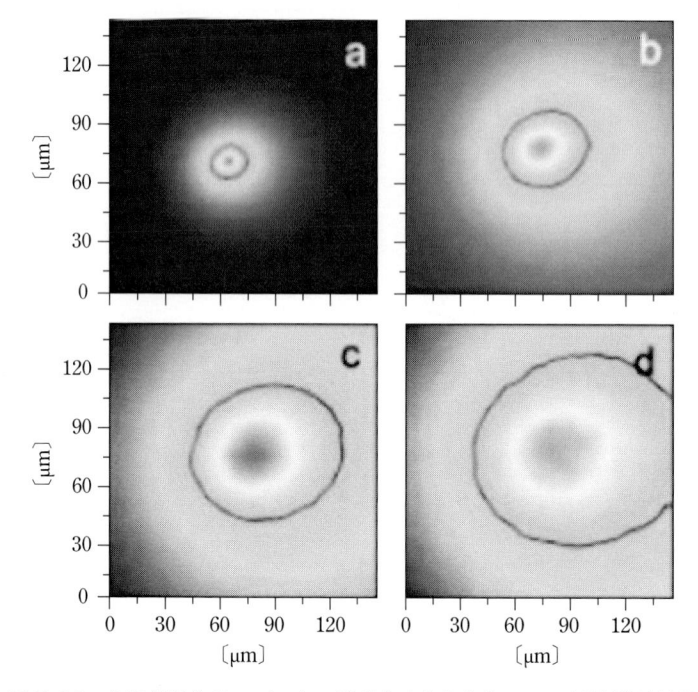

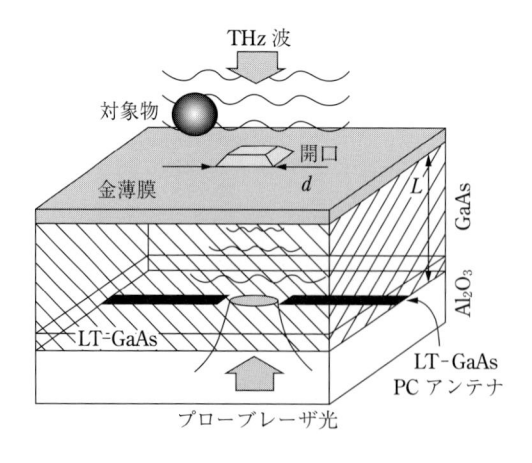

図 5.37 微小な波長以下の開口と THz 近接場を検出するための LT-GaAs PC アンテナを集積した近接場プローブ素子の例[81]。ⓒ IEEE 2001

ナを集積した近接場プローブ素子の例を示す。ここで，正方形の開口の辺の長さを d, 開口-アンテナ間距離を L で表す。L を変えた素子を用いて測定され

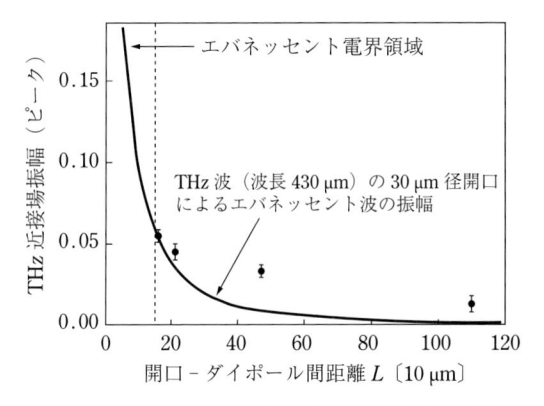

図 5.38 開口-アンテナ間距離 L と THz 近接場の振幅の関係 開口は 30×30 $[\mu m^2]$ [81]。ⓒ IEEE 2001

た THz 近接場振幅はほぼエバネッセント波の計算と合う (**図 5.38**)。

THz パルス (波長 120 〜 1500 μm, ピークの波長 430 μm) を THz 近接場プローブ ($d=5$ μm, $L=4$ μm) で検出した場合のエッジテストの結果は空間分解能 7 μm であり (**図 5.39**), ピーク波長の 1/60 の分解能が得られる。

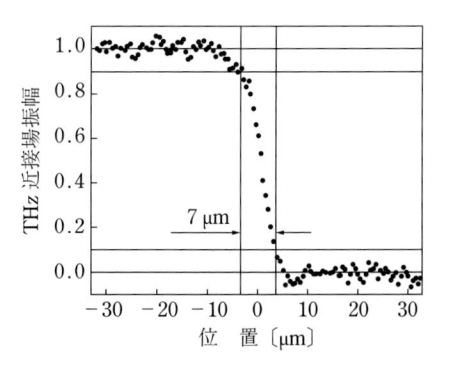

図 5.39 THz 近接場プローブ ($d=5$ μm, $L=4$ μm) によるエッジテストの結果[81]。ⓒ IEEE 2001

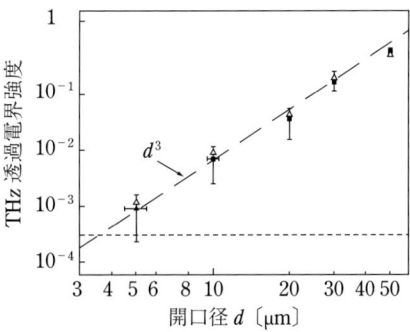

図 5.40 THz 近接場プローブの開口径に対する THz 波の透過電界強度[81]。ⓒ IEEE 2001

開口径の大きさ d と THz 波の透過電界強度との関係について, 面積の割合 ($\propto d^2$) よりも急峻に減少する $\propto d^3$ の依存性が測定されている (**図 5.40**)。この関係は微小な穴による電磁波の回折理論[82]の予想とよく合っている。

5.7 テラヘルツイメージングの応用

テラヘルツ波のいろいろな特性に基づいて，近年大きく進展したテラヘルツテクノロジーを用いて，防犯やテロ対策などの安全・安心分野，医療・薬品分野での利用，さまざまな産業での応用，科学研究や芸術など，広範な分野においてTHzイメージングの利用が始まり，実用化の検討が進められている。

5.7.1 安全・安心のためのテラヘルツイメージング

安全・安心のためのテラヘルツ技術として，郵便物や荷物の非開披検査，人の衣服の下に隠した携帯物の検査がある。THz波は透過性があり，人体や物品に対して用いても安全であるため，さまざまな場面での利用が考えられる。

図5.41は，封筒に隠された麻薬や覚せい剤等の検出へのTHz波イメージングの応用の有効性を示している。測定にはTHzパラメトリック発振器を用いた周波数可変光源分光イメージングシステムが用いられた。THz帯のスペクトルの違い（図(b)）を用いて，七つの周波数で撮ったイメージ（図(c)）から，成分空間パターン解析（component spatial pattern analysis）により，三つの薬物を特定し空間分布を抽出している（図(d)）。

図5.42は，連続波ガン発振器を光源とし，検出器にショットキーダイオードを用いたコンパクトなTHzイメージング装置により，革製の書類鞄を周波数0.2THzで透視イメージングしたものである。

THz波は衣服も透過する（図5.43）ので，1.56THzおよび0.35THzのパッシブヘテロダインイメージャーで撮像された画像（図5.44）からわかるように，服の下に隠された拳銃など武器，危険物の検出が可能である。

THz時間領域分光法による測定において，RDX，HMX，TNTなどの爆発物にはTHz帯に固有のスペクトルがある[85]ため，THzイメージングはこれらの検出に利用できる。またガソリン，軽油などの可燃性液体についても吸収係数[86]の差から識別できる可能性がある。

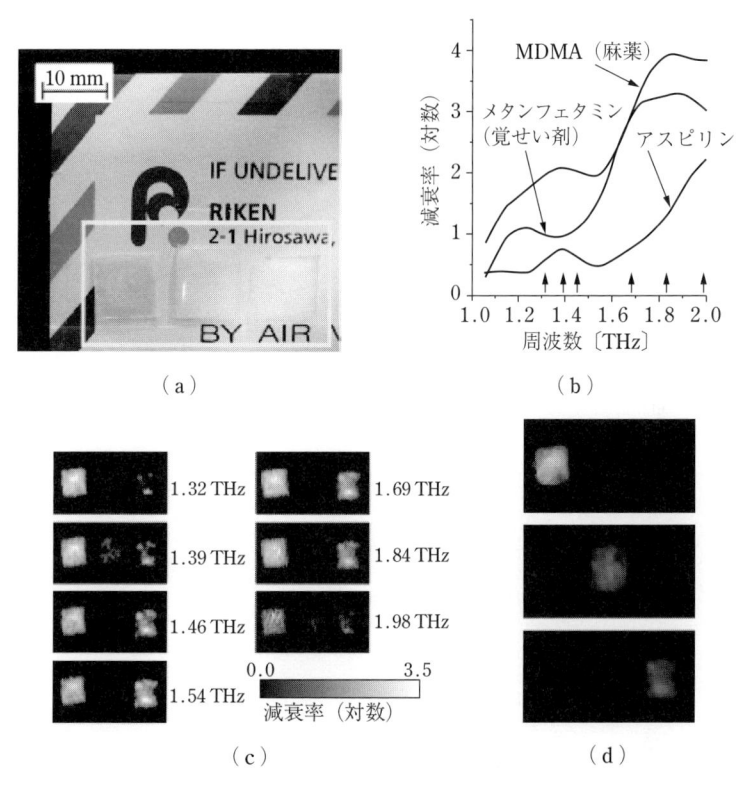

5.7 テラヘルツイメージングの応用   219

(a)

(b)

(c)   (d)

(a) 薬物サンプル。左から MDMA（麻薬），アスピリン（解熱鎮痛剤），メタンフェタミン（覚せい剤），(b) 薬物の減衰率（対数）のスペクトル，(c) 7個の周波数での THz イメージ，(d) 主成分分析法による解析で抽出された MDMA，アスピリンおよびメタンフェタミンの分布イメージ

図 5.41 封筒に隠されたポリエチレン袋入りの薬物の検出[70]。© OSA 2003

(a) 空の状態    (b) 大きなナイフといろいろな物が入っている状態

図 5.42 革製の書類鞄の THz 透過イメージ[83]。© AIP 2005

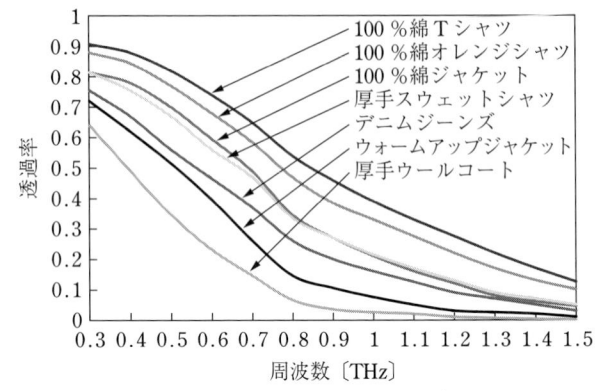

図 5.43 衣服の THz 透過率[84]

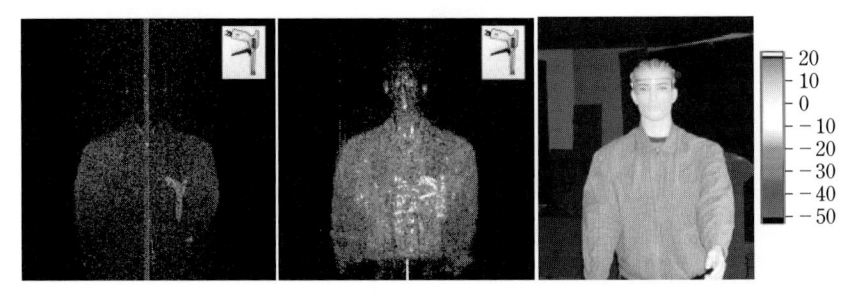

（a） 1.56 THz イメージ　（b） 350 GHz イメージ　（c） 可視光の写真

図 5.44 金属の拳銃を服の下に隠したマネキン人形の THz パッシブヘテロダインイメージ[84]

5.7.2 医療・薬品分野のテラヘルツイメージング

テラヘルツイメージングを，癌部位の診断に応用するための研究が進められている。THz 時間領域分光法を用いた皮膚癌のイメージングが行われ，皮膚癌と正常皮膚からの THz パルスの反射波形が異なることから（**図 5.45**），皮膚癌部位の特定のための診断に利用できると考えられる。**図 5.46** は，皮膚癌部位から摘出した皮膚の THz イメージと組織断面の顕微鏡写真との比較で，両者がかなり一致することを示している。

また，乳癌についても，癌細胞と正常部とで，THz パルスの反射波形が大きな違いがあることから，癌部位の診断への応用可能性がある[88]。肝臓癌の

5.7 テラヘルツイメージングの応用   221

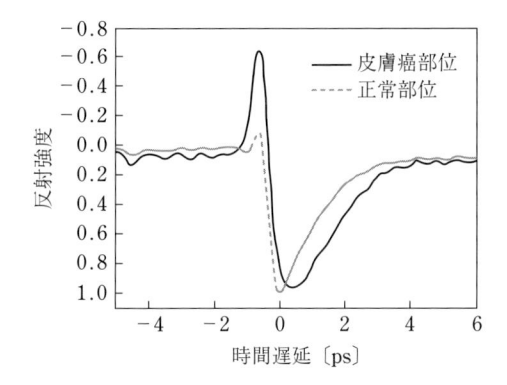

図 5.45 皮膚サンプルの皮膚癌部と正常部分からの平均的な THz 反射波形の比較[87]。© RSC 2004

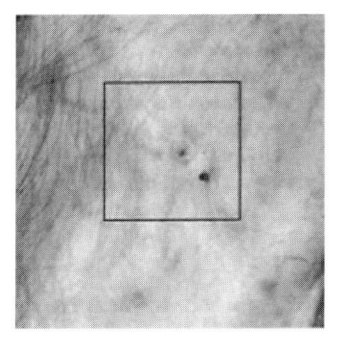

（a）皮膚癌部の臨床写真
（四角の枠線部分を摘出）

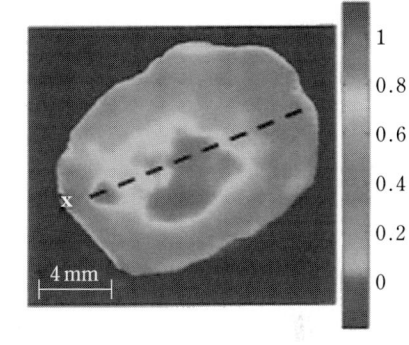

（b）摘出した皮膚の THz イメージ
（破線部を解剖して組織断面を検査）

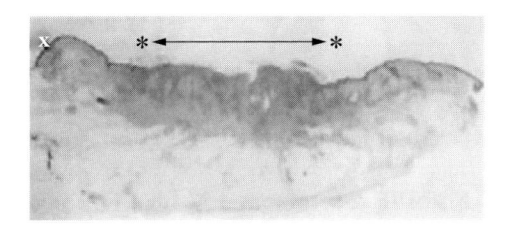

（c）組織断面の解剖学的顕微鏡写真

図 5.46 THz イメージと顕微鏡写真との比較[87]。© RSC 2004

病理サンプルについても THz イメージングの解析が行われている[89]。

薬品の THz イメージングでは，THz 時間領域分光法の反射測定を用いて，THz 電界パルスの時間波形の THz パルスエコーの測定により，錠剤のコー

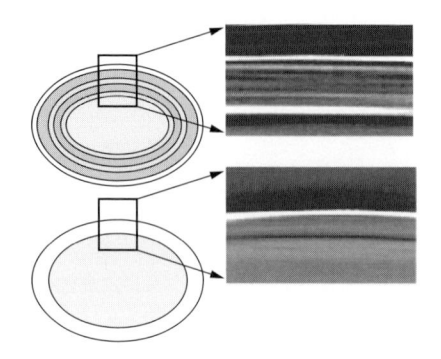

図 5.47 コーティングが異なる2種類の錠剤（イブプロフェン）のTHz パルスエコーイメージング[90]．ⓒ Wiley 2005

ティングの状態を調べることができる（図 5.47）．

また，薬剤の THz スペクトルには他の周波数にない固有のスペクトルを持つものがあり，THz 分光イメージングにより薬剤の特定ができる．図 5.48 にアスピリン錠とロキソニン錠の THz スペクトルを示す．二つの錠剤は両方とも鎮痛・解熱剤であるが，その THz スペクトルには大きな違いがある．

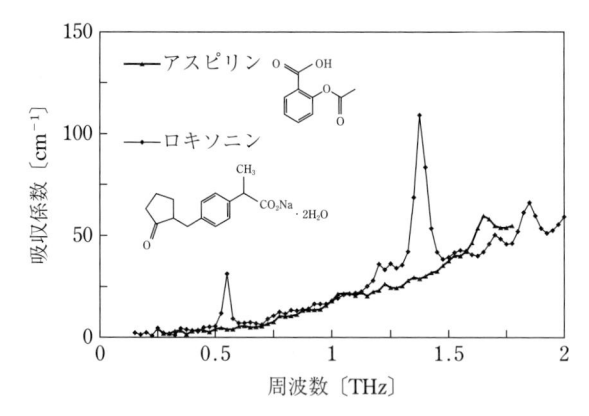

図 5.48 鎮痛・解熱剤であるアスピリン錠とロキソニン錠の THz スペクトル

5.7.3 テラヘルツイメージングの産業における利用

THz 波は粉体の中を透過するため，粉体に混在した異物の検出に利用できる．図 5.49 は，小麦粉中に埋まった ABS 樹脂と POM（ポリアセタール）樹脂の THz 時間領域分光法の THz イメージングパルスによる検出である[69]．

5.7 テラヘルツイメージングの応用

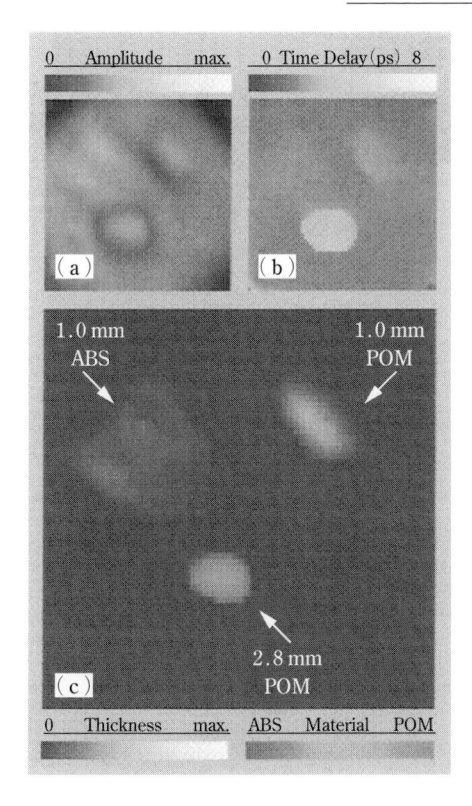

(a) 透過波の電界振幅イメージング
(b) 透過波パルスの遅延時間イメージング
(c) スペクトルの差から，ABS樹脂（左上）とPOM樹脂（右上と下）を区別している

図5.49 THzイメージングパルスによる小麦粉中のプラスチックの検出。ABS樹脂とPOM樹脂が小麦粉の中に埋まっている[69]。© Springer 2004

THzパルスの振幅，位相の両方でイメージングが可能で，分光スペクトルから二つの樹脂の識別がある程度可能である。THzパルスのイメージングによるチョコレート中の異物の検出についても調べられている[91]。

また，THz波は，水に強く吸収されるため，水分の検出に対して感度が高い。図5.50は，THzイメージングによる水分検出の例を示す。生きている植物の葉のTHzイメージングは，灌水の違いを明確に検出でき，また紙の水分のモニタに利用できる。

THz時間領域分光イメージングを用いて，半導体ウェーハにイオン注入された領域の範囲，不純物の形（p形またはn形）および濃度のモニタが可能である（図5.51）。

(a) (b)

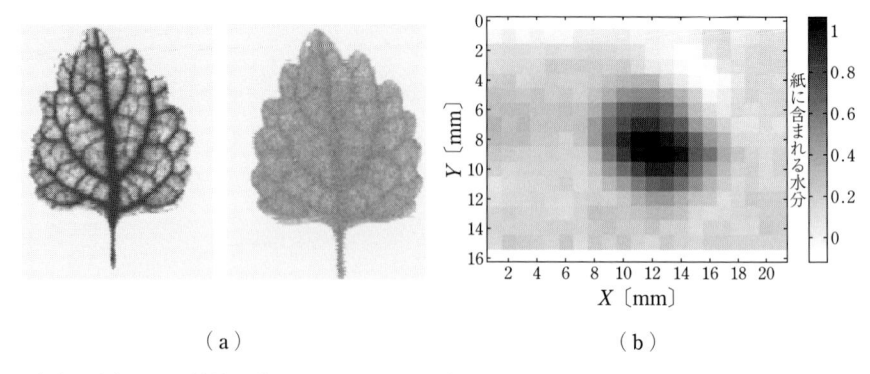

(a) 生きている植物の葉の THz イメージ．左は数日間水分が枯渇，右はやり水をして数10分後[92]．Ⓒ IOP 2007
(b) 中央に水分を含んだ紙の THz 波（0.6 THz）の透過イメージ．紙は $80\,\mathrm{g/m^2}$ のもので，水分を紙の重さとの比で表示[93]．Ⓒ OSA 2008

図 5.50　水分の THz イメージングの例

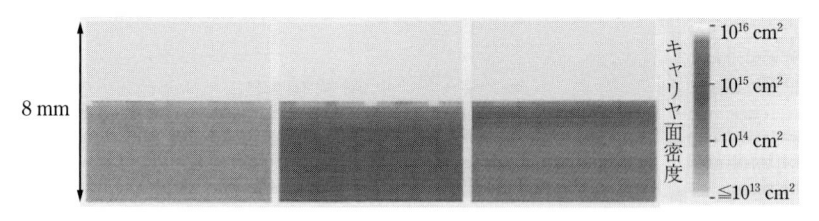

図 5.51　n 形 Si ウェーハの下半分に B イオンを注入して p 形にしたサンプルの THz 時間領域分光イメージ．B イオンの注入量は左から $5\times10^{13}\,\mathrm{cm^{-2}}$，$5\times10^{14}\,\mathrm{cm^{-2}}$，$5\times10^{15}\,\mathrm{cm^{-2}}$ [69]．Ⓒ Springer 2004

そのほかにも，THz イメージングは非破壊検査技術として広範な多くの分野に利用されるポテンシャルを持っている．

5.7.4　科学・芸術のためのテラヘルツイメージング

テラヘルツイメージングの利用は，これまでも固体分光，分子分光，プラズマ計測や天文観測など，先端的な技術開発とともに進められてきた．ここでは，近年の THz 時間領域分光法の研究によって可能となった，物質中の超高速現象の計測とラベルフリーの極微量 DNA の検出について述べる．

5.7 テラヘルツイメージングの応用　225

　図 5.52 がサンプルの物質をフェムト秒レーザで励起したあとの超高速の過渡現象を，超短 THz パルスにより測定するシステム構成である。THz 時間領域分光法と比較すると，サンプルを励起するフェムト秒レーザのパルス光が追加されている。フェムト秒レーザによる励起で半導体サンプル（GaAs）中

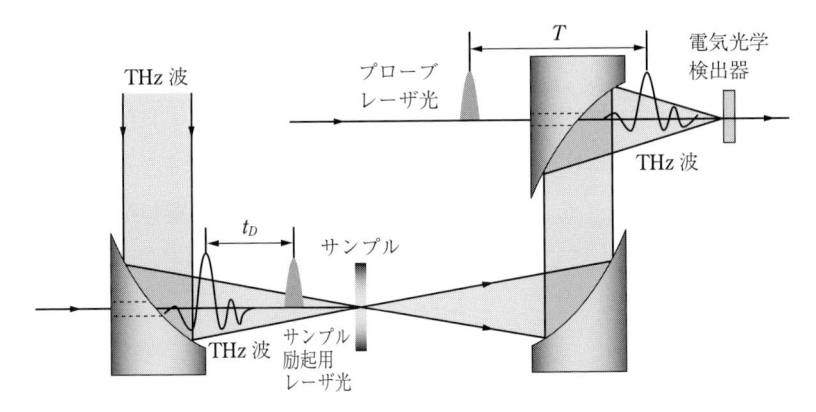

図 5.52 サンプルの物質を 10 fs レーザパルスで励起し，その後の変化を超短 THz パルスにより測定するシステム構成。t_D は，サンプル励起後に THz 波が透過するまでの時間。T は，THz 波を検出するプローブ光の遅延時間[94]

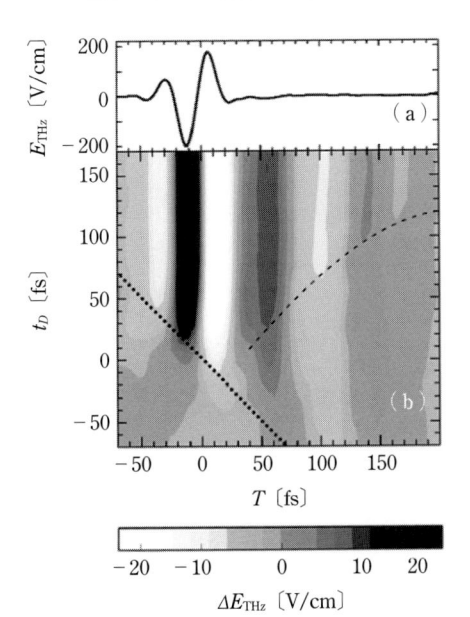

（a）単サイクル THz プローブパルスの電界振幅波形（時間 T の関数），（b）10 fs レーザパルスでサンプルを励起する前〜励起後（図の下から上，$t_D = -70 \sim 170$ fs）にかけての，サンプルを透過したテラヘルツ波パルス波形（横軸 T の関数）の変化。

図 5.53 GaAs 半導体中に生成されたキャリヤ（電子と正孔）の運動の超短 THz パルスによる超高速観測[94]。
ⓒ Nature 2001

の自由キャリヤ（電子 – 正孔対）が瞬時に発生し，その後プラズマ振動が形成され，結晶の格子振動とも相互作用していく様子が観測される（**図 5.53**）。

フェムト秒レーザによるサンプル励起と同期させた THz 時間領域分光法を用いて透過率の時間変化を測定すると，ナノワイヤーやナノ粒子中に束縛されたキャリヤの移動度（mobility）が求められる[95]。ナノ粒子中の移動度は，バルク中と異なり，ナノ粒子のサイズに制限されることが示されている。

図 5.54 に DNA 分析用の薄膜マイクロストリップ伝送路 – THz 共振器集積デバイスを示す。フェムト秒レーザの励起パルスで光伝導スイッチをオンにして THz パルスを発生させ，マイクロストリップ伝送路を伝搬したあとの THz パルスを電気光学検出器で測定する。検出感度を上げるため伝送路上に共振器を作製し，その上にごくわずかの DNA を溶かした水のスポットを載せる。

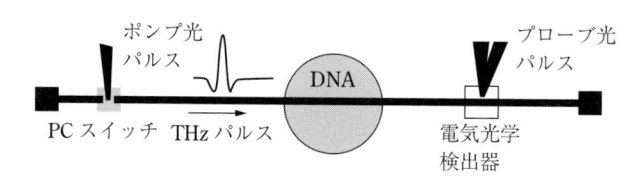

（a） THz パルス発生，検出システムの構成

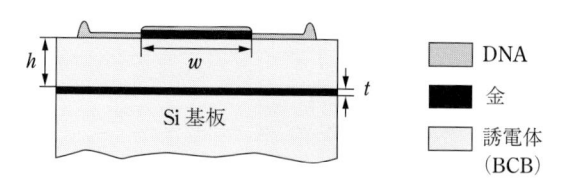

（b） マイクロストリップ伝送路の断面構造

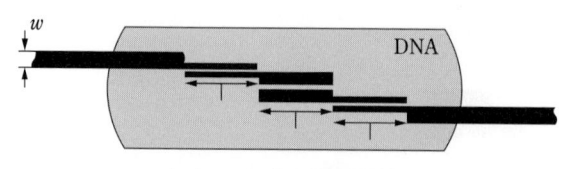

（c） THz 共振器の構造

図 5.54 DNA 分析用の薄膜マイクロストリップ伝送路 – THz 共振器集積デバイス[96]。© OSA 2002

THzパルスの透過パラメータの測定結果が図 **5.55** で，DNA スポットを載せないときと載せたときで，中心周波数が低いほうにずれるが，二重鎖DNAは，一重鎖DNAよりも，中心周波数のシフトが大きく明確に識別できる。

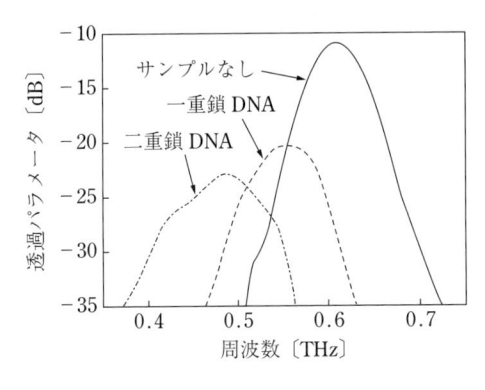

図 **5.55** DNA スポット（直径 0.5 mm）を載せないときと載せたときの THz パルスの透過パラメータ。二重鎖 DNA は，一重鎖 DNA よりも，中心周波数のシフトが大きい[96]。Ⓒ OSA 2002

絵画を THz 波で分光イメージングすることにより，使われている顔料や表面の下に隠されている年代の古い下絵などを，非破壊で分析でき，美術品の修復に役立てることができる。図 **5.56** は，油絵のある部分の顔料について，なにを混合して作られたものかを検出できることを示している。

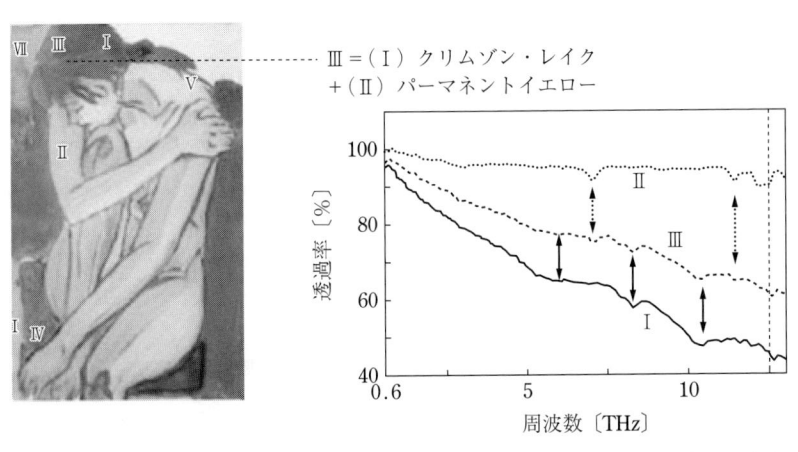

Ⅲ＝（Ⅰ）クリムゾン・レイク ＋（Ⅱ）パーマネントイエロー

（a）油絵の写真　　（b）THz スペクトルから，顔料を混合して色を作っていることが検出できる

図 **5.56** 油絵の顔料の THz スペクトル[97]。Ⓒ IEICE 2007

引用・参考文献

(1 章)
1) 総務省ホームページ：http://www.soumu.go.jp/joho_tsusin/whatsnew/digital-broad/index.html．（2009 年 2 月現在）
2) NHK 放送技術研究所のホームページ：http://www.nhk.or.jp/strl/（2009 年 2 月現在）
3) 志水英二，岸本俊一：ここまできた立体映像技術，工業調査会（2000）
4) シャープ(株)ホームページ：http://www.sharp.co.jp/products/lcd/tech/dualview.html（2009 年 2 月現在）
5) 日経 BP 社："プロジェクターが携帯機器に載る" 日経エレクトロニクス，984，pp. 73～82．（2008）
6) 産業技術総合研究所ホームページ：http://www.aist.go.jp/aist_j/press_release/pr2007/pr20070710/pr20070710.html（2009 年 1 月現在）
7) 金光義彦，深津　晋：シリコンフォトニクス，オーム社（2007）
8) 川人祥二：本書，3 章

(2 章)
1) 小林駿介：液晶表示の原理と方式，応用物理，**68**, pp. 561～566（1999）
2) M. Ohta, M. Oh-e and K. Kondo: Development of super-TFT-LCDs with in-plane switching display mode, Proc. of Asia Display '95, pp. 707～710（1995）
3) K. Ohmuro, S. Kataoka, T. Sasaki and Y. Koike: Development of super-high-image-quality vertical-alignment-mode LCD, SID '97 Digest, pp. 845～848,（1997）
4) Y. Yamaguchi, T. Miyashita and T. Uchida: Wide-viewing-angle display mode for the active-matrix LCD using bend-alignment liquid-crystal cell, SID '93 Digest, pp. 277～280（1993）
5) 武田　進：気体放電の基礎，p. 89，東京電機大学出版局（1990）
6) 関　昌彦，和邇浩一：DC 型 PDP，映像情報メディア学会誌，**51**, pp. 473～476（1997）
7) 篠田　傳：カラープラズマディスプレイ，応用物理，**68**, 3, pp. 275～279（1999）
8) X. Wu: Hybrid EL displays, Proc. 8th Int. Workshop on Electroluminescence, Berlin, pp. 285～286（1996）

9) 笹倉　博，小林洋志，田中省作：光物性ハンドブック（塩谷繁雄，豊沢　豊，国府田隆夫，柊元　宏　編集），p. 523, 朝倉書店（1997）
10) N. Miura, H. Kawanishi, H. Matsumoto and R. Nakano: High-luminance blue-emitting BaAl$_2$S$_4$: Eu thin-film electroluminescent devices, Jpn. J. Appl. Phys, **38**, pp. L1291〜L1292（1999）
11) R. Khormaei, S. Thayer, K. Ping, C. N. King, G. Dolny, A. Ipri, S. Stewart, T. Keyser, G. Becker, D. Kagay and M. Spitzer: High-resolution active-matrix electroluminescence display, Digest of Tech. Papers, 1994 SID Int. Symp., pp. 125〜128（1996）
12) 石川順三：荷電粒子ビーム工学，コロナ社（2001）
13) (株)エフ・イー・テクノロジーズのホームページ：http://www.fe-tech.co.jp/jp/prototype/prototype.html（2009年2月現在）
14) Y. Neo, T. Soda, M. Takeda, M. Nagao, T. Yoshida, C. Yasumuro, S. Kanemaru, T. Sakai, K. Hagiwara, N. Saito, T. Aoki and H. Mimura: Focusing characteristics of double-gated field emitter arrays with a lower height of the focusing electrode, App. Phys. Exp. **1**, pp. 053001. 1〜3（2008）
15) 御子柴宣夫：半導体の物理，培風館（1991）; Charles Kittel: Introduction to Solid State Physics, Seventh Edition, John Wiley & Sons（1996）など
16) Y. Segawa, A. Ohtomo, M. Kawasaki, H. Koinuma, Z. K. Tang, P. Yu and G. K. L. Wong: Growth of ZnO thin film by laser MBE: lasing of exciton at room temperature, phys. stat. sol. (b), **202**, pp. 669〜672（1997）
17) 秩父重英，宗田孝之：II-VI族酸化物半導体ZnOにおける励起子領域の光学スペクトル——III-V族窒化物半導体GaNとの類似点と相違点——，応用物理, **73**, pp. 624〜628（2004）
18) 小林洋志：発光の物理，p. 84, 朝倉書店（2002）
19) R. N. Bhargava: The role of impurities in refined ZnSe and other II-VI semiconductors, J. Cryst. Growth, **59**, pp. 15〜26（1982）
20) D. G. Thomas, M. Gershenzon and F. A. Trumbore: Pair spectra and edge emission in gallium phosphide, Phys. Rev. **133**, pp. A269〜A279（1964）
21) 上村　洸，菅野　暁，田辺行人：配位子場理論とその応用，裳華房（1991）
22) R. T. Wegh, A. Meijerink, R.-J. Lamminmaki and J. Holsa: Extending Dieke's diagram, J. Lumin., **87**, pp. 1002〜1004（2000）
23) M. Bruchez Jr., M. Moronne, P. Gin, S. Weiss and A. P. Alivisatos: Semiconductor nanocrystals as fluorescent biological labels, Science, **281**, pp. 2013〜2016（1998）
24) 舛本泰章：超格子ヘテロ構造デバイス（江崎玲於奈 監修，榊　裕之 編著），p. 115, 工業調査会（1988）

25) Y. Kayanuma: Quantum-size effects of interacting electrons and holes in semiconductor microcrystals with spherical shape, Phys. Rev. **B 38**, pp. 9797〜9805 (1988)
26) 磯部徹彦 監修：ナノ蛍光体の開発と応用，シーエムシー出版（2007）
27) Y. Inoue, T. Hoshino, S. Takeda, K. Ishino, A. Ishida, H. Fujiyasu, K. Kominami, H. Mimura, Y. Nakanishi and S. Sakakigara: Strong luminescence from dislocation free GaN nanopillars, Appl. Phys. Lett. **85**, pp. 2340〜2342（2004）
28) M. Tomita, K. Totsuka, H. Ikari, K. Ohara, H. Mimura, H. Watanabe H. Kume and T. Matsumoto: Observation of whispering gallery modes in cathode luminescence in $TiO_2:Eu^{3+}$ microsheres, Appl. Phys. Lett. **89**, pp. 061126.1〜3（2006）
29) Z. Xiao, M. Okada, G. Han, M. Ichimiya, T. Itoh, Y. Neo, T. Aoki and H. Mimura: Undoped ZnO phosphor with high luminescence efficiency grown by thermal oxidation, J. Appl. Phys. **101**, 073512.1〜4（2008）
30) C. Kim, Y. Kim, E. Jang, G. Yi and H. Kim: Whispering-gallery-modelike-enhanced emission from ZnO nanodisk, Appl. Phys. Lett. **88**, pp. 093104.1〜3（2006）
31) D. Kim, S. Wakaiki, S. Kimura and M. Nakayama: Self-assembled formation of ZnO hexagonal micropyramids with high luminescence efficiency, Appl. Phys. Lett. **90**, pp. 101918.1〜3（2007）
32) J. Wiersig: Hexagonal dielectric resonators and microcrystal lasers, Phys. Rev. A **67**, pp. 023807.1〜12（2003）

（3 章）
1) M. A. Schuster and G. Strull: A monolithic mosaic photon sensors for solid-state imaging applications, IEEE Trans. Electron Devices, **ED-13**, 12（1966）
2) K. Fife, A. El-Gamal and H. S. P. Wong: A 3Mpixel multi-aperture image sensor with 0.7um pixels in 0.11um CMOS, Dig. Tech. Papers, IEEE Int. Solid-State Circuits Conf., pp. 48〜49（2008）
3) R. H. Bude: Photoconductivity of solids, John Wiley（1960）
4) G. P. Weckler: Operation fo p-n junction photoditectors in a photon flux integrating mode, IEEE J. Solid-State Circuits, **SC-2**, 3（1967）
5) P. J. W. Noble: Self-scanned silicon image detector arrays, IEEE Trans. Electron Devices, **ED-15**, 4, pp. 202〜209（1968）
6) 映像情報メディア学会 編，安藤隆男，菰淵寛仁 著：固体撮像素子の基礎－電子の目のしくみ，日本理工出版会（1999）
7) E. R. Fossum: Active pixel sensor-are CCD's dinosaurs-, Proc. SPIE, **1900**, pp. 2〜14（1993）

8) P. P. K. Lee, R. C. Gee, R. M. Gidash, T. H. Lee and E. R. Fossum: An active pixel sensor fabricated using CCD/CMOS process technology, Proc. IEEE Workshop CMOS and Advanced Image Sensors, Dana Point CA (1995)
9) T. Yamada, H. Okano, K. Sekine and N. Suzuki: Dark current characteristics in a buried channel CCD imagers, Extended Abst., 38th Annual Meeting, The Japan Society of Applied Physics (1977)
10) T. Yamada, H. Okano and N. Suzuki: The evaluation of buried channel layer in BCCDs, IEEE Trans. Electron Devices, **Ed-25**, 5, pp. 544〜546 (1978)
11) J. Hynecek: Virtual phase technology, Tech. Dig., Int. Electron Device Meeting, pp. 611〜614 (1979)
12) N. Teranishi, A. Kohno, Y. Ishihara and K. Arai: No image lag photodiode structure in the interline CCD image sensor, Tech. Dig., Int. Electron Device Meeting, pp. 324〜327 (Dec. 1982)
13) H. Takahashi, M. Kinoshita, K. Morita, T. Shirai, T. Sato, T. Kimura, H. Yuzurihara and S. Inoue: A 3.9 μm pixel pitch VGA format 10b digital image sensor with 1.5-transistor/pixel, Dig. Tech. Papers, Int. Solid-State Circuits Conf., pp. 108〜109 (2004)
14) M. Mori, M. Katsuno, S. Kasuga, T. Murata and T. Yamaguchi: A 1/4 in 2M pixel CMOS image sensor with 1.75Transister/pixel, Dig. Tech. Papers, Int. Solid-State Circuits Conf., pp. 110〜111 (Feb. 2004)
15) K. Mabuchi, N. Nakamura, E. Fujita, T. Abe, T. Umeda, T. Hoshino, R. Suzuki and H. Sumi: CMOS image sensor using a floating diffusion driving buried photodiode, Dig. Tech. Papers, Int. Solid-State Circuits Conf., pp. 112〜113 (Feb. 2004)
16) A. Grove: Physics and technology of semiconductor devices, John Wiley and Sons, Inc (1967)
17) J. S. Goo, C. H. Choi, A. Abramo, J. G. Ahn, Z. Yu, T. H. Lee and R. W. Dutton: Physical origin of the excess thermal noise in short channel MOSFETs, IEEE Electron Device Lett., **22**, 2, pp. 101〜103 (2001)
18) Y. Nomirovsky, I. Brouk and C. G. Jackobson: $1/f$ noise in CMOS transistors for analog applications, IEEE Trans. Electron Devices, **48**, 5. pp. 921〜927 (2001)
19) S. Machlup: Noise in semiconductors: Spectrum of a two-parameter random signal, J. Appl. Phys., **23**, 3, pp. 341〜343 (1954)
20) H. M. Wey and W. Guggenburl: An improved correlated double sampling circuits for low-noise charge coupled devices, IEEE Trans. Circuits and Systems, **37**, 12, pp. 1559〜1565 (Dec. 1990)
21) R. J. Kansy: Response of a correlated double sampling circuit to 1/f noise, IEEE J.

Solid-State Circuits, **SC-15**, 3 (Jun. 1980)
22) G. R. Hopkinson and D. H. Lumb: Noise reduction techniques for CCD image sensors, J. Phys. E: Sci. Instrum., **15**, pp. 1215〜1223 (1982)
23) A. Papoulis: Probability, Random Variables, and Stochastic Processes, 2nd Ed., McGraw-Hill (1984)
24) M. Abramowitz and I. A. Stegun: Handobook of mathematical functions, Dover Publications (1970)
25) D. Scheffer, B. Dierickx and G. Meynants: Random Addressable 2048 × 2048 Active Pixel Image Sensor, IEEE Trans. Electron Devices, **44**, 10, pp. 1716〜1720 (1997)
26) S. Decker, R. D. McGrath, K. Brehmer and C. G. Sodini: A 256 × 256 CMOS Imaging Array with Wide Dynamic Range Pixels and Column-Parallel Digital Output, IEEE J. Solid-State Circuits, **33**, 12, pp. 2081〜2091 (1998)
27) S. Sugawa, et al.: A 100dB dynamic range CMOS image sensor using a lateral overflow integration capacitor, Dig. Tech. Papers, ISSCC, pp. 352〜353 (2005)
28) Orly Yadid-Pecht and Eric R. Fossum: Wide Intrascene Dynamic Range CMOS APS Using Dual Sampling, IEEE Trans. Electon Devices, **44**, 10, pp. 1721〜1723 (1997)
29) David X. D. Yand, Abbas El Gammal, Boyd Fowler and Hui Tian: A 640 × 512 CMOS Image Sensor with Ul-trawide Dynamic Range Floating-Point Pixel-LevelADC, IEEE J. Solid-State Circuits, **34**, 12, pp. 1821〜1999 (1999)
30) M. Mase, S. Kawahito, M. Sasaki and Y. Wakamori: A 19.5b DR CMOS image sensor with 12b column parallel cyclic A/D converters, Dig. Tech. Papers, ISSCC, pp. 350〜351 (Feb. 2005)
31) S. Kawahito and S. Itoh: A Photon count imaging using a extremely small capacitor and a high- precision low-noise quantizer, Proc. SPIE-IS & T, **5017**, pp. 68〜75 (Jan. 2003)
32) N. Kawai and S. Kawahito: A Low-Noise Signal Readout Circuit Using Double-Stage Noise Canceling Architecture, Proc. IEEE Workshop on Charge-Coupled Devices and Advanced Image Sensors, pp. 27〜30, Karuizawa (Jun. 2005)
33) S. Adachi, W. Lee, N. Akahane, H. Oshikubo, K. Mizobuchi and S. Sugawa: A 200uV/e- CMOS image sensor with 100ke- full well capacity, Dig. Tech. Papers, Symp. VLSI Circuits, pp. 142〜143 (Jun. 2007)
34) X. Wang, M. F. Snoeij, P. R. Rao, A. Mierop and A. J. P. Theuwissen: A CMOS image sensor with a buried-channel source follower, Dig. Tech. Papers, IEEE Int. Solid-State Circuits Conf., pp. 62〜63 (2008)

35) S. Kawahito and N. Kawai: Column parallel signal processing techniques for reducing thermal and RTS noises in CMOS image sensors, Proc. Int. Image Sensor Workshop, pp. 226〜229 (2007)
36) L. J. Geerligs, V. F. Anderegg, P. A. M. Holweg and J. E. Mooiji: Frequency-locked turnstile device for single electrons, Physical Review Letters, **64**, 22, pp. 2691〜2694 (1990)
37) R. Nuryadi, H. Ikeda, Y. Ishikawa and M. Tabe: Ambipolar Coulomb blockade characteristics in a two-dimensional Si multi-dot device, IEEE Transactions on Nanotechnology, **2**, pp. 231〜235 (2003)
38) R. Nuryadi, Y. Ishikawa and M. Tabe: Single-photon-induced random telegraph signal in a two-dimensional multiple-tunnel-junction array, Physical Review, **B 73**, 045310 (2006)

(**4 章**)
1) 野口正安,富永 洋:放射線応用計測-基礎から応用まで,日刊工業新聞社 (2004)
2) 税関ホームページ:http://www.customs.go.jp/mizugiwa/xray/xray.htm (2009年2月現在)
3) D. Noda, T. Aoki, T. Nakanishi, Y. Hatanaka, J. Electrochem. Soc., **146**, pp. 3482〜3484 (1999)
4) K. Hitomi, T. Onodera, T. Shoji, IEEE Trans. Nucl. Sci, **55**, pp. 1781〜1784 (2008)
5) National Institute of Standards and Technology の XCOM:Photon Cross Sections Database ホームページ:http://physics.nist.gov/xcom (2009年2月現在)
6) H. Toyama, A. Nishihira, M. Yamazato, A. Higa, T. Maehama, R. Ohno, M. Toguchi, Jpn. J. Appl. Phys., **43**, pp. 6371〜6375 (2004)
7) M. Niraula, D. Mochizuki, T. Aoki, Nucl. Inst. Method. Phys. Res. A, **436**, pp. 132〜137 (1999)
8) T. Aoki, H. Morii, G. Ohashi, Y. Tomita, Y. Hatanaka, Proc. of SPIE, **6319**, 63190J (2006)
9) 浜松ホトニクス(株):放射線ラインセンサ C10413 カタログ
10) T. Aoki. Y. Ishida, H. Morii, Y. Hatanaka, Proc. of SPIE, **5922**, 59220T (2005)
11) 富田康弘,白柳雄二,松井信二郎,三沢雅樹,高橋浩之,青木 徹,畑中義式,放射線,**32**, pp. 39〜47 (2006)
12) 和泉良弘,寺沼 修,高橋昌之,上原和弘,山根康邦,種部 慎,近藤直文,シャープ技報,**92**, pp. 23〜38 (2005)
13) 丸山裕孝,設楽圭一,佐藤史郎,後藤克幸,藤本 勲,平井忠明,酒井英之,

千川純一：テレビ学技報, **15**, pp. 1~5 (1991)
14) S. Hishiki, Y. Kogetsu, I. Kanno, H. Yamana, Jpn. J. Appl. Phys., **46**, pp. 5030~5032 (2007)
15) Y. Tomita, Y. Shirayanagi, S. Matsui, T. Aoki, Y. Hatanaka, Proc. of SPIE, **5922**, 59220A (2005)
16) T. Nakashima, H. Morii, Y. Neo, H. Mimura, T. Aoki, Proc. of SPIE, **6706**, 6706-11 (2007)
17) W. Zou, T. Nakashima, Y. Onishi, A. Koike, B. Shinomiya, H. Morii, Y. Neo, H. Mimura, T. Aoki, Jpn. J. Appl. Phys., **47**, pp. 7317~7323 (2008)
18) R. E. Alvarez, A. Macovski, Phys. Med. Biol, **21**, p. 733 (1976)
19) Y. Ohno, M. Torikoshi, T. Tsunoo, K. Hyodo, Nucl. Instrum. Methods. Phys, Res. A, **548**, p. 72 (2005)
20) A. Koike, M. Yomori, H. Morii, Y. Neo, T. Aoki, H. Mimura, Proc. of SPIE, **7079**, 70790F (2008)

(**5 章**)
1) テラヘルツテクノロジーフォーラム編：テラヘルツ技術総覧，廣本宣久（編集委員長），エヌジーティー（2007）
2) K. Sakai (Ed.): Terahertz Optoelectronics, Topics Appl. Phys., **97**, Springer-Verlag (2004)
3) S. P. Mickan and X.-C. Zhang: T-Ray sensing and imaging, in Selected Topics in Electronics and Systems 30, Terahertz Sensing Technology, **1**, pp. 251~676, D. L. Wooland, W. R. Loerop and M. S. Shur (Ed.), World Science (2003)
4) W. L. Chan, J. Deibel and D. Mittleman: Imaging with terahertz radiation, Rep. Prog. Phys., **70**, pp. 1325~1379 (2007)
5) S. M. Sze: Physics of Semiconductor Physics (second edition), p. 21, John Wiley & Sons (1981)
6) J. E. Bertie and Z. Lan: Infrared intensities of liquids XX: The intensity of the OH stretching band of liquid water revisited, and the best current values of the optical constants of H_2O (l) at 25℃ between 15,000 and 1 cm^{-1}, Applied Spectroscopy, **50**, 8, pp. 1047~1057 (1996)
7) S. G. Warren: Optical constants of ice from the ultraviolet to the microwave, Appl. Opt., **23**, 8, pp. 1206~1225 (1984)
8) C. Zhang, K. S. Lee, X.-C. Zhang, A. Wei and Y. R. Shen: Optical constants of ice Ih crystal at terahertz frequencies, Appl. Phys. Lett., **79**, 4, pp. 491~493 (2001)
9) T. Idehara, H. Tsuchiya, O. Watanabe, La Agusu and S. Mitsudo: The first experiment

of a THz gyrotron with a pulse magnet, Int'l J. Infrared Millimeter Waves, **27**, 3, pp. 319〜331 (2006)

10) T. Takahashi, T. Matsuyama, K. Kobayashi, Y. Fujita, Y. Shibata, K. Ishi and M. Ikezawa: Utilization of coherent transition radiation from a linear accelerator as a source of millimeter-wave spectroscopy, Rev. Sci. Instrum., **69**, pp. 3770〜3775 (1998)

11) G. L. Carr, M. C. Michael, W. R. McKinney, K. Jordan, G. R. Nell and G. P. Williams: High-power terahertz radiation from relativistic electrons, Nature, **420**, pp. 153〜156 (2002)

12) UCSB (カリフォルニア大学サンタバーバラ校) Free Electron Lasers のホームページ：http://sbfel3.ucsb.edu/ (2009 年 2 月現在)

13) T. Tomimasu, K. Saeki, Y. Miyauchi, E. Oshita, S. Okuma, K. Wakita, A. Kobayashi, T. Suzuki, A. Zako, S. Nishihara, A. Koga, K. Wakisaka, H. Tongu, A. Nagai and M. Yasumoto: The FELI FEL facilities - challenges at simultaneous FEL beam sharing systems and UV-range FELs, Nucl. Instr. Meth. Phys. Res.-A **375**, 1-3, pp. 626〜631 (1996)

14) M. van Exter, Ch. Fattinger and D. Grischkowsky: High-brightness terahertz beams characterized with an ultrafast detector, Appl. Phys. Lett., **55**, pp. 337〜339 (1989)

15) K. Sakai and M. Tani: Introduction to terahertz pulses, K. Sakai (Ed.) Terahertz Optoelectronics, Topics Appl. Phys., **97**, pp. 1〜30, Springer-Verlag (2004)

16) M. Tani, S. Matsuura, K. Sakai and S. Nakashima: Emission characteristics of photoconductive antennas based on low-temperature-grown GaAs and semi-insulating GaAs, Appl. Opt., **36**, pp. 7853〜7859 (1997)

17) P. Y. Han and X.-C. Zhang: Coherent broadband midinfrared terahertz beam sensors, Appl. Phys. Lett., **73**, pp. 3049〜3051 (1998)

18) Y. Cai, I. Brener, J. Lopata, J. Wynn, L. Pfeiffer, J. B. Stark, Q. Wu, X.-C. Zhang and J. F. Federici: Coherent terahertz radiation detection: Direct comparison between free-space electro-optic sampling and antenna detection, Appl. Phys. Lett., **73**, pp. 444〜446 (1998)

19) K. Kawase, J. Shikata and H. Ito: Terahertz wave parametric source, J. Phys. D: Appl. Phys., **35**, pp. R1〜R14 (2002)

20) T. Tanabe, K. Suto, J. Nishizawa, K. Saito and T. Kimura: Frequency-tunable terahertz wave generation via excitation of phonon-polaritons in GaP, J. Phys. D: Appl. Phys., **36**, pp. 953〜957 (2003)

21) J. B. Gunn: Microwave oscillations of current in III-V semiconductor, Solid State

Commun., **1**, pp. 88～91 (1963)
22) H. Eisele and R. Kamoua: Submillimeter-wave InP Gunn devices, IEEE Trans. Microwave Theo. Tech., **52**, 10, pp. 2371～2378 (2004)
23) H. Eisele and G. I. Haddad: Enhanced performance in GaAs TUNNET diode oscillators above 100 GHz through diamond heat sinking and power combining, IEEE Trans. Microwave Theo. Tech., **42**, 12, pp. 2498～2503 (1994)
24) A. V. Raisanen: Frequency multipliers for millimeter and submillimeter wavelength, Proc. IEEE, **80**, 11, pp. 1842～1852 (1992)
25) Virginia Diodes, Inc. のホームページ：http://www.virginiadiodes.com/products.php (2009年2月現在)
26) L. L. Chang, L. Esaki and R. Tsu: Resonant tunneling in semiconductor double barriers, Appl. Phys. Lett., **24**, 12, 593～595 (1974)
27) N. Orihashi, S. Suzuki and M. Asada: One THz harmonic oscillation of resonant tunneling diodes, Appl. Phys. Lett., **87**, 233501.1-3 (2005)
28) A. Stohr, A. Malcoci, A. Sauerwald, I. C. Mayoga, R. Gusten and D. S. Jager: Ultra-wide-band traveling-wave photodetectors for photonic local oscillators, IEEE J. Lightwave Tech., **21**, pp. 3062～3070 (2003)
29) H. Ito, F. Nakajima, T. Furuta, K. Yoshino, Y. Hirota and T. Ishibashi: Photonic terahertz-wave generation using antenna-integrated uni-travelling carrier photodiode, Electron. Lett., **39**, pp. 1828～1829 (2003)
30) K. Koehler, A. Tredicucci, F. Beltram, H. E. Beere, E. H. Linfield, A. G. Davies, D. A. Ritchie, R. C. Lotti and F. Rossi: Terahertz semiconductor- heterostructure laser, Nature, **417**, pp. 156～159 (2002)
31) C. Walther, M. Fischer, G. Scalari, R. Terazzi, N. Hoyler and J. Faist: Quantum cascade lasers operating from 1.2 to 1.6 THz, Appl. Phys. Lett., **91**, 131122.1-3 (2007)
32) A. A. Andronov, I. V. Zverev, V. A. Kozlov, Y. N. Nozdrin, S. A. Pavlov and V. N. Shastin: Stimulated emission in the long-wavelength IR region from hot holes in Ge in crossed electric and magnetic fields, JETP Lett., **40**, pp. 804～991 (1984)
33) S. Komiyama, N. Iizuka and Y. Akasaka: Evidence for induced far-infrared emission from p-Ge in crossed electric and magnetic fields, Appl. Phys. Lett., **47**, pp. 958～960 (1985)
34) E. Bruendermann, D. R. Chamberlin and E. E. Haller: Thermal effects in widely tunable germanium terahertz lasers, Appl. Phys. Lett., **73**, pp. 2757～2759 (1998)
35) N. Hiromoto, I. Hosako and M. Fujiwara: Far-infrared laser oscillation from a very small p-Ge crystal under uniaxial stress, Appl. Phys. Lett., **74**, pp. 3432～3434

(1999)
36) (株)東京インスツルメンツのホームページ：http://www.tokyoinst.co.jp/products/milli/milli02.html (2009年2月現在)
37) ELVA-1 Ltd. のホームページ：http://www.elva-1.com/products/microwave/bwo-180.html (2009年2月現在)
38) (株)インフラレッド/Infrared Systems Development Co. のホームページ：http://www.infraredsystems.com/ (2009年2月現在)
39) ウシオ電機(株)のホームページ：http://www.ushio.co.jp/jp/technology/glossary/glossary_ka/high_pressure_mercury_lamp_2.html (2009年2月現在)
40) R. H. Kingston: Detection of Optical and Infrared Radiation, Springer Series in Optical Sciences, **10** Ed. D. L. MacAdam, Springer-Verlag, Berlin, Heidelberg (1978)
41) F. N. Hooge: $1/f$ noise, Physica, **83B**, pp. 14〜23 (1976)
42) S. Kono, M. Tani and K. Sakai: Coherent detection of mid-infrared radiation up to 60THz with an LT-GaAs photoconductive antenna, IEE Proc.-Optoelectron. **149**, 3, pp. 105〜109 (2002)
43) Q. W and X.-C. Zhang: Free-space electro-optics sampling of mid-infrared pulses, Appl. Phys. Lett., **71**, 10, pp. 1285〜1286 (1997)
44) H. P. Roeser, H. W. Hubers, T. W. Crowe and W.C.B. Peatman: Nonostructure GaAs Schottky diodes for far-infrared heterodyne receivers, Infrared Phys. Tech., **35**, 2/3, pp. 451〜462 (1994)
45) P. H. Siegel, R. P. Smith, M. C. Graidis and S. C. Martin: 2.5-THz GaAs monolithic membrane-diode mixer, IEEE Trans. Microwave Theo. Tech., **47**, 5, pp. 596〜604 (1999)
46) P. R. Bratt: Impurity germanium and silicon infrared detectors, Semiconductors and Semimetals **12** Infrared Detectors II, Eds. R. K. Willardson and A. C. Beer, Academic Press, New York, San Francisco, London, Chapter 2, pp. 44-142 (1977)
47) N. Hiromoto, M. Saito and H. Okuda: Ge: Ga far-infrared photoconductor with low compensation, Jpn. J. Appl. Phys., **29**, pp. 1739〜1744 (1990)
48) A. G. Kazanskii, P. L. Richards and E. E. Haller: Far-infrared photoconductivity of uniaxially stressed germanium, Appl. Phys. Lett., **31**, 8, pp. 496〜497 (1977)
49) N. Hiromoto, T. Itabe, H. Shibai, H. Matsuhara, T. Nakagawa and H. Okuda: Three-element stressed Ge: Ga photoconductor array for the infrared telescope in space, Appl. Opt., **31**, pp. 460〜465 (1992)
50) H. Luo, H. C. Liu, C. Y. Song and Z. R. Wasilewski: Background-limited terahertz quantum-well photoconductor, Appl. Phys. Lett., **86**, 231103.1-3 (2005)

51) Q. Hu and P. L. Richards: Quasiparticle mixers and detectors, Eds. S. T. Suggiero and D. A. Rudman, Superconducting Devices, Academic Press, Inc. (1990)
52) Y. Uzawa, Z. Wang and A. Kawakami: Quasi-optical submillimeter-wave mixers with NbN/AlN/NbN tunnel junctions, Appl. Phys. Lett., **69**, pp. 2435〜2437 (1996)
53) S. Ariyoshi, H. Matsuo, C. Otani, H. Sato, H. M. Shimizu, K. Kawase and T. Noguchi: Characterization of an STJ-based direct detector of submillimeter waves, IEEE Trans. Appl. Supercond., **15**, 2, pp. 920〜923 (2005)
54) Microtec Instruments, Inc. のホームページ：http://www.mtinstruments.com/thzdetectors/index.htm（2009年2月現在）
55) Ophir-Spiricon, Inc. のホームページ：http://www.ophiropt.com/laser-measurement-instruments/beam-profilers（2009年2月現在）
56) C. M. Hanson, H. R. Beratan, R. A. Owen, Mac Corbin and S. McKenney: Uncooled thermal imaging at Texas Instruments, Proc. SPIE, Infrared Detectors: State of the Art., W. H. Makky (Ed.), **1735**, pp. 17〜26 (1992)
57) R. A. Wood, C. J. Han and P. W. Cruse: Integrated uncooled infrared detector imaging array, Tech. Digest of IEEE Solid-State Sensor and Actuator Workshop, pp. 132-135 (1992)
58) N. S. Nishioka, P. L. Richards and D. P. Woody: Composite bolometers for submillimeter wavelengths, Appl. Opt., **17**, p. 1562 (1978)
59) E. H. Putley: InSb submillimeter photoconductive detectors, Semiconductors and Semimetals **12** Infrared Detectors Ⅱ, Eds. R. K. Willardson and A. C. Beer, Academic Press, New York, San Francisco, London, Chapter 3, pp. 143〜168 (1977)
60) D. E. Prober: Superconducting terahertz mixer using a transition-edge microbolometer, Appl. Phys. Lett., **62**, pp. 2119〜2121 (1993)
61) Bruker Optics のホームページ：http://www.brukeroptics.com/fileadmin/be_user/Products/FT_IR/Product_Notes/DigiTect_Detectors.pdf（2009年2月現在）
62) 阪井清美：フーリエ分光法，赤外線技術，**5**, pp. 39〜55 (1980)
63) P. H. Siegel and R. J. Dengler: Terahertz heterodyne imaging Part II: Instruments, Int'l J. Infrared Millimeter Waves, **27**, 5, pp. 631〜655 (2006)
64) P. H. Siegel and R. J. Dengler: Terahertz heterodyne imaging Part Ⅰ: Introduction and technique, Int'l J. Infrared Millimeter Waves, **27**, 4, pp. 465〜480 (2006)
65) Z. G. Lu, P. Campbell and X.-C. Zhang: Free-space electro-optics sampling with a high-repetition-rate regenerative amplified laser, Appl. Phys. Lett., **71**, 5, pp. 593〜595 (1997)

66) M. Nagai, K. Tanaka, H. Ohtake, T. Bessho, T. Sugiura, T. Hirosumi and M. Yoshida: Generation and detection of terahertz radiation by electro-optical process in GaAs using 1.56 mm fiber laser pulses, Appl. Phys. Lett., **85**, 18, pp. 3974～3976 (2004)
67) S.-G. Park, M. Melloch and A. M. Weiner: Comparison of terahertz waveforms measured by electro-optic and photoconductive sampling, Appl. Phys. Lett., **73**, 22, pp. 3184～3186 (1998)
68) B. Pradarutti, G. Matth äus, S. Riehemann, G. Notni, S. Nolte and A. T ünnermann: Advance analysis concepts for terahertz time domain imaging, Optics Communications, **279**, pp. 248～254 (2007)
69) M. Herrmann, R. Fukasawa and O. Morikawa: Terahertz imaging, K. Sakai (Ed.), Terahertz Optoelectronics, Topics Appl. Phys, **97**, pp. 331～381, Springer-Verlag (2004)
70) K. Kawase, Y. Ogawa and Y. Watanabe: Non-destructive terahertz imaging of illicit drugs using spectral fingerprints, Optics Express, **11**, 20, pp. 2549～2554 (2003)
71) K. Kawase, H. Minamide, K. Imai, J. Shikata and H. Ito: Injection-seeded terahertz-wave parametric generator with wide tenability, Appl. Phys. Lett., **80**, pp. 195～197 (2002)
72) T. Tanabe, J. Nishizawa, K. Saito and T. Kimura: Tunable terahertz wave generation in the 3- to 7-THz region from GaP, Appl. Phys. Lett., **83**, 2, pp. 237～239 (2003)
73) W. M. Lee, B. S. Williams, S. Kumar, Q. Hu and J. L. Reno: Real-time imaging using a 4.3-THz quantum cascade laser and a 320 × 240 microbolometer focal-plane array, IEEE Photon. Tech. Lett., **18**, 13, pp. 1415-1417 (2006)
74) S. Wang and X.-C. Zhang: Pulsed terahertz tomography, J. Physics D: Applied Physics, 37, pp. R1-R36 (2004)
75) Z. Jiang and X.-C. Zhang: Measurement of spatio-temporal terahertz field distribution by using chirped pulse technology, IEEE J. Quant. Electron., **36**, 10, pp. 1214～1222 (2000)
76) M. Brucherseifer, P. H. Bolivar, H. Klingenberg and H. Kurz: Angle-dependent THz tomography-characterization of thin ceramic oxide films for fuel cell applications, Appl. Phys., **B 72**, pp. 361～366 (2001)
77) T. Yasuda, T. Yasui, T.Araki and E. Abraham: Real-time two-dimensional terahertz tomography of moving objects, Opt. Comm., **267**, pp. 128～136 (2006)
78) B. T. Rosner and D. W. van der Weide: High-frequency near-field microscopy, Rev. Scientific Instruments, **73**, 7, pp. 2505～2525 (2002)

79) K. Wang, D. M. Mittleman, N. C. J. van der Valk and P. C. M. Planken: Antenna effects in terahertz apertureless near-field optical microscopy, Appl. Phys. Lett., **85**, 14, pp. 2715~2717 (2004)
80) N. C. J. van der Valk and P. C. M. Planken: Electro-optic detection of subwavelength terahertz spot sizes in the near field of a metal tip, Appl. Phys. Lett., **81**, 9, pp. 1558~1560 (2002)
81) O. Mitrofanov, M. Lee, J. W. P. Hsu, I. Brener, R. Harel, J. F. Federici, J. D. Wynn, L. N. Pfeiffer and K. W. West: Collection-Mode Near-Field Imaging With 0.5-THz Pulses, IEEE J. Selected Topics in Quantum Electronics, **7**, 4, pp. 600~607 (2001)
82) H. A. Bethe: Theory of diffraction by small holes, Phys. Rev., **66**, 7 and 8, pp. 163~182 (1944)
83) N. Karpowicz, H. Zhong, C. Zhang, K. Lin, J.-S. Hwang, J. Xu and X.-C. Zhang: Compact continuous-wave subterahertz system for inspection applications, Appl. Phys. Lett., **86**, 054105.1-3 (2005)
84) J. C. Dickinson, T. M. Goyette, A. J. Gatesman, C. S. Joseph, Z. G. Root, R. H. Giles, J. Waldman, and W. E. Nixon: Terahertz imaging of subjects with concealed weapons, Proc. SPIE, Terahertz for Military and Security Applications IV, D. L. Wooland, R. J. Hwu, M. j. Rosker and J. O. Jensen (Ed.) **6212**, pp. 1~6 (2006)
85) M. R. Leahy-Hoppa, M. J. Fitch, X. Zheng, L. M. Hayden, and R. Osiander: Wideband terahertz spectroscopy of explosives, Chem. Phys. Lett., **434**, pp. 227~230 (2007)
86) T. Ikeda, A. Matsushita, M. Tatsuo, Y. Minami, M. Yamaguchi, K. Yamamoto, M. Tani, and M. Hangyo: Investigation of inflammable liquids by terahertz spectroscopy, Appl. Phys. Lett., **87**, 034105 (2005)
87) V. P. Wallace, P. F. Taday, A. J. Fitzgerald, R. M. Woodward, J. Cluff, R. J. Pye and D. D. Aenone: Terahertz pulsed imaging and spectroscopy for biomedical and pharmaceutical applications, Faraday Discuss, **126**, pp. 255~263 (2004)
88) A. J. Fitzgerald, V. P. Wallace, M. Jimenes-Linan, L. Bobrow, R. J. Pye, A. D. Purushotham and D. D. Arnone: Terahertz pulsed imaging of human breast tumors, Radiology, **239**, 2, pp. 533~540 (2006)
89) S. Nakajima, H. Hoshina, M. Yamashita, C. Otani and N. Miyoshi: Terahertz imaging diagnostics of the cancer tissues with Chemometrics technique, Appl. Phys. Lett., **90**, 041102.1-3 (2007)
90) A. J. Fitzgerald, B. Cole and P. F. Taday: Nondestructive analysis of tablet coating thicknesses using terahertz pulsed imaging, J. Pharmaceutical Sci., **94**, 1, pp. 177~183 (2005)

91) C. Jordens and M. Koch: Detection of foreign bodies in chocolate with pulsed terahertz spectroscopy, Opt. Eng., **47**, 3, 037003 (2008)
92) W. L. Chan, J. Deibel and D. M. Mittleman: Imaging with terahertz radiation, Rep. Prog. Phys., **70**, pp. 1325〜1379 (2007)
93) D. Banerjee, W. von Spiegel, M. D. Thomson, S. Schabel and H. G. Roskos: Diagnosing water content in paper by terahertz radiation, Optics Express, **16**, 12, pp. 9060〜9066 (2008)
94) R. Huber, F. Tauser, A. Brodschelm, M. Bichler, G. Abstreiter and A. Leitenstorfer: How many-particle interactions develop after ultrafast excitation of an electron-hole plasma, Nature, **414**, pp. 286〜289 (2001)
95) J. B. Baxter and C. A. Schmuttenmaer: Conductivity of ZnO nanowires, nanoparticles, and thin films using time-resolved terahertz spectroscopy, J. Phys. Chem. B, **110**, 50, pp. 25229〜25239 (2006)
96) M. Nagel, P. H. Boliver, M. Brucherseifer, H. Kurz, A. Bosserhoff and R. Büttner: Integrated planar terahertz resonators for femtomolar sensitivity label-free detection of DNA hybridization, Appl. Opt., **41**, 10, pp. 2074〜2078 (2002)
97) K. Fukunaga, Y. Ogawa, S. Hayashi and I. Hosako: Terahertz spectroscopy for art conservation, IEICE Electronics Express, **4**, 8, pp. 258〜263 (2007)

索　　引

【あ】

アイドラー光　206
アインシュタインのA係数　39
アインシュタインのB係数　39
アクティブイメージング　190
圧縮形 Ge：Ga 検出器　185
アバランシェ増倍　77
アンテナ定理　192
暗電流　77
アンラッピング　203

【い】

イオン化エネルギー　50
位相差　202
位相整合条件　199
1画面多重映像ディスプレイ　4
一次元アレー検出器　190
異物の検出　222
インタフェログラム　187
インパット　181

【う】

ウォラストンプリズム　199
宇宙線　139

【え】

液晶ディスプレイ　1
エッジテスト　217
エバネッセント場　213

【か】

画素　3
画像計測　173
カソードルミネセンス　62
価電子帯　43
荷電粒子　135
壁電荷　21
間接遷移形　43
間接電離放射線　135
間接変換形　149
完全空乏化　80
ガンダイオード　181

【き】

逆ミセル法　60
吸収　38
吸収係数　71, 178, 202
吸収長　71
共鳴トンネルダイオード　181
局在形発光中心　53
局発光　189
近接場光　213
近接場（走査）光学顕微鏡　213
金属探針　214

【く】

空間分解能　193
グレーティング分光器　188
クーロンブロッケード　131

【け】

蛍光体　36
結晶　42

結晶場ポテンシャルエネルギー　53
限界波長　70
原子番号マッピング　166
減弱係数　162
減弱長　162
検出器の雑音　182
検出能　183
減　衰　204
減衰率　190

【こ】

高圧水銀灯　182
光学的厚さ　178
光　子　175
　　——のエネルギー　175
高次情報　161
光子数密度　175
光子数流　176
後進波管　181
光　束　113
光電効果　144
光電子増倍　122
光電子増倍管　149
光電流　74
黒体放射　193
黒体放射光源　182
固定パターンノイズ　68
コヒーレント長　199
ゴーレイセル　185
コンプトン散乱　145

【さ】

材質識別型　162
最小検出電力　183

索引

ささやきの回廊モード　61
差周波発生　206
雑音温度　183
雑音等価エネルギー　182
雑音等価温度差　194
サブバンド　209
サブピコ秒　195
サブps　195
サブフィールド法　22
サブミリ　177

【し】

時間遅延路　200
シグナル光　206
仕事関数　30
システム雑音温度　183
自然放出　38, 39
時定数　42
指紋スペクトル　178
視野　190
集束電極　34
集団統計　172
周波数可変THzパルス光源　206
周波数可変光源　187
周波数の分解能　202
自由励起子　48
自由励起子発光　37
焦電形検出器　185
照度　113
ショットキーダイオード
　逓倍器　181
ジョンソン・ナイキスト
　ノイズ　96
シリコン検出器　153
真空準位　30
シンクレータ　149

【す】

水分検出　223
スピン–軌道相互作用　53, 55
スピント形電子源　32
スペクトル　186

【せ】

制動放射線　140
成分空間パターン解析　218
赤外ボロメータアレー
　カメラ　209
遷移確率　51
旋光性　11

【そ】

相関2重サンプリング　107
測光量　112
束縛エネルギー　47
束縛励起子　48
ソースフォロワ　83
ソフトリセット　99

【た】

大気減衰　178
ダイナミックレンジ　3
多重接合単電子
　トランジスタ　132
田辺–菅野ダイアグラム　55
単一走行キャリヤフォト
　ダイオード　181
ターンスタイルデバイス　132
単電子トランジスタ　7, 130

【ち】

遅延時間　204
蓄積撮像方式　78
蓄積時間分割　117
蓄積動作　157
中間周波数　183, 190
抽出　170
中性子　138
超高速の過渡現象　225
超大規模集積回路　2
超短THzパルス　196
直接検出器　182
直接遷移形　43
直接変換形　152
直線加速器　142

【て】

低温成長GaAs光伝導
　アンテナ　181, 196
ティップ　32
テラヘルツギャップ　179
テラヘルツ時間領域
　分光法　196
テラヘルツセンシング
　テクノロジー　174
テラヘルツテクノロジー　174
テラヘルツ波　174
テラヘルツ量子カス
　ケードレーザ　208
電圧感度　182
電界強度　175
電界放出電子源　29
電界レンズ一体形ダブル
　ゲート微小電子源　34
電荷結合デバイス　2
電気光学効果　198
電気双極子放射　195
電子カウント　123
電子間静電相互作用　53, 55
電子–正孔対　155
電子対生成　146
電磁波のエネルギー密度　175
伝導帯　30, 43
電波　175
電離放射線　135
電流感度　182
電流モード　157
電力スペクトル密度　96

【と】

透過イメージング　190
透視イメージング　218
投射形ディスプレイ　4
特性X線　141
ドナーのイオン化
　エネルギー　49
ドナーの有効ボーア半径　49
トンネル効果　31

【な】

ナイキストのサンプリング定理	188
ナノビジョンサイエンス	172
ナノ粒子	226
ナノワイヤー	226

【に】

二次元アレー検出器	191
二重絶縁構造	27
二色X線CT	162
ニュートリノ	139

【ね】

熱陰極電子源	29
熱電子放出	30

【の】

ノイズ電子数	128
ノイズフリー信号検出	123

【は】

パイロ検出器	185
薄膜EL	27
薄膜マイクロストリップ伝送路	226
バックグラウンドノイズ	159
発光中心	38
パッシブイメージング	190, 193
バランス光検出器	199
パルスモード	157
反射イメージング	190
反射形THzトモグラフィー	212
半値全幅	215
バンド間遷移発光	37
バンドギャップエネルギー	43

【ひ】

非開披検査	218
光整流	198
光伝導スイッチ	197
光導波路構造	61
光パラメトリック過程	206
非局在形	53
飛行時間法	212
微小球蛍光体	63
微小共振器構造	61
非線形光学結晶	181, 198, 206
非破壊検査技術	224
ビームウェスト	192
ビームスプリッタ	188
標準比視感度曲線	113
ピン止めフォトダイオード	89

【ふ】

ファブリ・ペロー分光器	189
フェムト秒レーザ	196
フェルミレベル	30
フォトゲート	89
フォトダイオード	73
フォトンカウンティング	156
複屈折	198
複屈折性	11
複素屈折率	202
複素透過率	202
複素フーリエ変換	201
複素誘電率	202
フーコーナイフエッジテスト	193
不純物半導体検出器	185
浮遊拡散層	81
フラウンホーファー回折	192
プラズマディスプレイ	2
フーリエ分光法	187, 203
フーリエ変換	201
フレネル電界透過率	202
ブロッホ関数	42
プローブ光	198
分極	196
分光	186

【へ】

ヘテロダイン検波	182
ヘテロダイン分光法	189
変換効率	183
変換損	183

【ほ】

ポインティングベクトル	176
放射感度	74
放射束	113
放射率	193
放射量	112
ボクセルデータ	162
ポッケルス効果	198
ボルツマン温度	177
ホログラフィックディスプレイ	4
ホログラム	4
ポンプ光	198, 206

【ま】

マイクロボロメータ	185
マイケルソン干渉計	187
マイラー	188

【み】

ミクサ	182, 189
ミクシング	189
ミューオン	139
ミラー指数	198

【む】,【め】,【も】

無開口プローブ	214
メモリ効果	20, 22
モット・ワニエ励起子	45

【ゆ】

有効ボーア半径	60
誘導吸収	38
誘導放射	61
誘導放出	38, 39, 48, 56

索　　　引　　　245

【ら】

ラインセンサ	150, 168
ラドルクス	113

【り】

リセットノイズ	68
リチャードソン・ダッシュマンの式	30
立体角	192
立体観察	171
量子井戸検出器	185
量子効率	74
りん光	25

【る】,【れ】,【ろ】

ルクス	113
ルーメン	113
励起子	45
——の有効ボーア半径	47
励起子束縛エネルギー	48
レイリー散乱	177
レーザ	40
レーザ蛍光体	61
レーザ媒体	56
連続X線	140
レントゲン	169
漏洩	159

【B】

BWO	181

【C】

CCD	149
CCDイメージセンサ	66
CDS	107
CdTe	153
CdTe検出器	154
CMOS	2
CMOSイメージセンサ	67

【E】

E-k 関係	43

【F】

F 値	193
Fabry - Perot cavity	62
FED	29
FWHM	215

【G】

GaN ナノピラー	62
GaP	206
Ge 検出器	153

【I】

IF	183, 190
InSb	157
InSb ホットエレクトロンボロメータ	185
IPS モード	14

【K】

kTC ノイズ	68

【M】

MgO ドープ LiNbO$_3$ 結晶	206

【N】

NEΔT	194
NEP	182
NSOM	214

【O】

OCB モード	15

【P】

p - Ge レーザ	181
PSD	96

【R】

RTD 発振器	181
RTS ノイズ	104

【S】

SN 比	3
STN モード	14

【T】

TES 検出器	185
THz - CT	210
THz - CT イメージング	212
THz - QCL	208
THz-TDS	187
THz イメージング	190
THz 回折トモグラフィー	211
THz 共振器集積デバイス	226
THz 強度	190
THz 光源	179
THz コンピュータトモグラフィー	210
THz 時間領域分光法	187
THz 波	175
THz パルスエコー	212, 221
THz 量子カスケードレーザ	181
TN モード	12

【U】,【V】,【X】,【Z】

UTC-PD	181
VA モード	15
X 線	136
X 線イメージインテンシファイヤー	167
ZnO タワー構造	64

【その他】

α 線	138
β 線	138
γ 線	136

―― 著者略歴 ――

三村　秀典（みむら　ひでのり）
- 1979 年　静岡大学工学部電子工学科卒業
- 1981 年　静岡大学助手
- 1987 年　静岡大学大学院電子科学研究科博士課程修了（電子応用工学専攻）工学博士
- 1987 年　新日本製鉄勤務
- 1994 年　ATR 光電波通信研究所勤務
- 1996 年　東北大学助教授
- 2003 年　静岡大学教授
- 　　　　現在に至る

川人　祥二（かわひと　しょうじ）
- 1983 年　豊橋技術科学大学電気電子工学課程卒業
- 1988 年　東北大学大学院工学研究科博士課程修了（電子工学専攻）工学博士
- 1988 年　東北大学工学部助手
- 1993 年　豊橋技術科学大学講師
- 1996 年　豊橋技術科学大学助教授
- 1996〜97 年　スイス連邦工科大学客員教授
- 1999 年　静岡大学電子工学研究所教授
- 2006 年　株式会社ブルックマン・ラボ取締役 CTO（兼任）
- 　　　　現在に至る

廣本　宣久（ひろもと　のりひさ）
- 1978 年　京都大学理学部物理学第二専攻卒業
- 1984 年　郵政省電波研究所入省
- 1985 年　京都大学大学院理学研究科博士後期課程修了（物理学第二専攻）理学博士
- 2001 年　独立行政法人通信総合研究所関西先端研究センター
- 2003 年　総務省情報通信政策局
- 2005 年　静岡大学教授
- 　　　　現在に至る

原　和彦（はら　かずひこ）
- 1984 年　東京工業大学理学部応用物理学科卒業
- 1989 年　東京工業大学大学院総合理工学研究科博士課程修了（物理情報工学専攻）工学博士
- 1990 年　東京工業大学助手
- 1998 年　東京工業大学助教授
- 2005 年　静岡大学教授
- 　　　　現在に至る

青木　徹（あおき　とおる）
- 1991 年　静岡大学工学部材料精密化学科卒業
- 1996 年　静岡大学大学院電子科学研究科博士課程修了（電子応用工学）博士（工学）
- 1996 年　静岡大学助手
- 2003 年　静岡大学助教授
- 2007 年　静岡大学准教授
- 　　　　現在に至る

ナノビジョンサイエンス —— 画像技術の新展開 ——
Nanovision Science —— Evolution of Imaging Technology ——
© Mimura, Hara, Kawahito, Aoki, Hiromoto 2009

2009 年 4 月 6 日　初版第 1 刷発行

検印省略	著　者	三　村　秀　典
		原　　　和　彦
		川　人　祥　二
		青　木　　　徹
		廣　本　宣　久
	発行者	株式会社　コロナ社
	代表者	牛来辰巳
	印刷所	萩原印刷株式会社

112-0011　東京都文京区千石 4-46-10
発行所　株式会社　コロナ社
CORONA PUBLISHING CO., LTD.
Tokyo Japan
振替 00140-8-14844・電話(03)3941-3131(代)
ホームページ http://www.coronasha.co.jp

ISBN 978-4-339-00804-3　（中原）　（製本：愛千製本所）
Printed in Japan

無断複写・転載を禁ずる
落丁・乱丁本はお取替えいたします

映像情報メディア基幹技術シリーズ

(各巻A5判)

■(社)映像情報メディア学会編

				頁	定価
1.	音声情報処理	春船林武 日田田 正哲伸一 男男三哉	共著	256	3675円
2.	ディジタル映像ネットワーク	羽片 鳥山 好頼 律明	編著	238	3465円
3.	画像LSIシステム設計技術	榎本 忠	儀編著	332	4725円
4.	放送システム	山田 宰	編著	326	4620円
5.	三次元画像工学	佐佐藤藤 橋本野高 誠癸己彦 甲直邦	共著	222	3360円
6.	情報ストレージ技術	沼梅澤本田川奥喜連 潤益治 二雄優	共著	216	3360円
7.	画像情報符号化	貴吉鈴広 家田木明 仁俊輝敏 志之彦彦	編共著	256	3675円
8.	画像と視覚情報科学	三畑矢 橋田野 哲豊澄 雄彦男	共著	318	5250円

以下続刊

CMOSイメージセンサ　相澤・浜本編著　　映像情報ディスプレイ

高度映像技術シリーズ

(各巻A5判)

■編集委員長　安田靖彦
■編集委員　岸本登美夫・小宮一三・羽鳥好律

				頁	定価
1.	国際標準画像符号化の基礎技術	小野 渡辺 文孝 裕	共著	358	5250円
2.	ディジタル放送の 　　技術とサービス	山田 宰	編著	310	4410円

以下続刊

高度映像の入出力技術	小宮・廣橋 上平・山口共著	高度映像の生成・処理技術	佐藤・高橋・安生共著
高度映像の ヒューマンインターフェース	安西・小川・中内共著	高度映像とネットワーク技術	島村・小寺・中野共著
高度映像とメディア技術	岸本登美夫他著	高度映像と電子編集技術	小町　祐史著
次世代の映像符号化技術	金子・太田共著	次世代映像技術とその応用	

定価は本体価格+税5%です。
定価は変更されることがありますのでご了承下さい。

図書目録進呈◆